人工智能探索与实践

迁移学习导论

王晋东　陈益强　著

電子工業出版社
Publishing House of Electronics Industry
北京•BEIJING

内容简介

迁移学习作为机器学习和人工智能领域的重要方法，在计算机视觉、自然语言处理、语音识别等领域都得到了广泛的应用。本书的编写目的是帮助迁移学习及机器学习相关领域的初学者快速入门。全书主要分为背景与概念、方法与技术、扩展与探索及应用与展望四大部分。除此之外，本书还配有相关的代码、数据和论文资料，最大限度地降低初学者的学习和使用门槛。

本书适合对迁移学习感兴趣的读者阅读，也可以作为相关课程的配套教材。

图书在版编目 (CIP) 数据

迁移学习导论 / 王晋东，陈益强著．-- 北京 ：电子工业出版社，2021. 6
（人工智能探索与实践）
ISBN 978-7-121-41089-5

Ⅰ．①迁… Ⅱ．①王… ②陈… Ⅲ．①机器学习 Ⅳ．① TP181

中国版本图书馆 CIP 数据核字（2021）第 080058 号

责任编辑：牛勇
印　　刷：中国电影出版社印刷厂
装　　订：中国电影出版社印刷厂
出版发行：电子工业出版社
　　　　　北京市海淀区万寿路 173 信箱　　邮编：100036
开　　本：720×1000　1/16　　印张：18.75　　字数：316 千字
版　　次：2021 年 6 月第 1 版
印　　次：2021 年 6 月第 1 次印刷
定　　价：109.00 元

凡所购买电子工业出版社图书有缺损问题，请向购买书店调换。若书店售缺，请与本社发行部联系，联系及邮购电话：(010) 88254888，88258888。

质量投诉请发邮件至 zlts@phei.com.cn，盗版侵权举报请发邮件至 dbqq@phei.com.cn。

本书咨询联系方式：010-51260888-819，faq@phei.com.cn。

好评袭来

迁移学习旨在利用已有的数据、模型和知识，通过领域相似性和“举一反三”的联想能力，把学到的通用知识适配到新的领域、场景和任务上，它使机器学习拥有更强大的泛化能力。本书作者长期和我的实验室合作，积累了丰富的科研经验，多年来辛勤地在大众媒体上普及迁移学习的相关知识。在本书中，他们保持了一贯的简明通透的写作风格，用贴近学生群体的语言，将迁移学习的发展历史、基础知识和最新进展娓娓道来。同时，本书配有用于实践的源码和数据集，增加了动手练习的环节，提高了趣味性。作为长期耕耘在迁移学习这一人工智能领域的学者和业界首本迁移学习著作（《迁移学习》）的作者，我强力推荐这本书给有志于从事迁移学习研究的同学，更快地入门和学习！

——杨强　微众银行首席人工智能官、香港科技大学讲席教授，
ACM/AAAI/IEEE Fellow

迁移学习是机器学习的一个重要研究分支，有广泛的应用价值。该书叙述简洁明了、内容丰富详实，对希望了解并应用迁移学习的读者很有帮助！

——周志华　南京大学教授，ACM/AAAI/IEEE Fellow

迁移学习对于增强训练模型的适应性具有重要意义，受到很多学者的关注。这本书深入浅出、系统性地介绍了主要的迁移学习方法，并结合多个领域的应用进行示例分析，为从事相关技术的研究人员提供了非常有益的参考。

——陶建华博士　中国科学院自动化研究所研究员，
模式识别国家重点实验室副主任

迁移学习的核心思想中国早已有之，如《周易》云：“引而伸之，触类而长之，天下之能事毕矣也”。如今，迁移学习已成为人工智能的一项核心技术，在

计算机视觉、自然语言语音处理、强化学习中得到了广泛的应用。本书语言简洁、内容丰富，相信可以启发读者举一反三、触类旁通，更好地解决手头的问题。

——秦涛博士　微软亚洲研究院首席研究经理，中国科技大学兼职教授

迁移学习是机器学习的一个重要领域。在计算机视觉，自然语言处理，语音识别，推荐系统等领域有非常广泛的应用。陈益强和王晋东两位老师通俗易懂地介绍了迁移学习的来龙去脉——不仅涵盖了基本的理论脉络、具体的方法和技术，还介绍了广泛的应用案例和未来的发展方向和前沿问题，为人工智能初学者提供了一份难得的、快速入门的学习和研究资料。

——汪军　伦敦大学学院计算机系教授

迁移学习，借用了面向对象编程的概念（模型层面的继承）、是对已训练得到的机器学习模型的高效重用，能很大程度避免资源的重复消耗，是大模型民主化的重要途径之一。本书详细介绍了迁移学习的概念和技术及最新的预训练、知识蒸馏、元学习等研究方向，内容上可谓面面俱到。除此之外，本书的一大亮点，是对“两头”的把握：一是源头，抓问题和场景，做到“师出有名”，讲清楚针对什么问题、用在哪里；二是笔头，抓代码与实践，做到“落地结果”，在实战中巩固和深化对技术的理解。相信这本书能带给读者思考与实践的双重乐趣，在算力爆炸的时代反思机器学习的高效之道！

——陈光　北京邮电大学副教授，新浪微博 @ 爱可可-爱生活

写在前面

机器学习作为人工智能领域的重要分支，在近几年取得了飞速的发展。机器学习使计算机能够从大量的训练数据和经验中学习，并将此能力应用于未知的问题和环境。迁移学习是机器学习的一种重要学习范式，旨在研究如何让已有的算法、模型、参数能够快速适用到新的问题中。

随着人工智能和机器学习的发展，迁移学习的原理、算法、模型也经历了井喷式的大发展，相关的研究工作如汗牛充栋。在海量的资料面前，这一领域的研究者、特别是初学者，难以发掘最有启发性的、本质的内容，就好比雾里看花、水中望月一般。迁移学习领域迫切需要一本能够由浅入深、由表及里阐述已有研究工作的读物，以帮助领域研究人员快速建立起这一学科的知识体系。因此，笔者在 2018 年开源了《迁移学习简明手册》，初衷便是希望用通俗易懂的内容帮助读者快速入门这一领域——这成为本书的缘起之一。

2020 年，新冠肺炎疫情打乱了每个人的工作和学习计划，也带给我们更多的思考。在此期间，适逢杨强教授《迁移学习》专著出版，笔者得以从中学习更多知识、并做了更深入的思考和总结。在出版社的邀请与帮助下，笔者启动了写书计划，写作过程几乎耗尽了笔者 2020 年绝大多数的周末和公共假期。

本书建立在笔者近几年在中国科学院大学开设的普适计算课程相关课件以及笔者前期开源的《迁移学习简明手册》的基础上，重点考虑如何从学生入门的角度循序渐进地引入迁移学习的相关概念、问题、方法和应用。更重要的是，和其他参考书着重介绍某种方法不同，本书不再侧重阐述某类特定的方法或某篇特定的论文，而是试图从学生学习的视角，归纳、总结不同类型的迁移学习方法，并结合笔者自己的理解和实践，总结成相关的文字材料。笔者希望这种“讲课”而非“学术报告”或“综述”的方式能够让更多有志于迁移学习的同学更快地了解此领域，并将其应用于解决自己的问题。

当然，与国内外诸多专家学者相比，笔者深感自己能力之不足。书中如有错误和疏忽之处，恳请广大读者批评指正。

作者

2021 年 3 月

致谢

笔者在撰写本书过程中得到了许多人的帮助，在此对他们表示感谢。

内容撰写：感谢微软亚洲研究院研究员刘畅博士协助撰写“基于因果关系的迁移学习”一节、南京大学博士生杜云涛协助撰写“迁移学习理论”和“在线迁移学习”两节、中科院计算所博士生朱勇椿协助撰写“多源迁移学习”一节。

全书修改意见：感谢微众银行首席人工智能官、香港科技大学讲席教授杨强教授、南京大学周志华教授、微软亚洲研究院首席研究经理秦涛博士、新加坡国立大学的 Research Fellow 冯文杰博士、西安电子科技大学的段然博士、大连理工大学的博士生王维，以及中科院计算所博士生秦欣、卢旺、于超辉（现任阿里巴巴达摩院算法工程师）提供的宝贵修改意见。

感谢出版社提供的专业出版意见和支持。

最后，在撰写本书的过程中，笔者得到了家人的大力鼓励和支持，在此特别表示深深的谢意。

前言

本书的编写目的是帮助迁移学习领域的初学者快速入门。本书尽可能绕开过于理论化的概念，专注介绍经验方法。除此之外，本书还配有相关的代码、数据和论文资料，最大限度地方便初学者学习。

本书共分四大部分：背景与概念、方法与技术、扩展与探索，以及应用与展望。

第一部分为背景与概念，由第 1 章到第 3 章构成。其中第 1 章为绪论，从宏观角度介绍了迁移学习的基本概念及其必要性，并且简单分析了它与已有概念的区别和联系。这一章也介绍了迁移学习的一些应用领域，目的是使读者对迁移学习有较为系统的了解。第 2 章从机器学习开始，逐步过渡到迁移学习的概念上。第 3 章介绍了迁移学习领域的基本研究问题。

第二部分为方法与技术，这是全书最重要的部分，由第 4 章到第 11 章构成。第 4 章以较为严谨的学术风格对迁移学习的基本问题进行了形式化定义，并描述了一个较为完整的迁移学习过程，以及对迁移学习理论分析的一些总结。这一章应该视为余下章节的起点。

第 5~8 章对应三大类迁移学习的基本方法：第 5 章对应样本权重迁移法，第 6 章、第 7 章分别介绍基于统计距离和几何特征的特征变换迁移方法，这两章合起来对应特征变换迁移法。由于此类方法的相关工作最为丰硕，因此我们分为两个章节讲述。第 8 章则对应基于模型的迁移，特别是在深度模型中的预训练方法。

第 9 章和第 10 章重点讲述深度迁移学习和对抗迁移学习的基本思路和方法。读者应当注意的是，深度网络中的迁移方法不应当与之前的三大类基本方法割裂开，而应该被视为三种基本方法在深度网络中的具体体现。因此，这也是为什么我们不直接谈深度方法而首先介绍三大类基本方法的原因。

第 11 章介绍了迁移学习领域若干热门研究问题和相关工作。这些从不同视角出发的问题从各个方面对经典的迁移学习场景进行了扩展，在目前仍然是热门的研究方向。

第三部分为扩展与探索，由第 12 章到第 14 章构成。所谓扩展，指的是不局限于固定的迁移学习问题，旨在探索迁移学习新方向的一些研究成果。我们重点选择了领域泛化（第 12 章）和元学习（第 13 章）这两个研究方向进行探究和分析。第 14 章则给出了在迁移学习模型选择方面的一些代表工作。

第四部分为应用与展望，由第 15 章和第 16 章构成。第 15 章是迁移学习的应用，介绍了迁移学习在包括计算机视觉、自然语言处理、语音识别、普适计算、医疗健康等领域要解决的问题及应用的方式，向读者展示迁移学习是如何被应用到特定的任务，用以解决该应用的痛点问题的。读者将迁移学习应用于自己的任务时，可以借鉴本章所述的应用及解决方案。第 16 章介绍了几个迁移学习的前沿问题。

另外，附录部分提供了一些常用的研究资料，供初学者学习研究。

由于作者水平有限，不足和错误之处，敬请不吝批评指正。

符号表

x	变量
$\boldsymbol{x}$	向量
$\boldsymbol{A}$	矩阵
$\boldsymbol{I}$	单位阵
$\mathcal{X}$	输入空间
$\mathcal{Y}$	输出空间
$\mathcal{D}$	数据领域、数据集
$\mathcal{N}$	正态分布
$\mathcal{H}$	假设空间，或希尔伯特空间
$P(\cdot)$	概率密度函数
$P(\cdot\|\cdot)$	条件概率密度函数
$k(\cdot,\cdot)$	核函数
$\mathbb{E}_{\cdot\sim\mathcal{D}}[f(\cdot)]$	函数 $f(\cdot)$ 在数据集 $\mathcal{D}$ 上的期望
$\ell(\cdot,\cdot)$	损失函数
$\mathbb{I}(\cdot)$	指示函数，当 $\cdot$ 为真时取值为 1，否则为 0
$\{\cdots\}$	集合
$\boldsymbol{A}^{\mathrm{T}}$	矩阵 $\boldsymbol{A}$ 的转置
$\mathrm{tr}(\boldsymbol{A})$	矩阵 $\boldsymbol{A}$ 的迹
$\max f(\cdot), \min f(\cdot)$	函数 $f(\cdot)$ 的最大值、最小值
$\arg\max f(\cdot), \arg\min f(\cdot)$	函数 $f(\cdot)$ 取最大（最小）值时对应参数的取值
$\|\|\cdot\|\|_p$	p-范式 (Norm)
$\sum_{i=1}^{n} i$	求和

术语表

简称	英文全称	中文全称
AutoML	Automated Machine Learning	自动机器学习
BN	Batch Normalization	批归一化
CNN	Convolutional Neural Networks	卷积神经网络
CV	Computer Vision	计算机视觉
DA	Domain Adaptation	领域自适应
DG	Domain Generalization	领域泛化
EM	Expectation Maximization	期望最大化算法
ERM	Empirical Risk Minimization	经验风险最小化
GAN	Generative Adversarial Networks	生成对抗网络
KD	Knowledge Distillation	知识蒸馏
MAP	Maximum A Posteriori	最大后验估计
ML	Machine Learning	机器学习
MLE	Maximum Likelihood Estimation	最大似然估计
MLP	Multi-layer Perceptron	多层感知机
MMD	Maximum Mean Discrepancy	最大均值差异
NLP	Natural Language Processing	自然语言处理
NMT	Neural Machine Translation	神经机器翻译
NT	Negative Transfer	负迁移
OT	Optimal Transport	最优传输
PTM	Pre-trained Model	预训练模型
RKHS	Reproducing Kernel Hilbert Space	可再生核希尔伯特空间
RL	Reinforcement Learning	强化学习
RNN	Recurrent Neural Networks	循环神经网络
SGD	Stochastic Gradient Descent	随机梯度下降
SRM	Structural Risk Minimization	结构风险最小化
SVM	Support Vector Machines	支持向量机
TL	Transfer Learning	迁移学习
TTS	Text-to-Speech	语音合成、文字转语音

目录

第一部分　背景与概念

第二部分 方法与技术

第三部分　扩展与探索

第四部分 应用与展望

第一部分

背景与概念

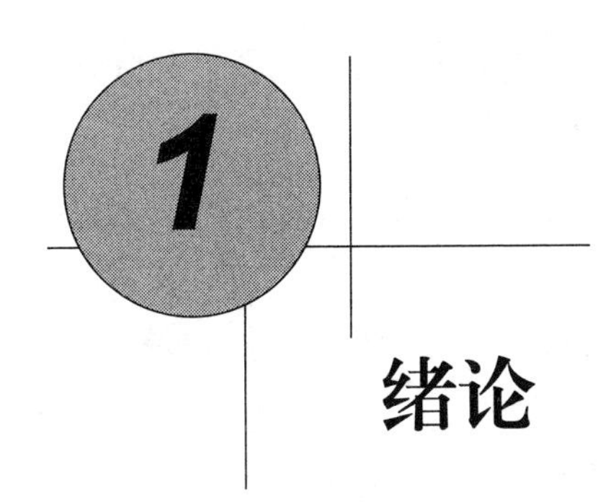

1 绪论

本章主要对迁移学习进行全面的介绍，目的是使读者对迁移学习有一个系统的认识。首先，我们将在 1.1 节中引入迁移学习的概念，并在 1.2 节中介绍与迁移学习相关的若干研究领域；接着，我们在 1.3 节中介绍进行迁移学习的必要性，在 1.4 节中介绍迁移学习一些研究领域的划分，在 1.5 节中介绍迁移学习的常见应用，在 1.6 节中介绍迁移学习在学术界和工业界的发展历史与现状。

1.1 迁移学习

《论语·为政》中有这样一句家喻户晓的关于学习的句子：

温故而知新，可以为师矣。

这句话的意思是说，我们在学习新知识之前，如果能先对旧知识加以温习，则可以获得新的理解与体会。而凭借这个能力，就可以成为老师了。更进一步，这句话说明人们的新知识、新能力往往都是由过去所学的旧知识发展变化而来的。在学习新知识时，如果能从旧知识中寻找到与新知识的连接点和相似之处，就可以事半功倍。

《庄子·天运》中有这样一则故事：

故西施病心而颦其里，其里之丑人见而美之，归亦捧心而颦其里。其里之富人见之，坚闭门而不出；贫人见之，挈妻子而去之走。彼知颦美，而不知颦之所以美。

这就是我们非常熟悉的“东施效颦”的故事。西施由于有胸口痛的病，所以她捂着心口皱着眉头走在村子里。同村的东施是一个长得很丑的人，看见西施皱着眉头的样子后，觉得她这样做很漂亮，回家后便也捂着自己的心口在村里行走。村里的富人见了她以后紧闭大门；穷人见了东施则带着妻儿躲开她。东施只知道皱着眉头会很美，却不知道皱眉头为什么会美。

旧的知识可以提炼升华，迁移到新的知识的学习上来，这是一个正向的故事。同样的道理，那为什么东施效颦以失败告终？

其实这中间的关键问题，在于两者之间的*相似性*。为什么旧知识的温习可以帮助新知识的学习？因为旧知识和新知识之间存在某种关联，正是这种关联给二者建立了桥梁。而东施本来就很丑，与四大美女之一的西施之间根本没有可比性。故她虽然模仿其皱眉，最终也只能贻笑大方。

那么，如何有效地利用事物之间的相关性，来帮助我们解决新问题、学习新能力呢？

这就引出了本书的主题：**迁移学习。**

迁移学习，顾名思义，就是要通过知识的迁移进行学习，达到事半功倍的效果。

迁移学习的概念最早出现于心理学和教育学领域 [Bray, 1928]。心理学家也将迁移学习称为学习迁移，意在强调一种学习对另一种学习的影响。比如，我们如果已经学会了面向对象的 Java 语言，就可以类比学习 C# 语言；我们如果已经会下中国象棋，就可以类比着下国际象棋；我们如果已经学会骑自行车，就可以类比着学习骑摩托车等。通过两种事物间的相关性，就可以构建出一条由旧知识到新知识的迁移桥梁，更快更好地完成对新知识的学习。

其实人类的迁移学习能力是与生俱来的。生活中常用的“*举一反三*”“*他山之石、可以攻玉*”等就很好地体现了迁移学习的思想。图 1.1 给出了生活中常见的迁移学习的例子[1]。在图 1.1(a) 中，由于 Java 语言和 C# 语言都是面向对象的程序设计语言，因此，我们学会 Java 语言后便可类比学习 C# 语言；在图 1.1(b) 中，中国象棋与国际象棋的规则之间也存在一定的相似性，因此，两种棋类也可以进行类比学习。

在人工智能和机器学习范畴，迁移学习是一种学习的思想和模式。

机器学习作为人工智能的一大类重要方法，在过去几十年尤其是最近十年中，获得了飞速发展。机器学习使机器自主地从数据中学习知识并应用于新问题的求解成为了可能。而迁移学习作为机器学习的一个重要分支，侧重于将已经学习过的知识迁移应用于新的问题中，以增强解决新问题的能力、提高解决

1 这些免费图像来源请见链接 1-1。

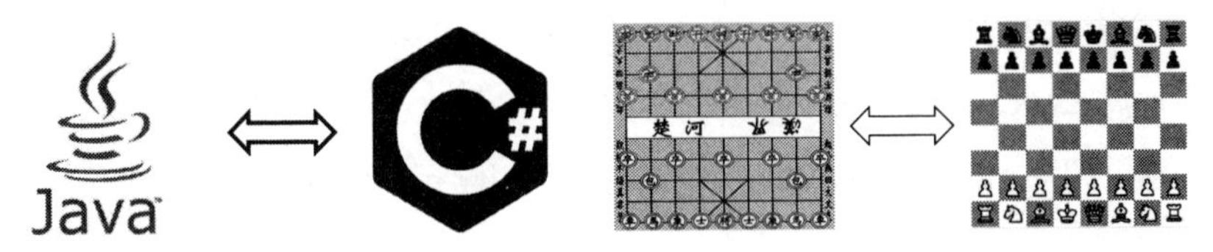

(a) Java 语言和 C# 语言　　(b) 下中国象棋与下国际象棋

图 1.1 常见的迁移学习的例子

新问题的速度。图 1.2 展示了机器学习和迁移学习的关系。

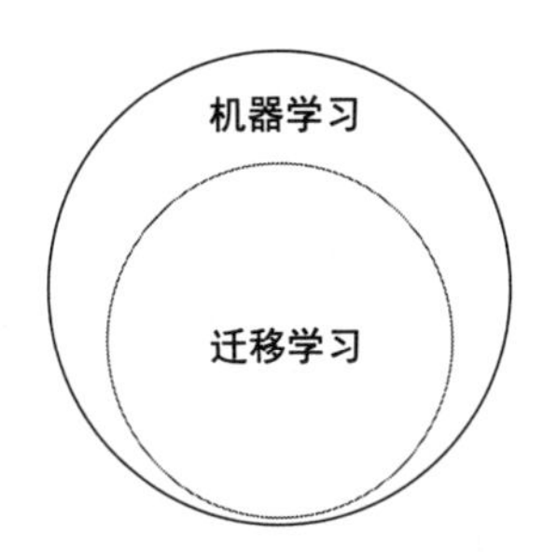

图 1.2 机器学习和迁移学习的关系

具体而言，在机器学习范畴，**迁移学习可以利用数据、任务或模型之间的相似性，将在旧领域学习过的模型和知识应用于新的领域。** 例如，图 1.3 是一个现实生活和学术研究相结合的更加形象的例子。不同用户、不同设备、不同穿戴位置形成了不同的穿戴式传感器信号，如何才能利用这些用户、设备、位置的相似性，构建个性化的机器学习模型，从而可以识别每个用户的日常行为？

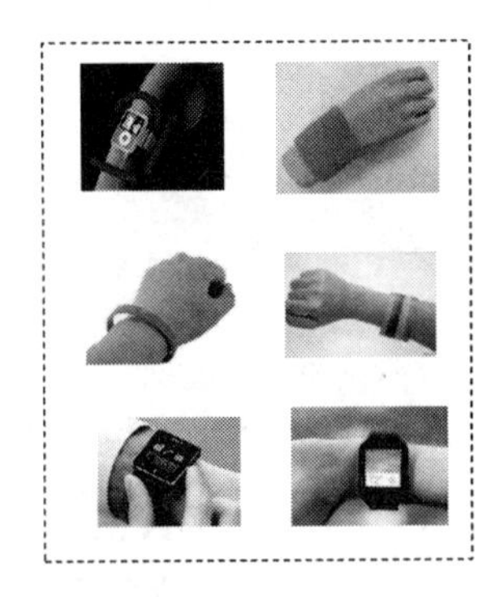

图 1.3 不同用户、不同设备、不同穿戴位置形成的不同传感器信号

针对上述问题，图 1.4 简要表示了一个迁移学习过程。以不同设备为例，我们可以将设备 A 和设备 B 分别构建的模型 A 和 B 通过一些迁移的方法进行

融合（我们将在本书的第二部分"方法与技术"介绍这些方法），使它们互通有无。然后，将迁移融合后的模型，应用于新的设备 C，从而完成设备 C 上的行为识别。相同的例子可以推广到不同用户和不同穿戴位置上。

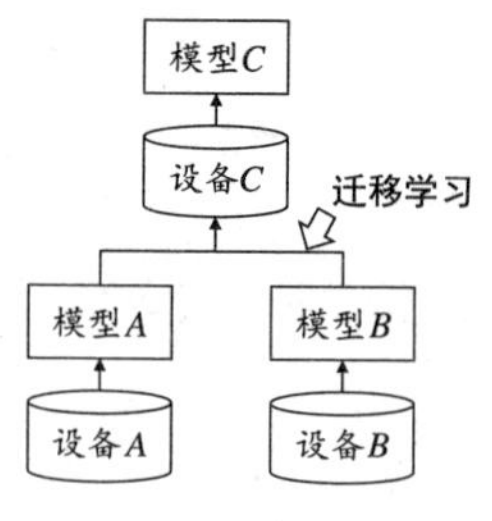

图 1.4 迁移学习过程

值得一提的是，2016 年，新华社以"迁移学习：中国人工智能赶超的机会来了"为题对迁移学习进行了报道[1]。该报道指出，迁移学习是中国领先于世界的少数几个人工智能领域之一。杨强教授及其团队在 2020 年出版了第一本迁移学习专著 [Yang et al., 2020a]，全面覆盖了迁移学习的理论和应用案例。本书的一个重要区别是囊括了众多的代码和数据集，让学生更加有落地实践的可能。

1.2 相关研究领域

迁移学习并不是一个横空出世的概念，它与许多已有的概念都有些联系，但是也有一些区别。我们在这里汇总一些与迁移学习非常接近的概念，并简述迁移学习与它们的区别和联系。

迁移学习是机器学习的一个研究领域，但它在如下几个方面有别于传统的有监督机器学习（表 1.1）。

表 1.1 传统的有监督机器学习与迁移学习的区别

项目	传统的有监督机器学习	迁移学习
数据分布	训练和测试数据服从相同的分布	训练和测试数据服从不同的分布
数据标注	需要足够的数据标注来训练模型	不需要足够的数据标注
模型	每个任务分别建模	模型可以在不同任务之间迁移

1 请见链接 1-2。

从根本上说，迁移学习可以在训练数据和测试数据服从不同的数据的概率分布[1]（Probability distribution）时，更好地构建模型。有关数据的概率分布的概念，我们将在 2.3 节中详细描述。

除此之外，机器学习中还有众多与迁移学习有关的概念。我们简要分析其与这些概念的联系和区别，如表 1.2 所示。

表 1.2 迁移学习与一些已有概念的区别和联系

研究领域	相同点	不同点
多任务学习（Multi-task Learning）[Zhang and Yang, 2018; Zhang and Yang, 2021]	多个相关的任务可以协同学习、共享知识；二者的一些学习框架是相似的	多任务学习的目标是所有任务都得到提升，迁移学习则侧重目标任务的提升；多任务学习的多个任务往往都有标签，迁移学习则侧重于解决目标领域无标签或少标签的学习问题
终身学习（Lifelong Learning）[Silver et al., 2013]	学习目标均是使未来的新任务表现得到提升	终身学习强调在线、持续的学习和更新，迁移学习则偏重一个阶段的学习
增量学习（Incremental Learning）[Gepperth and Hammer, 2016]	学习目标均是使未来的新任务表现得到提升	增量学习也强调在线更新的过程，模型只需要存储少量的历史数据便可进行学习；迁移学习则侧重整个阶段的学习更新
自变量漂移（Covariate Shift）[Moreno-Torres et al., 2012]	在训练和测试数据分布不同的情况下进行学习	自变量漂移指的是数据的边缘分布发生变化，迁移学习包括自变量漂移，但还可处理条件、联合分布变化的更一般情形
领域自适应（Domain Adaptation）	在训练和测试数据分布不同的情况下进行学习	领域自适应特指数据分布发生变化、任务标签不变的情况，迁移学习包括领域自适应，也包括其他变化的情形
元学习（Meta-Learning）[Vanschoren, 2018]	学习目标均是使未来的新任务表现得到提升	元学习侧重于从历史数据中归纳出一般规律应用于新数据，其没有显式的源域和目标域；迁移学习则侧重于给定源域和目标域的情况
小样本学习（Few-shot Learning）	从少量标注样本中学习通用的知识和模型	小样本学习侧重在每个类别给定少量标记数据的情况下进行学习；迁移学习则可以处理更为一般的分类、回归等任务

1 在本书中，数据分布大多指数据的概率分布。通常，数据分布含义较广泛，但在机器学习的语境中，我们所说的数据分布指的就是概率分布。书中对两种用法不再做细致的区分。

1.3 迁移学习的必要性

了解迁移学习的概念之后，紧接着还有一个非常重要的问题：迁移学习的目的是什么？或者说，为什么要使用迁移学习？

我们把原因概括为五个方面，下面分别阐述。

1.3.1 大数据与少标注之间的矛盾

我们正处在一个大数据时代，每天每时，社交网络、智能交通、视频监控、行业物流等，都产生着海量的图像、文本、语音等各类数据。这些海量的数据使得机器学习和深度学习模型可以持续不断地进行训练和更新。然而，这些大数据也伴随着严重的问题：总是缺乏完善的数据标注。

众所周知，机器学习模型的训练和更新均依赖于数据的标注。然而，尽管可以获取海量的数据，这些数据往往是很初级的原始形态，很少有数据被加以正确的人工标注。数据的标注是一个耗时且昂贵的操作，到目前为止，尚未有行之有效的方式来解决这一问题。这给机器学习和深度学习的模型训练和更新带来了挑战。反过来说，特定的领域，因为没有足够的标定数据用来学习，使得这些领域一直不能很好地发展。

单纯地凭借少量的标注数据，无法准确地训练高可用的模型。为了解决这个问题，直观的想法是：多增加一些标注数据不就行了？但是不依赖于人工，如何增加标注数据？

利用迁移学习的思想，可以寻找一些与目标数据相近的有标注的数据，利用这些数据来构建模型，增加目标数据的标注。

1.3.2 大数据与弱计算能力的矛盾

大数据需要强计算能力的设备来进行存储和计算。然而，大数据的大计算能力，是“有钱人”才玩得起的游戏。比如 Google，Facebook，Microsoft，这些巨无霸公司有着雄厚的计算能力利用这些数据训练模型。在计算机视觉领域，图像数据集越来越大，例如存储和用 ResNet 去训练 ImageNet 数据集就相当耗时；在自然语言处理领域，训练一个普通的 BERT 模型也是一般研究人员无法承受的。由于科学研究的长期性，高昂的价格是普通个人用户无法长期负担的。

因此，多数普通用户是不可能拥有这些强计算能力的。这就引发了大数据和弱计算能力之间的矛盾。在这种情况下，普通人想要利用海量的大数据去训练模型完成自己的任务，基本上不太可能。那么如何让普通人也能利用这些数据和模型？迁移学习提供了一种基于大数据“预训练”的模型在自己的特定数据集上进行“微调”的技术，大大降低了训练难度和成本，并且可以保证在自己的任务上取得优良的表现。

1.3.3 有限数据与模型泛化能力的矛盾

机器学习方法是人工智能的重要组成部分。机器学习的通用范式是基于给定的训练数据训练出精准的模型，从而可以将其用于未知的新数据、新场景、新应用。我们对于机器学习模型的要求是，不仅可以在已有的、有限的训练数据上取得极好的训练效果，还要能在新出现的数据、场景和应用中，取得良好的效果。这一要求与机器学习的*泛化能力*（Generalization ability）不可分割。

于是便出现了有限训练数据与模型泛化能力的矛盾：纵然我们能够在大数据集上进行训练，然而这些训练数据总是有限的，新的应用却总是未知的、复杂的、充满挑战性的。例如，在一些医疗场景的研究中，由于病例少、实验复杂度高、成本难以控制、失败率高等原因，医疗数据极其缺乏。而这些疾病往往有其特殊性，无法通过普通的迁移学习来建模。此时，如果能够基于现有的数据，运用更复杂的迁移学习方法，则有可能学习到一个泛化能力强的模型，从而能够对新病例和新情况进行良好的适配。机器学习模型泛化能力的研究一直都是学术界的热点问题。迁移学习是解决机器学习模型泛化问题的一种有效手段。泛化问题可能对应的迁移学习研究领域包括领域自适应（Domain Adaptation）[Pan et al., 2011]、领域泛化（Domain Generalization）[Blanchard et al., 2011]、元学习（Meta-Learning）[Vanschoren, 2018] 等。

本书的主要内容均将围绕领域自适应问题展开。本书的第 12 章介绍领域泛化的有关内容，第 13 章则介绍元学习的有关内容。

1.3.4 普适化模型与个性化需求的矛盾

机器学习的目标是构建一个尽可能通用的模型，使得这个模型对于不同用户、不同设备、不同环境、不同需求，都可以很好地适应。这是我们的美好愿景，即尽可能地提高机器学习模型的*泛化能力*，使之适应不同的数据情形。基于这样的愿望，我们构建了多种多样的普适化模型服务于现实应用。然而，这只是我们竭尽全力想要做的，目前却始终无法彻底解决的问题。人们的个性化需求五花八门，短期内根本无法用一个通用的模型去满足。比如用户在使用导航模型时，不同的人有不同的个性化需求：有的人喜欢走高速，有的人喜欢走偏僻小路，并且，不同的用户，通常都有不同的隐私需求。如图 1.5 所示，对于同一云端模型而言，不同用户（女性、男性、中老年人等）有不同的兴趣和习惯，这也是构建应用需要着重考虑的因素。

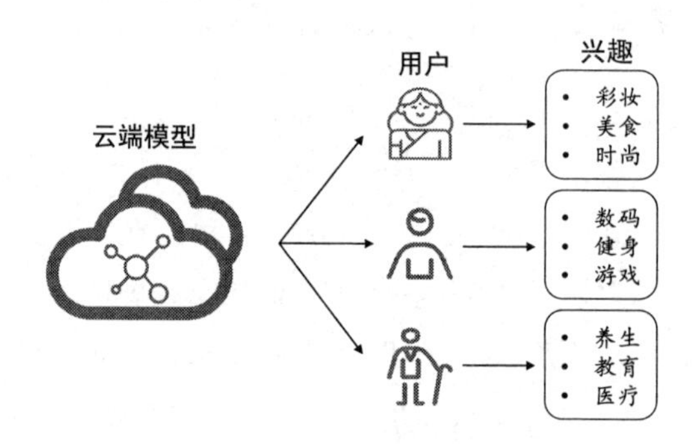

图 1.5 普适化模型与个性化需求

所以目前的情况是，我们对每个通用的任务都构建了一个通用的模型。这个模型可以解决绝大多数的公共问题。但是每个个体、每个需求都存在其唯一性和特异性，普适化的通用模型根本无法满足。那么，能否将通用的模型加以改造和适配，使其更好地服务于人们的个性化需求？

不可能所有人都有能力利用大数据快速进行模型的训练。利用迁移学习的思想，我们可以将那些大公司在大数据上训练好的模型，迁移到我们的任务中，针对于我们的任务进行微调，从而也可以拥有在大数据上训练好的模型。更进一步，可以将这些模型针对具体任务进行自适应更新，取得更好的效果。

为了解决个性化需求的挑战，需要利用迁移学习的思想进行自适应学习。考虑到不同用户之间的相似性和差异性，需要灵活地调整普适化模型，以便完成相应的任务。

1.3.5 特定应用的需求

机器学习已经被广泛应用于现实生活中。在这些应用中，也有一些特定的应用面临着现实存在的问题。比如推荐系统的冷启动问题。一个新的推荐系统，没有足够的用户数据如何进行精准的推荐？一个崭新的图片标注系统，没有足够的标签如何进行精准的服务？现实世界中的应用驱动着我们开发更加便捷高效的机器学习方法。

表 1.3 概括地描述了迁移学习的必要性。

表 1.3　迁移学习的必要性

矛盾	传统机器学习	迁移学习
大数据与少标注	增加人工标注，但是昂贵且耗时	数据的迁移标注
大数据与弱计算能力	只能依赖强大计算能力，但是受众少	模型迁移
有限数据与模型泛化能力	无法满足泛化要求	领域泛化、元学习等
普适化模型与个性化需求	通用模型无法满足个性化需求	模型自适应调整
特定应用的需求	冷启动问题无法解决	数据迁移

1.4　迁移学习的研究领域

依据目前较流行的机器学习分类方法，机器学习主要可以分为有监督学习、半监督学习，无监督学习和强化学习这几大类。本书主要关注非强化学习部分。同理，迁移学习也可以进行这样的分类。需要注意的是，依据的分类准则不同，分类结果也不同。在这一点上，并没有统一的说法。这里仅根据目前较流行的方法，对迁移学习的研究领域进行一个大致的划分。

图 1.6 给出了迁移学习的研究领域与研究方法分类。

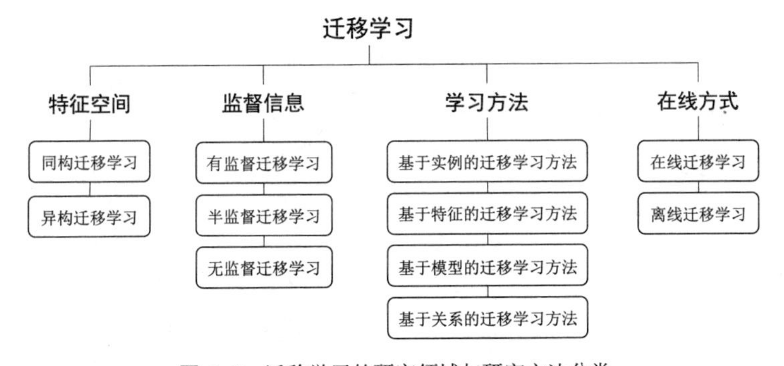

图 1.6　迁移学习的研究领域与研究方法分类

大体上讲，迁移学习的分类可以按照四个准则进行：按特征空间分、按目标域有无标签分、按学习方法分、按离线与在线形式分。不同的分类方式对应着不同的专业名词。当然，即使是同一个分类下的研究领域，也可能同时处于另一个分类下。我们简单描述这些分类方法及相应的领域。

1.4.1 按特征空间分类

按照特征的属性进行分类是一种常用的分类方法。按照特征属性，迁移学习可以分为两个大类：

1. 同构迁移学习（Homogeneous Transfer Learning）
2. 异构迁移学习（Heterogeneous Transfer Learning）

这是一种很直观的方式：如果特征语义和维度都相同，那么就是同构；反之，如果完全不相同，那么就是异构。举个例子来说，不同图片的迁移就可以认为是同构的；而图片到文本的迁移则是异构的。

1.4.2 按目标域有无标签分类

这种分类方式最为直观。类比机器学习，按照目标领域有无标签，迁移学习可以分为以下三个大类：

1. 有监督迁移学习（Supervised Transfer Learning）
2. 半监督迁移学习（Semi-Supervised Transfer Learning）
3. 无监督迁移学习（Unsupervised Transfer Learning）

显然，少标签或无标签的问题（半监督和无监督迁移学习）是研究的热点和难点，也是本书重点关注的领域。

1.4.3 按学习方法分类

尽管迁移学习方法根据不同的分类准则可以有不同的分类结果，我们并不打算另起炉灶对其进行分类。根据迁移学习综述文章 [Pan and Yang, 2010] 中的分类，按学习方法，迁移学习可以分为以下四个大类：

1. 基于实例的迁移学习方法（Instance-based Transfer Learning）
2. 基于模型的迁移学习方法（Model-based Transfer Learning）

3. 基于特征的迁移学习方法（Feature-based Transfer Learning）
4. 基于关系的迁移学习方法（Relation-based Transfer Learning）

这是一个很直观的分类方式，按照实例、特征、模型的机器学习逻辑进行区分，再加上关系模式。

基于实例的迁移学习方法，简单来说就是通过权重重用，对源域和目标域的样例进行迁移。也就是说直接给不同的样本赋予不同权重，比如给相似的样本更高的权重，这样就完成了迁移，非常简单和直接。

基于特征的迁移学习方法，就是通过对特征进行变换来完成迁移。假设源域和目标域的特征原来不在一个空间，或者说它们在原来那个空间上不相似，那就想办法把它们变换到一个空间里，于是这些特征的相似性便会大大增加。这个思路也非常直接。目前，此类方法被学术界广泛地进行了研究，在工业界也得到了大规模的应用。

基于模型的迁移学习方法，即构建参数共享的模型。例如，SVM 的权重参数、神经网络的参数等，都可以进行共享。由于神经网络的结构可以直接进行迁移，因此其使用频率非常高。例如，神经网络最经典的预训练–微调（Pretrain-finetune）就是模型参数迁移的很好的体现。

基于关系的迁移，这个方法用得比较少，其主要挖掘和利用关系进行类比迁移。比如老师上课、学生听课就可以类比为公司开会的场景，这就是一种关系的迁移。

本书的主要内容是阐述迁移学习的不同方法，因此，将会侧重于介绍不同种类方法的具体内容。笔者基于自己的经验，对迁移学习的几大类方法进行了介绍，它们分别是：**样本权重迁移法**，对应于基于样本的迁移学习方法，见第 5 章；**特征变换迁移法**，对应于基于特征的迁移学习方法，见第 6 章和第 7 章；以及**预训练方法**，对应于基于模型的迁移方法，见第 8 章。在这些基础方法之上，则介绍**基于深度学习和对抗网络的迁移方法**，见第 9 章和第 10 章。由于基于关系的迁移方法相关工作较匮乏，故本书对此不作详细介绍。

1.4.4 按离线与在线形式分类

按照离线学习与在线学习的方式，迁移学习还可以被分为

1. 离线迁移学习（Offline Transfer Learning）

2. 在线迁移学习（Online Transfer Learning）

目前，绝大多数的迁移学习方法都采用了离线方式，即源域和目标域均是给定的，迁移一次即可。这种方式的缺点是显而易见的：算法无法对新加入的数据进行学习，模型也无法得到更新。与之相对的是在线的方式，即随着数据的动态加入，迁移学习算法也可以不断地更新。

1.5 迁移学习的应用

迁移学习是机器学习领域的一个重要分支，其应用并不局限于特定的领域。凡是符合迁移学习问题情景的应用，迁移学习都可以发挥作用。这些领域包括但不限于计算机视觉、文本分类、行为识别、自然语言处理、室内定位、视频监控、舆情分析、人机交互等。图 1.7 展示了迁移学习已经被广泛应用的领域。下面我们选择几个研究热点，简单介绍迁移学习在这些领域的应用场景。

需要指出的是，本小节的应用只是简单举例，为读者说明迁移学习潜在的应用问题。更多更详细的应用问题，读者可以移步第 15 章，在此章中，我们将会更加细致地介绍更多的迁移学习应用问题和解决方案。

图 1.7　迁移学习的应用领域概览

1.5.1 计算机视觉

迁移学习已被广泛地应用于计算机视觉的研究中，例如图片分类、风格迁移等。图 1.8 展示了不同的迁移学习图片分类任务。同一类图片，不同的拍摄角度、不同光照、不同背景，都会造成特征分布发生改变。因此，使用迁移学习构建跨领域的鲁棒分类器是十分重要的。图 1.8(a) 中的手写体数据分别来自经典数据集 MNIST 和 USPS，图 1.8(b) 中的图像数据则来自迁移学习公开数据集 Office-Home [Venkateswara et al., 2017]。

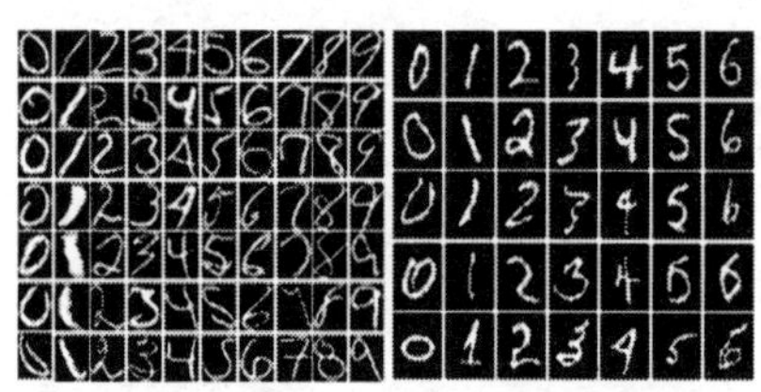
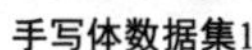

(a) 跨领域手写体识别

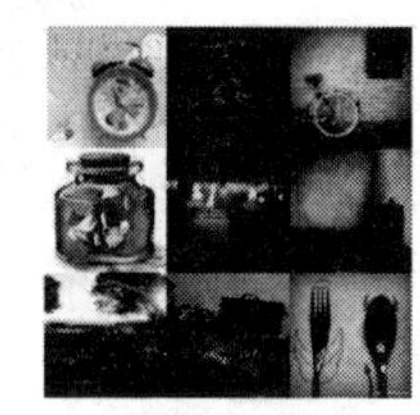

(b) 跨领域图像识别

图 1.8 迁移学习在视觉领域的应用

计算机视觉三大顶会（CVPR、ICCV、ECCV）每年都会发表大量的文章对迁移学习在视觉领域的应用进行介绍。特别地，[Xie et al., 2016] 利用迁移学习和计算机视觉技术帮助联合国预测非洲地区的贫困情况。研究者从非洲大陆的卫星图上获取其夜间灯光的图像，然后将这些灯光图像亮度级别与 ImageNet 大型图像分类数据集进行映射。经过细致的训练调优后，研究成果表明仅靠迁移学习和计算机视觉技术，就取得了与实地调研相匹敌的结果。这显示了迁移学习在社会应用中的影响。

有关迁移学习在计算机视觉领域的更多应用，请读者移步 15.1 节。

1.5.2 自然语言处理

自然语言处理领域也有着大量迁移学习的应用。以文本分类为例，由于文本数据有其领域特殊性，因此，在一个领域上训练的分类器，不能直接拿来作用到另一个领域上，这就需要用到迁移学习。图 1.9 是一个由电子产品评论迁移到 DVD 评论的迁移学习任务。在图中展示的问题中，在电子产品评论文本数据集上训练好的分类器，不能直接用于 DVD 评论的预测，这就需要在两种领域上进行迁移学习。

另外，机器翻译、摘要生成、序列标记等领域也有大量的迁移学习应用。例如，最近 OpenAI 发布的 GPT-3（Generative Pre-training）[Brown et al., 2020] 模型将预训练这一迁移学习技术应用于各项自然语言处理任务，取得了领先的

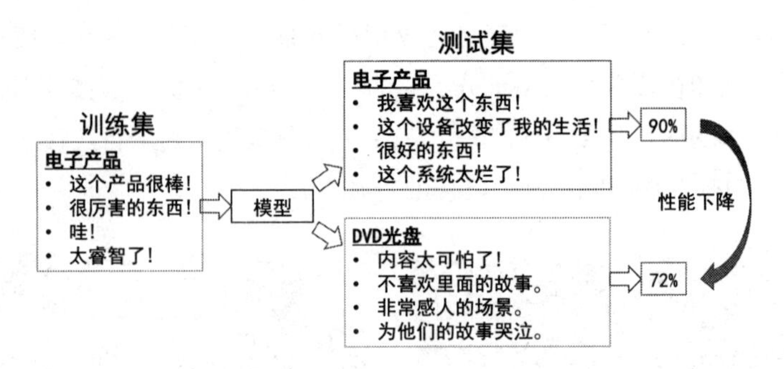

图 1.9 迁移学习文本分类任务

成果。

通常，自然语言处理不仅包括文本这一信息载体，也包括语音。因此，在语音识别、语音合成等领域中，迁移学习也有着举足轻重的应用。例如，[Li et al., 2019a] 把为普通话训练的语音识别模型迁移到广东话的语音识别上，获得了很好的识别效果。在那些小语种的语音识别与合成任务上，迁移学习几乎是唯一可用的学习技术。

自然语言处理和语音识别的国际会议（ACL、EMNLP、NACCL、Interspeech、ICASSP）每年均有相当数量的论文介绍该领域的研究进展。有关迁移学习在自然语言处理领域的更多应用，请读者移步 15.2 节；关于迁移学习在语音领域的应用，请读者移步 15.3 节。

1.5.3 普适计算与人机交互

行为识别（Activity Recognition）主要通过佩戴在用户身体上的传感器研究用户的行为。行为数据是一种时间序列数据，不同用户、不同环境、不同位置、不同设备，都会导致时间序列数据的分布发生变化，此时，也需要进行迁移学习（参见图 1.10）。图 1.10(a) 展示了同一用户不同位置的信号差异性。在这个领域，华盛顿州立大学的 Diane Cook 等人在 2013 年发表的关于迁移学习在行为识别领域的综述文章 [Cook et al., 2013] 是很好的参考资料。近年来，行为识别通常应用在深度学习网络中，笔者所在团队于 2018 年发表的深度学习用于行为识别的综述文章 [Wang et al., 2019c] 也可以作为入门的参考资料之一。另外，[Wang et al., 2018c, Wang et al., 2018a, Qin et al., 2019, Chen et al., 2019f] 等均是将迁移学习应用于行为识别领域的相关文章。

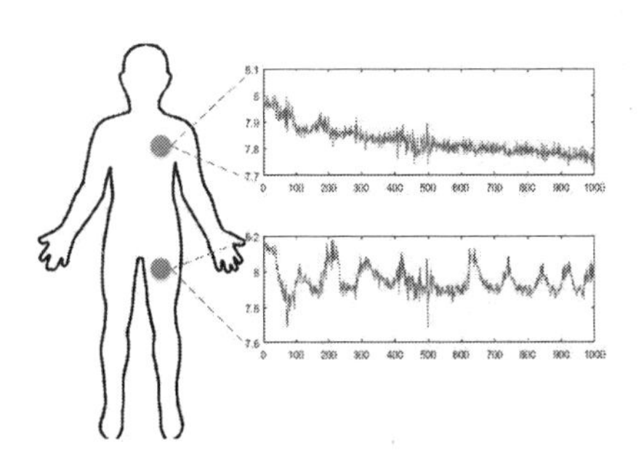

(a) 不同位置的传感器信号差异 [Wang et al., 2018a]

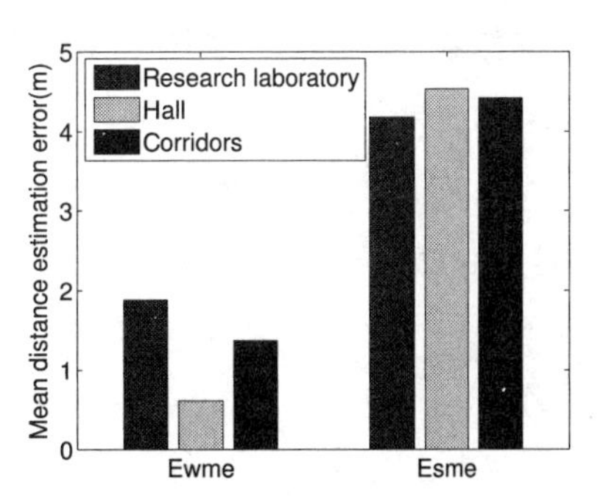

(b) 室内定位模型由于位置的变化导致的模型性能变化 [Li et al., 2017b]

图 1.10 迁移学习在普适计算与人机交互领域的应用

室内定位（Indoor Location）与传统的室外 GPS 定位不同，它通过 WiFi、蓝牙等设备研究人在室内的位置。不同用户、不同环境、不同时刻也会使得采集的信号分布发生变化。图 1.10(b) 展示了当定位设备（AP, Access Point）处于不同地点（Research Lab、Hall、Corridors）时，由于其读数的分布发生变化，室内定位模型的误差也发生了变化。

普适计算和人机交互领域顶级会议（UbiComp、CHI、PerCom）每年均有一定数量的文章介绍迁移学习在这些领域的应用。有关迁移学习在普适计算和人机交互领域的更多应用，请读者移步 15.4 节。

1.5.4 医疗健康

医疗健康领域的研究正变得越来越重要。不同于其他领域，医疗领域研究的难点问题是，*无法获取足够有效的医疗数据*。在这一领域，迁移学习同样也变得越来越重要。

最近，顶级生物期刊《细胞》杂志报道了由张康教授领导的广州妇女儿童医疗中心和加州大学圣迭戈分校团队的重磅研究成果：基于深度学习开发出的一个能诊断眼病和肺炎两大类疾病的 AI 系统 [Kermany et al., 2018]，准确性匹敌顶尖医生。这是中国研究团队首次在顶级生物医学杂志发表有关医学人工智能的研究成果，也是世界范围内首次使用如此庞大的标注好的高质量数据进行迁移学习，并取得高度精确的诊断结果，达到匹敌甚至超越人类医生的准确性，还是全世界首次实现用 AI 精确推荐治疗手段。《细胞》杂志封面报道了该研究成果。

医疗健康是一个交叉学科，因此，除医学专业会议 MICCAI 外，计算机视觉、自然语言处理、人机交互等领域每年均有一定数量的相关研究。有关迁移学习在医疗健康领域的更多应用，请读者移步 15.5 节。

可以预见的是，迁移学习对于那些不易获取标注数据的领域将会发挥越来越重要的作用。

本小节仅对迁移学习的应用抛砖引玉，更详细的应用请移步本书第 15 章。在第 15 章中，读者将会发现，迁移学习不仅在计算机相关领域，还在物理学、天文学、农业、金融、生物学、交通运输业、在线教育、物流等领域均有成功的应用。

1.6 学术会议和工业界中的迁移学习

迁移学习是机器学习中重要的研究领域，ICML、NIPS、AAAI、ICLR 等国际人工智能顶会上不断推出迁移学习相关主题的研讨会。图 1.11 简要展示了迁移学习在部分人工智能顶会上的发展历程。可以清晰地看到，迁移学习也是这些顶会中非常受关注的方向。

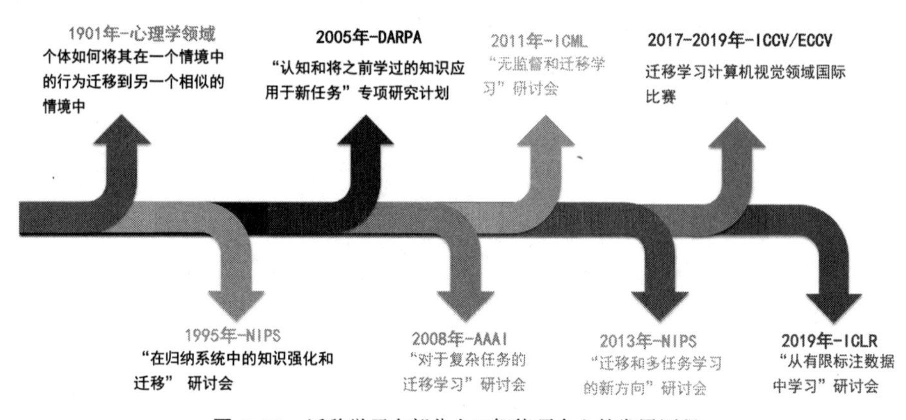

图 1.11 迁移学习在部分人工智能顶会上的发展历程

从图中可以看出，迁移学习一直都是国际学术界的重要研究话题之一。并且，人们对于迁移学习的定义、研究内容、研究边界等的认知也一直在不断深化。甚至在 100 多年前的 1901 年，当计算机还是天方夜谭之时，国际心理学相关会议就在探究个体如何将其在一个情境中的行为迁移到另一个相似情境的课题 [Woodworth and Thorndike, 1901]。随着机器学习技术的日新月异，最早在 1995 年的人工智能顶会 NIPS 上就出现了学习如何学习：在归纳系统中的知识强化和迁移的研讨会[1]。随后的 2005 年，美国国防部高级研究计划局（DARPA）启动了一项关于迁移学习的研究，旨在探讨一个系统认知和将之前学过的知识应用于新任务的能力[2]。接下来，在机器学习顶级会议 ICML 2006 上，研究者们举办了结构知识迁移的研讨会[3]。接着，在另一个人工智能顶会——2008 年的美国人工智能会议 AAAI 上，研究者们又举行了对于复杂任务的迁移学习这一研讨会[4]。2009 年，杨强教授团队在数据挖掘顶级会议 ICDM 上组织了第一届迁移学习的 workshop。在 2011 年的机器学习顶会 ICML 上，召开了无监督和迁移学习的研讨会[5]。2011 年，国际权威神经网络会议 IJCNN 举办了无监督和迁移学习的挑战赛[6]。随后，NIPS 又在 2013 年的研讨会上探究迁移学习和多任务学习的新方向[7]。最近的 2017 年[8]到 2019 年[9]，在计算机视觉顶会 ICCV 和 ECCV 出现了相关的研讨会和国际比赛。2019 年，ICML 大会上来自 UC Berkeley 的学者做了关于元学习的讲座，另一顶会 ICLR 也在研讨会上探索从有限的标注数据中学习的新技术[10]。

此外，迁移学习技术驱动的模型方法也多次获得顶级学术会议重量级奖项。2007 年，ICDM 室内定位大赛一等奖的方案来自迁移学习[11]。2018 年，计算机视觉顶级学术会议 CVPR 将最佳论文奖颁给了以探究迁移学习中任务之间联系的论文 *Taskonomy: Disentangling Task Transfer Learning* [Zamir et al., 2018]。同样是在 2018 年，在另一国际人工智能顶级会议 IJCAI 的国际广告算法大赛上，冠军方案也同样是由迁移学习技术驱动的[12]。2019 年数据挖掘领域权威会议 PAKDD 的最佳论文颁给了迁移学习相关的研究 *Parameter Transfer Unit for Deep Neural Networks* [Zhang et al., 2018]。2019 年，在国际语言学顶级会议 ACL 的开幕演讲上，ACL 主席周明博士强调了基于预训练模型的迁移学习方法在语言学领域的重要价值[13]。一年后的 2020 年，同样是在 ACL 会议

1 请见链接 1-3。
2 请见链接 1-4。
3 请见链接 1-5。
4 请见链接 1-6。
5 请见链接 1-7。
6 请见链接 1-8。
7 请见链接 1-9。
8 请见链接 1-10。
9 请见链接 1-11。
10 请见链接 1-12。
11 请见链接 1-13。
12 请见链接 1-14。
13 请见链接 1-15。

上，一篇探索预训练在语言模型中的应用的论文 *Don't Stop Pretraining: Adapt Language Models to Domains and Tasks* [Gururangan et al., 2020] 获得了会议最佳论文荣誉提名奖。迁移学习在国际顶级学术会议上的发展势头良好。可以预见的是，未来还会有更多的迁移学习话题出现在这些人工智能和机器学习顶会上，迁移学习技术一定会发展得更好。

特别地，杨强教授及其团队在 2020 年出版了第一本迁移学习专著 [Yang et al., 2020a]，全面覆盖了迁移学习理论和应用案例。本书的一个重要区别是囊括了众多的代码和数据集，让学生更加有落地实践的可能。

迁移学习这一研究领域不仅在学术上持续获得顶级会议的青睐，也受到了众多企业的青睐。2017 年，由前海征信主办、科赛网承办的"好信杯"大数据算法大赛落下帷幕，共吸引了 242 支队伍共 600 多位选手参赛，来自第四范式的团队利用迁移学习获得了冠军[1]。2019 年，平安科技举行了医疗科技疾病问答迁移学习比赛[2]。2020 年，微软研究团队使用仿真环境到真实环境中的迁移学习，训练现实世界中的无人机[3]。随后，微软发布了史上最大的基于预训练的自然语言处理模型 Turing-NLG[4]。OpenAI 启动了一项强化迁移学习的比赛，针对"刺猬索尼克"游戏要求选手开发虚拟到现实环境的强化迁移学习算法，使得模型能够迁移到不同环境中[5]。谷歌和 OpenAI 也分别开发了基于自监督预训练的语言模型 BERT、T5、和 GPT 系列，将迁移学习在自然语言处理中的作用发挥到极致。NVIDIA 发布迁移学习工具包，用于特定领域深度学习模型快速训练的高级 SDK[6]。阿里巴巴则利用迁移学习和元学习为其小样本数据的学习和系统安全保驾护航[7]。亚马逊的语音助手 Alexa 利用迁移学习迅速学会第二门语言，并且大大减少了训练数据量[8]。

本小节所列举的迁移学习在学术会议和工业界中的例子仅是少数。期待未来会有更多的迁移学习学术研究和应用成果出现。更多的迁移学习应用请读者移步第 15 章。

---

1 请见链接 1-16。
2 请见链接 1-17。
3 请见链接 1-18。
4 请见链接 1-19。
5 请见链接 1-20。
6 请见链接 1-21。
7 请见链接 1-22。
8 请见链接 1-23。

2 从机器学习到迁移学习

上一章从宏观角度，管中窥豹，介绍了迁移学习的一些背景知识。从本章开始，我们正式踏入迁移学习的门槛。

毋庸置疑，迁移学习是机器学习技术的一个分支，二者有着千丝万缕的联系。因此，要想深入研究迁移学习，首先应该对机器学习最基础部分的知识进行系统地分析和讨论。基于这些知识，才能更深刻地理解机器学习、迁移学习的问题与方法，才能做到在今后迁移学习的研究应用上有的放矢。

本章的内容安排如下。2.1 节介绍基本的机器学习概念，2.2 节介绍结构风险最小化的知识，2.3 节介绍数据概率分布的基础知识，2.4 节介绍迁移学习中的基本概念与符号，最后，我们在 2.5 节中正式给出迁移学习的形式化问题定义。

2.1 机器学习及基本概念

机器学习（Machine Learning）是近几十年来迅猛发展的一个学科领域。以计算机为载体，机器学习涉及统计学、概率论、凸优化、程序设计等多个子领域。机器学习本身并没有一个严格的定义，其核心是：从已有的数据出发，让计算机归纳出一个通用的模型，此模型可以被用于预测新数据。

来自卡耐基 · 梅隆大学的 Tom Mitchell 教授在 1997 年给出了一个机器学习的通用定义 [Mitchell et al., 1997]：

定义 1 假设用 P 来评估计算机程序在某任务类 T 上的性能，若一个程序通过利用经验 E 在 T 任务上获得了性能改善，则我们就说关于 T 和 P，该程

序对 E 进行了学习。

根据上述表达，我们将有监督的机器学习定义如下。

定义 2 分别令 $\mathcal{X},\mathcal{Y}$ 为样本和标签空间，令 $\mathcal{D}=\{(\boldsymbol{x}_1,y_1),(\boldsymbol{x}_2,y_2),\cdots,(\boldsymbol{x}_n,y_n)\}$ 表示训练数据，其中 $\boldsymbol{x}_i\in\mathcal{X}$ 为训练数据中的第 i 个样本，$y_i\in\mathcal{Y}$ 为其对应的数据标签。我们令 $f\in\mathcal{H}$ 为机器学习的目标函数，$\mathcal{H}$ 为其满足的假设空间。则机器学习的学习目标可以表示为

$$f^\star=\mathop{\arg\min}_{f\in\mathcal{H}}\frac{1}{n}\sum_{i=1}^{n}\ell(f(\boldsymbol{x}_i),y_i), \tag{2.1.1}$$

其中，$\ell(\cdot,\cdot)$ 为损失函数。

分类任务中通常以交叉熵损失（Cross-entropy loss）作为损失函数，而回归问题则通常以最小均方误差（Mean squared error）为损失函数。

上述机器学习的形式化定义也可以有不同的表达形式。例如，如果以最大似然估计（Maximum Likelihood Estimation, MLE）来表示学习过程，则上述定义可以表示为

$$\theta^\star=\mathop{\arg\max}_{\theta}L(\theta|\boldsymbol{x}_1,\boldsymbol{x}_2,\cdots,\boldsymbol{x}_n), \tag{2.1.2}$$

其中，θ 为模型待学习参数，$L(\theta|\boldsymbol{x}_i)$ 为似然函数。似然函数可以被定义为

$$L(\theta|\boldsymbol{x}_1,\boldsymbol{x}_2,\cdots,\boldsymbol{x}_n)=f_\theta(\boldsymbol{x}_1,\boldsymbol{x}_2,\cdots,\boldsymbol{x}_n). \tag{2.1.3}$$

机器学习方法主要可以分为有监督方法、半监督方法、无监督方法，从模型角度则可以分为生成式模型和判别式模型。在过去几十年里，机器学习取得了长足进步。关于机器学习的更多知识可以在周志华老师的《机器学习》专著 [周志华, 2016] 中找到。

2.2 结构风险最小化

对于前面给出的机器学习定义 [公式 (2.1.1)]，可以这样理解：机器学习就是要寻找一个最优函数 f，使得其在所有的训练数据上达到最小的损失。上述学习目标也可以被称为**经验风险最小化**（Empirical Risk Minimization, ERM），其中的损失函数也称为经验风险。

这个条件对于一个好的、能预测未来的机器学习模型，真的就足够适用了吗？

事实上，一个好的机器学习模型，不仅需要对训练数据有强大的拟合能力，还需要对未来的新数据具有足够的预测能力。**结构风险最小化**（Structural Risk Minimization, SRM）是统计机器学习中一个非常重要的概念。SRM 准则要求模型在拟合训练数据的基础上也要具有相对简单的复杂性（较低的 VC 维（Vapnik–Chervonenkis dimension））[Valiant, 1984]。通常采用正则化（Regularization）的方法来控制模型的复杂性。

VC 维是用来衡量研究对象（数据集与学习模型）可学习性的指标。VC 维是机器学习的基础性概念，更详细的介绍请读者移步 [周志华, 2016]。VC 维反映了可学习性，与数据量和模型的复杂度密切相关。因此，VC 维较低的模型，其复杂性也较低。

结构风险最小化可形式化表示为

$$f^\star = \arg\min_{f \in \mathcal{H}} \frac{1}{n} \sum_{i=1}^{n} \ell(f(\boldsymbol{x}_i), y_i) + \lambda R(f), \tag{2.2.1}$$

其中，$R(f)$ 是正则化项，即模型的复杂度的度量。模型 f 越复杂，$R(f)$ 的值越大；反之则越小。λ 为正则化参数。

因此，在结构风险最小化的准则下，一个好的机器学习模型应该在训练数据上取得最好的拟合能力的同时，控制好模型的复杂度。常用的正则化项有：控制样本稀疏程度、筛选样本的 $L1$ 正则化，使求解简单、避免过拟合的 $L2$ 正则化，控制目标熵值的熵最小化等。

2.3　数据的概率分布

数据的概率分布（Probability distribution）是统计机器学习的基础概念。数据分布，指的是数据在统计图中的形状。例如，三年级二班一共有 50 名同学，其中男生 30 名，女生 20 名，那么就可以简单地认为 30 和 20 是反映同学性别的数据分布。

概率分布在数据分布的基础上更进一步，它研究以概率为基础的数据分布。在介绍概率分布的概念之前，首先需要了解随机变量（Random variable）的概念。在高中阶段，我们曾经简单地学习过概率和统计的知识，其中也包括随机变量。随机变量是一种量化随机事件的函数，它给随机事件每个出现的结果赋予了一个数字。随机变量包括离散型随机变量和连续型随机变量两种。例如，对于“明天是否下雪”这个问题，答案只能从“是”和“否”两个变量中选择，这就是一种离散型随机变量；另一方面，如果我们不仅追求明天是否下雪，还需要知道下雪的概率是多少，那么这个值便可以取从 0 到 100% 之间的任意值，此时它便是一个连续型随机变量。

将概率、分布、随机事件组合，便产生了概率分布。常见的概率分布主要有二项分布、高斯分布、泊松分布、均匀分布等。通常，我们用 $P(x)$ 来表示随机变量 x 的概率分布。

为什么要研究概率分布？

机器学习是研究数据的科学，而现实生活中的数据往往是动态变化的。统计机器学习通常假设数据是由某个概率分布或某几个概率分布组合而产生的。如果数据 $\boldsymbol{x}$ 是由概率分布 $P(\mathcal{X})$[1]生成的，或者说，数据 $\boldsymbol{x}$ 服从某一概率分布 $P(\mathcal{X})$，则可以被统一表示为 $\boldsymbol{x} \sim P(\mathcal{X})$。

传统的机器学习假设模型的训练数据和测试数据服从同一数据分布。我们用 $\mathcal{D}_{\text{train}} = \{(\boldsymbol{x}_i, y_i)\}_{i=1}^n$ 来表示训练数据，用 $\mathcal{D}_{\text{test}} = \{(\boldsymbol{x}_j, y_j)\}_{j=1}^m$ 来表示测试数据，则传统机器学习的假设可以被表示为

$$P_{\text{train}}(\boldsymbol{x}, y) = P_{\text{test}}(\boldsymbol{x}, y). \tag{2.3.1}$$

而在真实的应用中，训练数据和测试数据的数据分布往往不尽相同，即

$$P_{\text{train}}(\boldsymbol{x}, y) \neq P_{\text{test}}(\boldsymbol{x}, y). \tag{2.3.2}$$

在正式介绍迁移学习的问题定义之前，有必要透彻理解数据分布的不同含义。图 2.1 表示三种高斯分布：$\mathcal{N}_1(0,5), \mathcal{N}_2(0,7), \mathcal{N}_3(0,10)$。显而易见，这三种高斯分布是不同的，因为即使它们的均值 μ 均为 0，它们的方差 σ 却不同。

传统的机器学习假设训练和测试数据的概率分布相同，例如，当训练数据服从 $\mathcal{N}_1(0,5)$ 分布时，测试数据也服从 $\mathcal{N}_1(0,5)$ 分布。

不同的数据分布意味着，当训练数据服从 $\mathcal{N}_1(0,5)$ 分布时，测试数据可能服从 $\mathcal{N}_2(0,7)$ 分布或 $\mathcal{N}_3(0,10)$ 分布。

与传统机器学习不同，迁移学习重点关注的数据分布情形恰恰是公式 (2.3.2) 所示的情形。

1 为与随机变量 x 区分，此处用花体 $\mathcal{X}$。

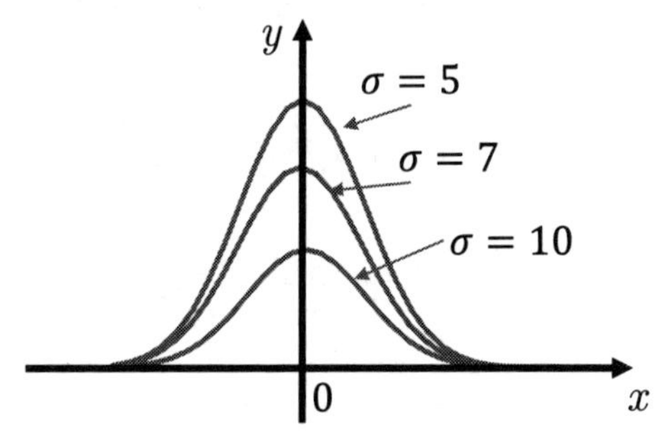

图 2.1　三种不同的高斯分布

图 2.2 形象地表示了训练数据和测试数据服从不同数据分布的情况。这正是本书研究的问题重点。值得注意的是，概率分布 P 通常只是一个逻辑上的概念，即我们认为不同领域有不同的概率分布，却一般不给出（也难以给出）P 的具体形式。

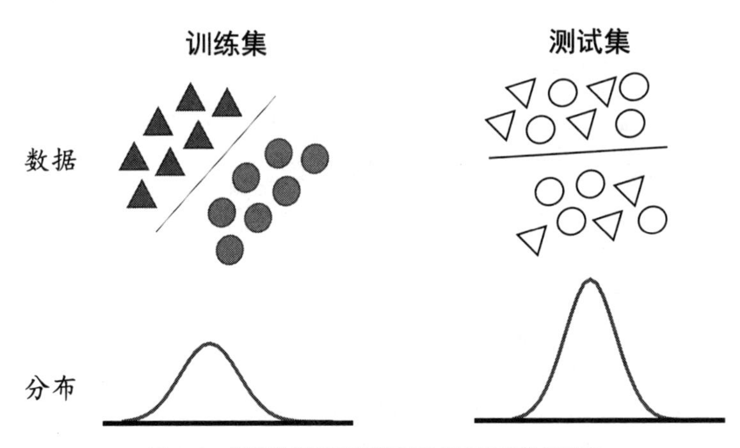

图 2.2　训练数据和测试数据服从不同的数据分布

2.4　概念与符号

承接上述数据分布的概念，我们从本节开始引入迁移学习中的一个重要概念：领域。基于此概念，下一节将会介绍迁移学习问题的形式化定义。

领域（Domain）是学习的主体，主要由两部分构成：数据和生成这些数据的概率分布。我们通常用花体 $\mathcal{D}$ 来表示一个领域，领域上的一个样本数据包含输入 $\boldsymbol{x}$ 和输出 y，其概率分布记为 $P(\boldsymbol{x}, y)$，即数据服从这一分布：$(\boldsymbol{x}, y) \sim P(\boldsymbol{x}, y)$。我们用大写花体 $\mathcal{X}, \mathcal{Y}$ 来分别表示数据所处的特征空间和标签空间，则对于任意一个样本 $(\boldsymbol{x}_i, y_i)$，都有 $\boldsymbol{x}_i \in \mathcal{X}, y_i \in \mathcal{Y}$。因此，一个领域可以被表示为 $\mathcal{D} = \{\mathcal{X}, \mathcal{Y}, P(\boldsymbol{x}, y)\}$。

结合迁移学习的概念，其对应于至少两个领域：被迁移的领域和待学习的领域。在迁移学习中，被迁移的领域、含有知识的领域通常被称为**源领域**（Source domain，源域），而待学习的领域，则通常被称为**目标领域**（Target domain，目标域）。源域就是有知识、有大量数据标注的领域，是我们要迁移的对象；目标域就是我们最终要赋予知识、赋予标注的对象。知识从源域传递到目标域，就完成了迁移。通常我们用小写下标 s 和 t 来分别指代两个领域。结合领域的表示方式，$\mathcal{D}_{\mathrm{s}}$ 表示源域，$\mathcal{D}_{\mathrm{t}}$ 表示目标域。当 $\mathcal{D}_{\mathrm{s}} \neq \mathcal{D}_{\mathrm{t}}$ 时，对应于 $\mathcal{X}_{\mathrm{s}} \neq \mathcal{X}_{\mathrm{t}}, \mathcal{Y}_{\mathrm{s}} \neq \mathcal{Y}_{\mathrm{t}}$ 或 $P_{\mathrm{s}}(\boldsymbol{x}, y) \neq P_{\mathrm{t}}(\boldsymbol{x}, y)$。[1]

2.5 迁移学习的问题定义

有了领域的定义，就可以对迁移学习进行形式化定义。

定义 3 给定一个源域 $\mathcal{D}_{\mathrm{s}} = \{\boldsymbol{x}_i, y_i\}_{i=1}^{N_{\mathrm{s}}}$ 和目标域 $\mathcal{D}_{\mathrm{t}} = \{\boldsymbol{x}_j, y_j\}_{j=1}^{N_{\mathrm{t}}}$，其中 $\boldsymbol{x} \in \mathcal{X}, y \in \mathcal{Y}$。迁移学习的目标是当以下三种情形：

1. 特征空间不同，即 $\mathcal{X}_{\mathrm{s}} \neq \mathcal{X}_{\mathrm{t}}$；
2. 标签空间不同，即 $\mathcal{Y}_{\mathrm{s}} \neq \mathcal{Y}_{\mathrm{t}}$；
3. 特征和类别空间均相同、概率分布不同，即 $P_{\mathrm{s}}(\boldsymbol{x}, y) \neq P_{\mathrm{t}}(\boldsymbol{x}, y)$，

至少有一种成立时，利用源域数据去学习一个目标域上的预测函数 $f : \boldsymbol{x}_{\mathrm{t}} \mapsto y_{\mathrm{t}}$，使得 f 在目标域上拥有最小的预测误差（用 ϵ 来衡量）：

$$f^{\star} = \arg\min_{f} \mathbb{E}_{(\boldsymbol{x}, y) \in \mathcal{D}_{\mathrm{t}}} \epsilon(f(\boldsymbol{x}), y). \tag{2.5.1}$$

具体而言，特征空间不同，即 $\mathcal{X}_{\mathrm{s}} \neq \mathcal{X}_{\mathrm{t}}$，特指两个领域包含了不同的特征或不同的特征维数。例如，当源域为 RGB 彩色图像、目标域为黑白二值图像时，我们就说它们的特征空间不同；标签空间不同，即 $\mathcal{Y}_{\mathrm{s}} \neq \mathcal{Y}_{\mathrm{t}}$，特指两个领域的任务空间不同，例如，在分类问题中，源域和目标域的类别不完全相同；概

1 注意，本书对领域的定义与 [Pan and Yang, 2010] 和 [Yang et al., 2020a] 中的定义有所不同：后者将领域定义为 $\mathcal{D} = (\mathcal{X}, P(\boldsymbol{x}))$，并单独将任务定义为 $\mathcal{T} = (\mathcal{Y}, f)$。由于本书侧重介绍领域自适应，因此从自然的数据生成角度 $((\boldsymbol{x}, y) \sim P(\boldsymbol{x}, y))$ 给出的领域定义包含了联合概率分布。读者可以发现这两种定义的本质内容是一样的，仅形式稍有不同。

率分布不同，即 $P_{\mathrm{s}}(\boldsymbol{x},y) \neq P_{\mathrm{t}}(\boldsymbol{x},y)$，特指即使两个领域的特征空间和类别空间都相同，其联合概率分布也会存在不匹配的问题。

上述几种情形不尽相同，每种都对应了大量的研究工作。由于这些情形背后所采用的核心方法均存在一定的相似性，因此，本书在余下的主体部分介绍迁移学习核心方法时不针对每种情形一一介绍，而是以**领域自适应**（Domain Adaptation）这一热门研究方向为研究主题来进行讲解。领域自适应对应了上述定义中前 2 种情形均相同、第 3 种情形不同的情况，也是本书主要讲解的研究方向。领域自适应问题中的大部分方法均可以推广到其余几种情形中，我们将在第 11 章到第 14 章中进行描述。

领域自适应的问题定义如下。

定义 4 给定一个有标记的源域 $\mathcal{D}_{\mathrm{s}} = \{\boldsymbol{x}_i, y_i\}_{i=1}^{N_{\mathrm{s}}}$ 和一个目标域 $\mathcal{D}_{\mathrm{t}} = \{\boldsymbol{x}_j, y_j\}_{j=1}^{N_{\mathrm{t}}}$，领域自适应的目标是当特征空间和类别空间均相同即 $\mathcal{X}_{\mathrm{s}} = \mathcal{X}_{\mathrm{t}}, \mathcal{Y}_{\mathrm{s}} = \mathcal{Y}_{\mathrm{t}}$ 但联合概率分布不同即 $P_{\mathrm{s}}(\boldsymbol{x},y) \neq P_{\mathrm{t}}(\boldsymbol{x},y)$ 时，利用源域数据去学习一个目标域上的预测函数 $f: \boldsymbol{x}_{\mathrm{t}} \mapsto y_{\mathrm{t}}$，使得 f 在目标域上拥有最小的预测误差（用 ϵ 来衡量）：

$$f^{\star} = \arg\min_{f} \mathbb{E}_{(\boldsymbol{x},y)\in\mathcal{D}_{\mathrm{t}}} \epsilon(f(\boldsymbol{x}), y). \tag{2.5.2}$$

根据本书 1.4 节的迁移学习分类方法，根据目标域数据是否有标签，领域自适应可以被分为以下三种情形：

1. 监督领域自适应（Supervised Domain Adaptation, SDA），即目标域数据全部有标签的情形（$\mathcal{D}_{\mathrm{t}} = \{\boldsymbol{x}_j, y_j\}_{j=1}^{N_{\mathrm{t}}}$）；
2. 半监督领域自适应（Semi-supervised Domain Adaptation, SSDA），即目标域数据有部分标签的情形（$\mathcal{D}_{\mathrm{t}} = \{\boldsymbol{x}_j, y_j\}_{j=1}^{N_{\mathrm{tu}}} \cup \{\boldsymbol{x}_j, y_j\}_{j=N_{\mathrm{tu}}+1}^{N_{\mathrm{tl}}}$，其中 N_{tu} 和 N_{tl} 分别为无标签和有标签的目标域数据个数）；
3. 无监督领域自适应（Unsupervised Domain Adaptation, UDA），即目标域数据完全没有标签的情形（$\mathcal{D}_{\mathrm{t}} = \{\boldsymbol{x}_j, ?\}_{j=1}^{N_{\mathrm{t}}}$）。

显然，无监督领域自适应是三种情形中最难的一种。因此，本书重点以无监督领域自适应问题为切入点介绍此种情形下的迁移学习方法。这些方法绝大多数均可以很简单地被应用于有监督和半监督的问题中。特别地，当多个任务同时进行学习（均有一定数量的数据标注）时，多任务学习（Multi-task learning）是可以直接采用的方式。本书并不打算详细介绍多任务学习，感兴趣的读者请参考相关的文献 [Yang et al., 2020a]。

在实际的研究和应用中，读者可以针对自己的不同任务，结合上述表述，灵活地给出相关的形式化定义。

3 迁移学习基本问题

本章主要介绍迁移学习的基本问题。本章的主要目的是使读者对迁移学习中所研究的基本问题有一个全面清晰的了解，以便在遇到新问题时抓住问题本质，寻找对应的解决方案。

根据杨强教授《迁移学习》专著 [Yang et al., 2020a] 及综述文献 [Pan and Yang, 2010] 的描述，迁移学习主要研究以下三个基本问题：

1. **何时迁移**（When to transfer）。何时迁移，对应于迁移学习的可能性和使用迁移学习的原因。值得注意的是，此步骤应该发生在迁移学习过程的第一步。给定待学习的目标，我们首先要做的便是判断当时的任务是否适合进行迁移学习。
2. **何处迁移**（What/Where to transfer）。判断当时的任务适合迁移学习之后，第二步要解决的便是从何处进行迁移。这里的何处，我们用 What 和 Where 来表达可能更好理解。What，指的是要迁移什么知识，这些知识可以是神经网络权值、特征变换矩阵、某些参数等；而 Where 指的是要从哪个地方进行迁移，这些地方可以是某个源域、某个神经元、某个随机森林里的树等。
3. **如何迁移**（How to transfer）。这一步是绝大多数方法的着力点。给定待学习的源域和目标域，这一步则是要学习最优的迁移学习方法以达到最好的性能。

这三个基本问题贯穿整个迁移学习的生命周期。从目前的研究现状来看，何时迁移对应于一些理论、边界条件的证明，大多是一种理论上的保证。它使得我们在进行迁移时能够做到胸有成竹、有章可循。何处迁移则强调一个动态的迁移过程。在大数据时代，我们需要动态地从数据中学习出更适合迁移的领域、网络、分布等。最后，如何迁移，则旨在建立最优的迁移方法以顺利完成迁移。

另外，这三个基本问题并不是完全对立的，而是在在一定条件下可以互相转化。例如，何处迁移往往是随着数据表征动态变化的，而数据表征又与如何迁移有着紧密联系。在特定的数据表征下，这三个问题可以互相辅助，相辅相成。

对应于三个问题，本章的内容组织安排如下。3.1 节介绍“何处迁移”，3.2 节介绍“何时迁移”，3.3 节介绍“如何迁移”。之后，我们在 3.4 节介绍负迁移的概念，并在 3.5 节给出一个完整的迁移学习过程。

3.1 何处迁移

何处迁移是迁移学习的基本问题之一。它给我们寻找迁移学习中的迁移对象进行了根本性的指导。何处迁移所研究的问题可以分为两个层次：

1. 数据集、数据领域层。所对应的问题是，给定若干可供选择的源域数据，如何能从若干数据中找到最适合迁移学习的数据集和领域。
2. 样本层。所对应的问题是，给定一个或多个可供选择的迁移样本，如何能从这些数据中选择出若干数据，使其最适合于迁移学习。

我们用“最适合”迁移学习的字眼来表达其效果，是因为很多时候，迁移学习最终的精度也许只是衡量何处迁移的一个指标。受限于具体的环境、算法、和设备，评估指标也有所不同。因此不能简单地只看最终的学习精度。

事实上，何处迁移所研究的两大类问题在本质上是等价的：样本是构成数据集和领域的基本元素。因此，掌握了样本的选择方法，也会对领域的选择提供一些指导作用。我们将在 5.2 节介绍样本选择方法，因此这里不再赘述。

本节主要介绍迁移学习中数据集和领域的选择方法。这常常被称为**源域选择**（Source Domain Selection）问题和方法。[Xiang et al., 2011] 提出一种无须显式指定源域的迁移学习方法 Source-free，聚焦于基于语义信息进行源域和样本选择。这项工作借助了一个社会化标签分享网站的数据：Delicious[1]。这个网

1 请见链接 3-1。

站由用户对不同的网页给出自己的个性化标签。我们可以认为这些标签包含了大量的标记信息，上面包括源域和目标域的标记信息。借助 Delicious 网站上的标签作为桥梁，构建源域和目标域之间的关系；然后，基于拉普拉斯特征映射，构建源域和目标域特征的语义相似度关系，实现自动的源域选择。

随后，[Lu et al., 2014] 将源域选择应用于文本分类中。在深度网络中，[Collier et al., 2018] 通过网格搜索的方法，系统地探索了深度网络中各个隐藏层的可迁移性。[Bhatt et al., 2016] 则提出了在多个源域的场景下进行有新源域选择的贪心算法。

流形学习中，Gong 等人 [Gong et al., 2012] 提出了一种基于 Principle Angle 的领域相似度度量方法。其通过贪心算法逐步计算不同领域的相似度角度，最终计算出可供迁移的源域。另一种较为流行的方法是利用领域之间的 $\mathcal{A}$-distance [Ben-David et al., 2007]，对源域和目标域数据构建一个线性分类器，通过分类器误差来反映二者的相似程度，并得到了广泛的应用。例如，MEDA 方法 [Wang et al., 2018b] 利用此距离计算了源域和目标域数据分布的相似性。

在具体的应用中，[Wang et al., 2018a, Chen et al., 2019f] 提出了一种用于行为识别的分层源域选择（Stratified transfer learning）方法。其将领域之间的 MMD 距离进行细粒度表征求解，取得了比传统 MMD 距离更好的源域选择结果。接着，研究者又针对行为识别问题中的源域选择提出了基于语义和度量准则的源域选择方法 [Wang et al., 2018c]。该方法将行为识别中源域和目标域的相似性用身体部位传感器数据的相似性和身体部位本身的语义相关性进行融合，然后构建深度网络用于迁移学习，如图 3.1 所示。

相信读者已经有所察觉，在很多情况下，何处迁移与如何迁移这两个问题有着高度的相关性：选择出最适合迁移的领域和样本的评价指标往往是迁移后的学习结果，这依赖于具体的迁移学习的实施。因此，并不能简单地将两个问题区别对待，它们本质上是一个先有鸡还是先有蛋的问题。正因为如此，越来越多的研究者试图用一个统一的框架来表示这两个问题，试图将源域选择和如何迁移进行有机结合。在实际应用中，两个问题的基本方法也有着高度的交叉性，读者可根据应用背景和要求灵活选择对应的方法。

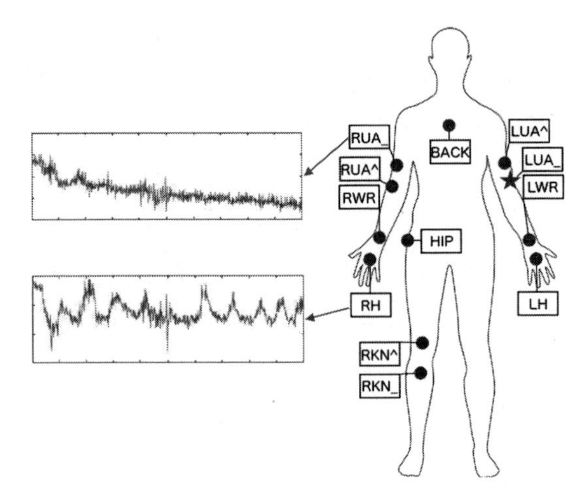

图 3.1 人体行为识别的源域选择：哪个部位与红星部位运动情况最相似

3.2 何时迁移

何时迁移对应的是迁移学习取得成功的理论保证，即应该以何种条件来判断迁移学习取得了成功（而不是取得了比不迁移还要差的结果——负迁移，在下一节中介绍）。由于理论工作的匮乏，我们在这里仅回答一个问题：为什么数据分布不同的两个领域之间，知识可以进行迁移？或者说，到底达到什么样的误差范围，我们才认为知识可以进行迁移？

这个问题非常重要。除了在实验中进行验证，我们都期待自己的研究工作也能够在理论上有所保证。何时迁移部分的主要工作均属于理论分析范畴，即学习得到的模型满足某个范式时，便可以进行迁移学习。因此，这项工作从理论上决定了迁移学习的成功与否。由于理论研究工作晦涩难懂，研究理论也并非本书的重点，因此，我们将在 4.3 节介绍迁移学习方法的统一表征形式后，再介绍经典的迁移学习理论工作，以便感兴趣的读者深入阅读。绝大多数非理论背景的读者可以根据自己研究工作的需要有选择性地阅读。

3.3 如何迁移

确定能否迁移（何时迁移）和要迁移的对象（何处迁移）后，下一步的工作便是如何迁移的问题，这也是迁移学习中研究最多的主题。这一步直接对应于众多迁移学习方法，也是本书的讲解重点。因此，我们在这一小节不再赘述。

“何时迁移”“何处迁移”“如何迁移”这三部分的研究工作量可以被表示为图 3.2 的简要示意图。图中的数字比例并非精确计算，仅从大体上强调三个领域相关工作的数量之差异。需要指出的是，尽管“如何迁移”一直以来是学术界和工业界关注的重点领域，但是“何时迁移”与“何处迁移”也是非常重要的研究领域。

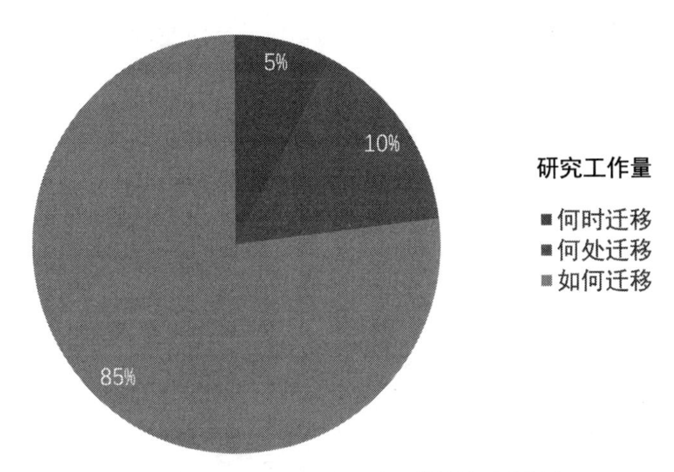

图 3.2 三个基本问题的研究工作量简要示意图

3.4 失败的迁移：负迁移

我们都希望迁移学习能够顺利进行，得到满足要求的结果，这样皆大欢喜。然而，事情并不总是那么顺利。这就引入了迁移学习中的一个负面现象，也就是**负迁移**（Negative Transfer）。

用熟悉的成语来描述：如果说成功的迁移学习是“举一反三”“照猫画虎”，那么负迁移则是“东施效颦”。东施已经模仿西施捂着胸口皱着眉头了，为什么她还是那么丑?

要理解负迁移，首先要理解什么是迁移学习。迁移学习指的是利用数据和领域之间存在的相似性关系，把之前学习到的知识，应用于新的未知领域。迁移学习的核心问题是，找到两个领域的相似性。找到了这个相似性，就可以合理利用，从而很好地完成迁移学习任务。比如，之前会骑自行车，现在要学习骑摩托车，这种相似性指的就是自行车和摩托车之间的相似性以及骑车体验的相似性。这种相似性在我们看来是可以接受的。

所以，如果这个相似性找的不合理，也就是说，两个领域之间不存在相似性，或者基本不相似，那么，就会大大影响迁移学习的效果。还是拿骑自行车来说，你要用骑自行车的经验来学习开汽车，这显然是不太可能的。因为骑自行车和开汽车之间基本不存在相似性。所以，这个任务基本上无法完成。这时，我们可以说出现了**负迁移**。

所以，为什么东施和西施做了一样的动作，反而变得更丑了？因为东施和西施之间压根就不存在相似性。

通俗来说，负迁移指的是在源域上学习到的知识，对于目标域上的学习产生负面作用。也就是说，使用迁移学习比不用迁移学习取得的效果更差。负迁移的形式化定义如下。

定义 5 用 $R(A(\mathcal{D}_s,\mathcal{D}_t))$ 来表示目标域 $\mathcal{D}_t$ 和源域 $\mathcal{D}_s$ 使用迁移学习算法 A 产生的误差（Error），用 ϕ 来表示空集合，当下列条件满足时，发生负迁移：

$$R(A(\mathcal{D}_s,\mathcal{D}_t)) > R(A'(\phi,\mathcal{D}_t)), \tag{3.4.1}$$

其中 A' 表示另一算法，$R(A'(\phi,\mathcal{D}_t))$ 表示不经过迁移学习的误差。

产生负迁移的原因主要有：

- 数据问题：源域和目标域压根不相似，谈何迁移？
- 方法问题：源域和目标域是相似的，但由于迁移学习方法不够好，导致迁移失败。

负迁移给迁移学习的研究和应用带来了负面影响。在实际应用中，找到合理的相似性，并且选择或开发合理的迁移学习方法，能够避免负迁移现象。

随着研究的深入，已经有新的研究成果在逐渐克服负迁移的影响。杨强教授团队于 2010 年在 AAAI 大会上提出了 Adaptive Transfer Learning 的概念 [Cao et al., 2010]，并于 2015 年在 KDD 大会上提出了传递迁移学习（*Transitive transfer learning*）[Tan et al., 2015]，又在 2017 年提出了远领域迁移学习（*Distant domain transfer learning*）[Tan et al., 2017]，可以用在人脸数据上训练的模型来识别飞机。这些研究使得迁移学习可以在两个领域存在弱相似性的情况下进行，进一步扩展了迁移学习的边界。

我们用图 3.3 的“青蛙过河”游戏来解释传递迁移学习。在正常情况即河流不至于过宽时，青蛙可以直接跳跃到河流对岸；而异常情况即河流很宽、无法直接跳跃到河流对岸时，聪明机智的小青蛙可以利用河流中间一些大的叶子，巧妙地施展连环跳跃，最终成功到达对岸。类比迁移学习，河流两岸为源域和目标域，河流宽度即为两个领域的相似性，青蛙完成过河操作即为完成迁移学习。当河流不宽时，意味着两个领域相似性很大，此时可以正常地进行迁移；而当河流较宽时意味着两个领域相似性较小，此时无法通过一次迁移来完成迁移任务。因此，传递迁移学习就相当于寻找河流中这些有益的“支撑点”，从而更好地完成这种情况下的迁移学习。

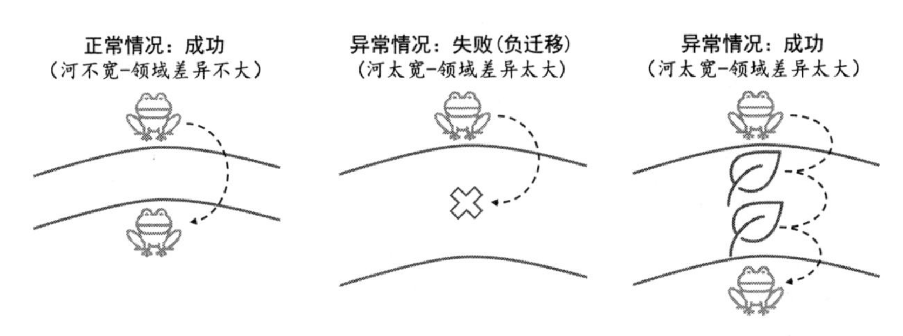

图 3.3　青蛙过河：负迁移与传递迁移学习

卡耐基 · 梅隆大学的研究团队对负迁移进行了理论分析并提出了对应的解决方案 [Wang et al., 2019g]。来自华中科技大学的研究团队发表了一篇关于负迁移的综述文章 [Zhang et al., 2020a]，从负迁移的产生原因、解决方案、可能的应用等方面进行了详细的探讨。该成果指出，当源域数据质量过差、目标域数据质量过差、领域分布差异过大以及学习算法不够好的任意情况下，均有可能发生负迁移。由此出发，文章详细介绍了研究人员为了避免出现负迁移所做的努力，感兴趣的读者可以进一步关注。

3.5　完整的迁移学习过程

对迁移学习的基本问题有了大致了解后，一个完整的迁移学习过程可以概括为图 3.4 所示的步骤。

获取所需的数据后，需要对数据进行可迁移性分析，也就对应着基本问题中的何时迁移与何处迁移两个基本问题。接下来便是迁移过程，此部分将在本书的“方法与技术”部分中重点介绍。与机器学习流程类似，一个迁移学习过程结束后，需要按照特定的模型选择方法对迁移学习模型和参数进行选择。可迁移性分析、迁移过程、模型选择这三大基本过程并不是序列式的，而是可以

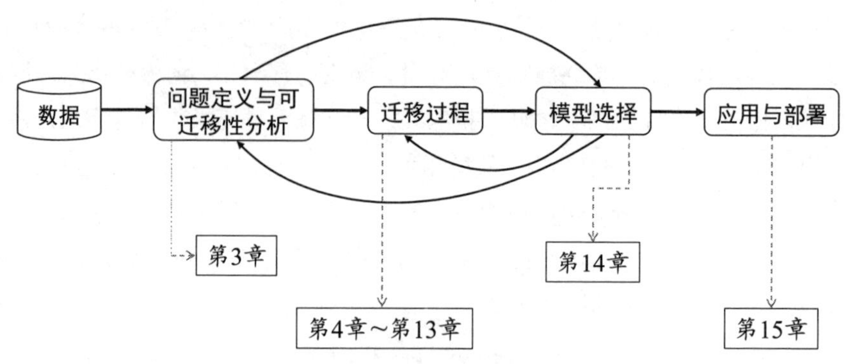

图 3.4 一个完整的迁移学习过程

互为反馈、相辅相成的。选择出最好的模型后便是模型的部属与评估。

本书将在余下的章节里（第 4 章到第 13 章）具体介绍不同的迁移过程和扩展方法，并在第 14 章中介绍迁移学习的模型选择方法，还将在第 15 章中介绍迁移学习的应用与部署问题。

第二部分

方法与技术

迁移学习方法总览

由这一章开始，我们将进入本书的“核心方法”部分。本章将以一种统一的视角对已有的迁移学习方法进行总览、分类和统一表征，方便读者以全局的视角进行学习和探索。在本章的统一表征基础之上，后续章节将围绕特定类型的方法进行详细阐述。本章的目的不是介绍一种具体的方法，而是提供一种分析迁移学习问题的统一思路，在今后的研究中，读者也可借鉴相应的思路进行扩展。

本章内容的组织安排如下。4.1 节简单描述迁移学习的总体思路；4.2 节介绍迁移学习中最重要的概念：分布差异的度量；4.3 节给出迁移学习的统一表征；在 4.4 节，我们通过简单的上手实践带领读者搭建一个完整的迁移学习实验环境；最后，我们在 4.5 节介绍经典的迁移学习理论。

4.1 迁移学习总体思路

有了形式化定义之后，我们可以开展迁移学习的研究。迁移学习的总体思路可以概括为：开发算法来最大限度地利用有标注的领域的知识，以辅助目标领域的学习。

迁移学习的核心是找到源域和目标域之间的相似性，并加以合理利用。这种相似性非常普遍。比如，不同人的身体构造是相似的；自行车和摩托车的骑行方式是相似的；国际象棋和中国象棋是相似的；羽毛球和网球的打球方式是相似的。这种相似性也可以理解为不变量。以不变应万变，才能立于不败之地。

举一个例子来说明：我们都知道在国内开车时，驾驶员坐在左边，靠马路右侧行驶，这是基本规则。然而，如果在英国开车，驾驶员坐在右边，需要靠马路左侧行驶。那么，如果我们从国内到了英国，应该如何快速地适应他们的开车方式呢？诀窍就是找到这里的不变量：不论在哪个地区，驾驶员都是紧靠马路中间。这就是此开车问题中的不变量。

找到相似性，是进行迁移学习的核心。

有了这种相似性后，下一步工作就是如何度量和利用这种相似性。度量工作的目标有两点：一是度量两个领域的相似性，不仅定性地告诉我们它们是否相似，更定量地给出相似程度；二是以度量为准则，通过我们所要采用的学习手段，增大两个领域之间的相似性，完成迁移学习。

一句话总结：相似性是核心，度量准则是重要手段。

4.2 分布差异的度量

承接上一节的内容，即迁移学习的核心是找到迁移过程中源域和目标域的相似性。那么这种相似性应该如何刻画？从迁移学习的问题定义出发，答案呼之欲出：通过对源域和目标域不同的概率分布建模来刻画二者的相似性。

在迁移学习问题中，源域和目标域的联合概率分布不同，即

$$P_{\mathrm{s}}(\boldsymbol{x}, y) \neq P_{\mathrm{t}}(\boldsymbol{x}, y) \tag{4.2.1}$$

数据分布的不同使得传统的机器学习方法并不能直接应用于迁移学习的问题。因此，迁移学习要解决的核心问题便是：源域和目标域的联合分布差异度量。

如何度量联合分布的差异？回看我们手头已有的条件：源域数据 $\mathcal{D}_{\mathrm{s}} = \{(\boldsymbol{x}_i, y_i)\}_{i=1}^{N_{\mathrm{s}}}$，目标域数据 $\mathcal{D}_{\mathrm{t}} = \{(\boldsymbol{x}_j, ?)\}_{j=1}^{N_{\mathrm{t}}}$。对于有标记的源域数据，我们是可以直接计算其联合概率分布的；而无标记的目标域数据则成了烫手山芋：只能计算其边缘分布 $P_{\mathrm{t}}(\boldsymbol{x})$，无法计算其条件和联合分布。那么怎么办呢？

概率学的基本知识告诉我们，联合概率和边缘概率、条件概率之间具有一些数学上的关系：

$$P(\boldsymbol{x}, y) = P(\boldsymbol{x})P(y|\boldsymbol{x}) = P(y)P(\boldsymbol{x}|y). \tag{4.2.2}$$

因此，如果能利用上述基本公式对问题加以改造、变形、近似，是不是就可能对其进行求解了呢？

事实也是如此。进行迁移学习时，由于目标域没有标签，导致目标域的联合数据分布难以被表征，因此，大多数工作往往采用一些特定的假设来完成迁移。

4.2.1　百花齐放的迁移学习分布度量

根据公式 (4.2.2) 中描述的边缘概率、条件概率、联合概率的性质，按照由特殊到一般、由易到难的逻辑，我们可以大致将迁移学习的方法进行如下分类：

- 边缘分布自适应（Marginal Distribution Adaptation, MDA）
- 条件分布自适应（Conditional Distribution Adaptation, CDA）
- 联合分布自适应（Joint Distribution Adaptation, JDA）
- 动态分布自适应（Dynamic Distribution Adaptation, DDA）

看到这里，读者可能被这些莫名其妙的名词搞得有些焦头烂额，这是很正常的，我们一个一个地来攻破它们。为了便于理解，我们在图 4.1 中呈现了边缘分布、条件分布、联合分布的图示，让读者对数据分布有一个形象的认识。显然，当目标域是图 4.1 所示的目录域 I 时，应该优先考虑边缘分布；而当目标域是图 4.1 所示的目录域 II 时，应该优先考虑条件分布。

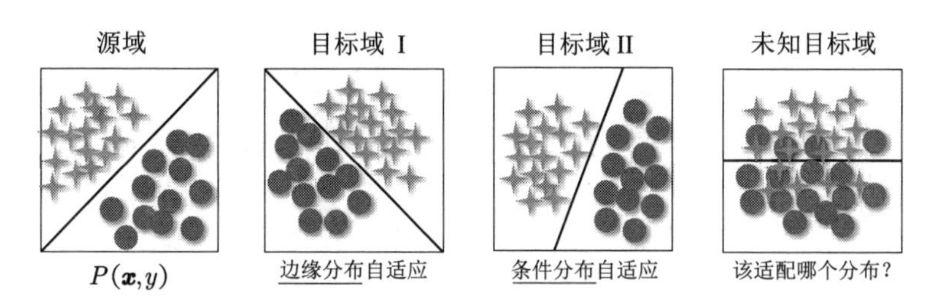

图 4.1　源域和不同分布情况的目标域图示

边缘分布自适应方法的本质与自变量漂移一样，针对的问题是源域和目标域的边缘概率分布不同，即 $P_{\mathrm{s}}(\boldsymbol{x}) \neq P_{\mathrm{t}}(\boldsymbol{x})$ 的情况。自变量漂移同时假设二者的条件概率分布相同，即 $P_{\mathrm{s}}(y|\boldsymbol{x}) \approx P_{\mathrm{t}}(y|\boldsymbol{x})$。在这个假设的前提下，边缘分布自适应方法的目标是减小源域和目标域的边缘概率分布的距离，从而完成迁移学习。也就是说，边缘分布自适应方法用源域和目标域之间的边缘分布距离来近似二者之间的联合分布距离，即

$$D(P_{\mathrm{s}}(\boldsymbol{x},y), P_{\mathrm{t}}(\boldsymbol{x},y)) \approx D(P_{\mathrm{s}}(\boldsymbol{x}), P_{\mathrm{t}}(\boldsymbol{x})). \tag{4.2.3}$$

发表于 ICML 2019 的工作 [Zhao et al., 2019] 从理论上证明了仅减小源域与目标域的边缘分布差异是不够的。当然，这是自条件分布自适应方法提出后才得到证明的。这些方法被 [Wang et al., 2018a, Zhu et al., 2020b] 等工作在算法层面得到了验证。条件分布自适应方法的目标是减小源域和目标域的条件概率分布的距离，从而完成迁移学习。其与自变量漂移的假设刚好相反，即源域和目标域的边缘概率分布相同，而条件概率分布不同：$P_{\mathrm{s}}(\boldsymbol{x}) \approx P_{\mathrm{t}}(\boldsymbol{x}), P_{\mathrm{s}}(y|\boldsymbol{x}) \neq P_{\mathrm{t}}(y|\boldsymbol{x})$。在这个前提下，条件分布自适应方法用源域和目标域之间的条件分布距离来近似二者之间的联合分布距离，即

$$D(P_{\mathrm{s}}(\boldsymbol{x}, y), P_{\mathrm{t}}(\boldsymbol{x}, y)) \approx D(P_{\mathrm{s}}(y|\boldsymbol{x}), P_{\mathrm{t}}(y|\boldsymbol{x})). \tag{4.2.4}$$

联合分布自适应方法 [Long et al., 2013] 做出了更一般的假设，其目标是减小源域和目标域的联合概率分布的距离，从而完成迁移学习。特别地，由于联合分布无法直接进行度量，因此，联合分布自适应方法用源域和目标域之间的边缘分布距离和条件分布距离之和来近似二者之间的联合分布距离，即

$$D(P_{\mathrm{s}}(\boldsymbol{x}, y), P_{\mathrm{t}}(\boldsymbol{x}, y)) \approx D(P_{\mathrm{s}}(y|\boldsymbol{x}), P_{\mathrm{t}}(y|\boldsymbol{x})) + D(P_{\mathrm{s}}(\boldsymbol{x}), P_{\mathrm{t}}(\boldsymbol{x})). \tag{4.2.5}$$

动态分布自适应方法 [Wang et al., 2020, Wang et al., 2018b] 提出，*边缘分布自适应和条件分布自适应并不是同等重要的*。该方法能够根据特定的数据领域，自适应地调整分布适配过程中边缘分布和条件分布的重要性。准确而言，动态分布自适应方法通过采用一种平衡因子 μ 来动态调整两个分布之间的距离：

$$D(\mathcal{D}_{\mathrm{s}}, \mathcal{D}_{\mathrm{t}}) \approx (1-\mu) D(P_{\mathrm{s}}(\boldsymbol{x}), P_{\mathrm{t}}(\boldsymbol{x})) + \mu D(P_{\mathrm{s}}(y|\boldsymbol{x}), P_{\mathrm{t}}(y|\boldsymbol{x})), \tag{4.2.6}$$

其中 $\mu \in [0,1]$ 表示平衡因子。当 $\mu \to 0$，表示源域和目标域数据本身存在较大的差异性，因此，边缘分布适配更重要；当 $\mu \to 1$ 时，表示源域和目标域数据集有较高的相似性，因此，条件分布适配更加重要。综合上面的分析可知，平衡因子可以根据实际数据分布的情况，动态地调节每个分布的重要性，并取得良好的分布适配效果。

4.2.2 分布差异的统一表征

这些方法的假设与问题退化的形式如表 4.1 所示。表中的 $D(\cdot,\cdot)$ 函数表示一个分布距离度量函数，这里我们暂时认为它是给定的。

表 4.1 迁移学习中的概率分布差异方法与假设

方法	假设	问题退化的形式
边缘分布自适应	$P_{\mathrm{s}}(y\|\boldsymbol{x}) = P_{\mathrm{t}}(y\|\boldsymbol{x})$	$\min D(P_{\mathrm{s}}(\boldsymbol{x}), P_{\mathrm{t}}(\boldsymbol{x}))$
条件分布自适应	$P_{\mathrm{s}}(\boldsymbol{x}) = P_{\mathrm{t}}(\boldsymbol{x})$	$\min D(P_{\mathrm{s}}(y\|\boldsymbol{x}), P_{\mathrm{t}}(y\|\boldsymbol{x}))$
联合分布自适应	$P_{\mathrm{s}}(\boldsymbol{x}, y) \neq P_{\mathrm{t}}(\boldsymbol{x}, y)$	$\min D(P_{\mathrm{s}}(\boldsymbol{x}), P_{\mathrm{t}}(\boldsymbol{x})) + D(P_{\mathrm{s}}(y\|\boldsymbol{x}), P_{\mathrm{t}}(y\|\boldsymbol{x}))$
动态分布自适应	$P_{\mathrm{s}}(\boldsymbol{x}, y) \neq P_{\mathrm{t}}(\boldsymbol{x}, y)$	$\min(1-\mu) D(P_{\mathrm{s}}(\boldsymbol{x}), P_{\mathrm{t}}(\boldsymbol{x})) + \mu D(P_{\mathrm{s}}(y\|\boldsymbol{x}), P_{\mathrm{t}}(y\|\boldsymbol{x}))$

从表中可以清晰地看出，随着假设的不同，问题退化形式也是不同的。从边缘分布自适应到最近的动态分布自适应，研究者们对于迁移学习中的概率分布差异的度量的认知和探索也在不断地发展。显然，上述表格告诉我们，动态分布自适应的问题退化形式更为一般，通过改变 μ 的值，动态分布自适应可以退化为其他方法：

1. 令 $\mu = 0$，则退化为边缘分布自适应方法。
2. 令 $\mu = 1$，则退化为条件分布自适应方法。
3. 令 $\mu = 0.5$，则退化为联合分布自适应方法。

图 4.2(a) 的结果清晰地显示出，在不同数据集构造的 5 个迁移任务上（图中的 $\mathrm{U} \rightarrow \mathrm{M}, \mathrm{B} \rightarrow \mathrm{E}$ 等 5 个任务），最优的迁移效果并不总是对应于固定的 μ 值。这清晰地说明了在不同的任务中，我们需要通过 μ 的机制，对边缘分布和条件分布进行自适应估计，从而可以更好地近似源域和目标域的联合概率分布差异。另外，平衡因子 μ 并没有呈现出显著的变化规律，这促使我们开发有效的方法以便对 μ 进行精确估计。

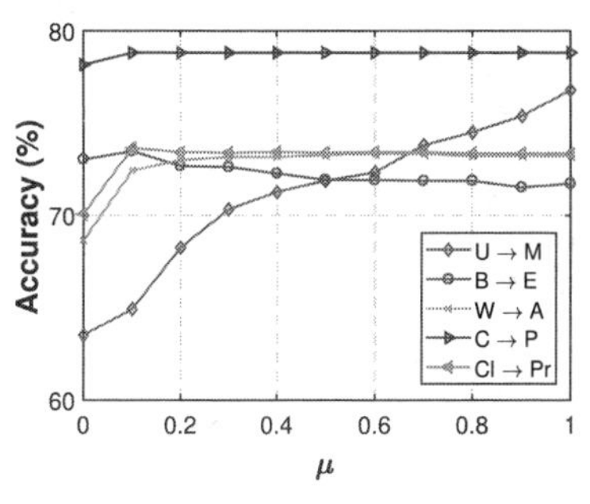

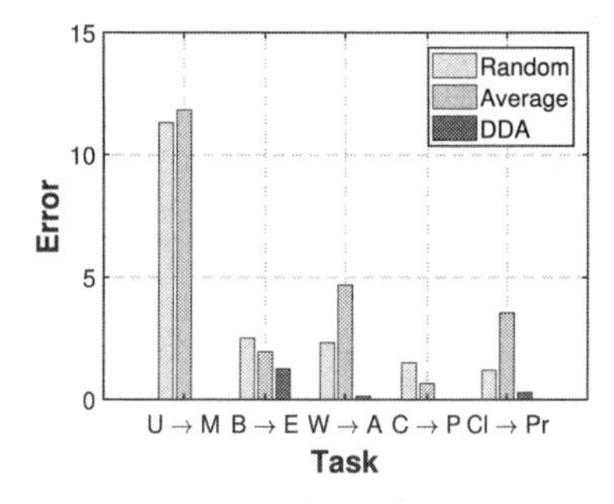

(a) 自适应因子 μ 在迁移学习中的作用

(b) 对分布自适应因子 μ 的估计

图 4.2 分布自适应因子 μ

因此，我们可以基于动态分布自适应方法来研究迁移学习的分布差异问题。所以问题来了，这个参数 μ 应该如何计算？

4.2.3 分布自适应因子的计算

我们注意到，可以简单地将 μ 视为一个迁移过程中的参数，通过交叉验证（cross-validation）来确定其最优的取值 μ_{opt}。然而，在本章的无监督迁移学习问题定义中，目标域完全没有标记，故此方式不可行。有另外两种非直接的方式可以对 μ 值进行估计：随机猜测法和最大最小平均法。随机猜测法从神经网络随机调参中得到启发，指的是任意从 $[0,1]$ 区间内选择一个 μ 的值，然后进行动态迁移，这并不算是一种技术严密型的方案。如果重复此过程 t 次，记第 t 次的迁移学习结果为 r_{t}，则随机猜测法最终的迁移结果为 $r_{\text{rand}} = \frac{1}{t}\sum_{i=1}^{t} r_{\text{t}}$。最大最小平均法与随机猜测法相似，可以在 $[0,1]$ 区间内从 0 开始取 μ 的值，每次增加 0.1，得到一个集合 $[0, 0.1, \cdots, 0.9, 1.0]$，然后，与随机猜测法相似，也可以得到其最终迁移结果 $r_{\text{maxmin}} = \frac{1}{11}\sum_{i=1}^{11} r_i$。其中，分母的值 11 由此区间内所有值的数量计数得出。

然而，尽管上述两种估计方案有一定的可行性，但它们均需大量的重复计算。另外，上述结果并不具有可解释性，其正确性也无法得到保证。

笔者及团队在 2018 年的多媒体领域顶级会议 ACM Multimedia 上提出了上述动态迁移方法，并给出了**首个**对 μ 值的精确定量估计方法 [Wang et al., 2018b, Wang et al., 2020]。该方法利用领域的整体和局部性质来定量计算 μ（计算出的值用 $\hat{\mu}$ 来表示）。采用 $\mathcal{A}-$distance [Ben-David et al., 2007] 作为基本的度量方式。$\mathcal{A}-$distance 被定义为建立一个二分类器进行两个不同领域的分类得出的误差。从形式化来看，定义 $\epsilon(h)$ 作为线性分类器 h 区分两个领域 $\mathcal{D}_{\text{s}}$ 和 $\mathcal{D}_{\text{t}}$ 的误差，则 $\mathcal{A}-$distance 可以被定义为

$$d_{\text{A}}(\mathcal{D}_{\text{s}}, \mathcal{D}_{\text{t}}) = 2(1 - 2\epsilon(h)). \tag{4.2.7}$$

直接根据上式计算边缘分布的 $\mathcal{A}-$distance，将其用 d_{M} 来表示。对于条件分布之间的 $\mathcal{A}-$distance，用 d_c 来表示对应于类别 c 的条件分布距离。它可以由式 $d_c = d_{\text{A}}(\mathcal{D}_{\text{s}}^{(c)}, \mathcal{D}_{\text{t}}^{(c)})$ 进行计算，其中 $\mathcal{D}_{\text{s}}^{(c)}$ 和 $\mathcal{D}_{\text{t}}^{(c)}$ 分别表示来自源域和目标域的第 c 个类的样本。最终，μ 可以由下式进行计算：

$$\hat{\mu} = 1 - \frac{d_{\text{M}}}{d_{\text{M}} + \sum_{c=1}^{C} d_c}. \tag{4.2.8}$$

图 4.2(b) 的结果表明，相比其他几种估计方法，所提出的对 μ 的估计达到了最优的迁移效果。由于特征的动态和渐近变化性，此估计需要在每一轮迭代中给出。边缘分布和条件分布的定量估计对于迁移学习研究具有很大的意义。当然，选择的距离不同，计算 μ 的方式也有所不同。期待未来能有更多更精确的估计方法。在后来的工作中，动态分布自适应的方法又被扩展到了深度网络 [Wang et al., 2020]、对抗网络 [Yu et al., 2019a]、人体行为识别应用 [Qin et al., 2019] 中，取得了更好的效果。

4.3　迁移学习统一表征

得到分布差异的统一表征后，本节尝试用一个学习框架对迁移学习的基本方法进行统一的表征和解释。一个好的问题定义和表征是解决问题的前提。由于结构风险最小化的准则在机器学习中非常通用，因此，我们借鉴此准则对迁移学习问题进行形式化的统一表征。我们的期望是，在统一表征的视角下，读者能够对迁移学习的问题有着更为宏观和深刻的把控，以便用来解决特定的问题。

回到公式 (2.2.1) 中表示的 SRM 准则下。在迁移学习问题中，我们期望迁移学习算法可以在目标域没有标签的情况下，还能借助于源域，学习到目标域上的一个最优的模型。在这个过程中能够运用一些手段来减小源域和目标域的数据分布差异。因此，我们从 SRM 准则出发，可以将迁移学习统一表征为下面的形式：

$$f^{\star} = \underset{f \in \mathcal{H}}{\arg\min} \frac{1}{N_{\mathrm{s}}} \sum_{i=1}^{N_{\mathrm{s}}} \ell(v_i f(\boldsymbol{x}_i), y_i) + \lambda R(T(\mathcal{D}_{\mathrm{s}}), T(\mathcal{D}_{\mathrm{t}})), \tag{4.3.1}$$

其中：

- $\boldsymbol{v} \in \mathbb{R}^{N_{\mathrm{s}}}$ 为源域样本的权重，$v_i \in [0,1]$。N_{s} 为源域样本的数量。
- T 为作用于源域和目标域上的特征变换函数。
- 为方便理解，我们采用 $\frac{1}{N_{\mathrm{s}}}$ 来计算平均值。读者应注意，显式引入样本权重 $\boldsymbol{v}$ 后，平均值亦需更新为加权平均值。具体计算方式并不统一，需要根据问题来相应处理。

注意到我们用 $R(T(\mathcal{D}_{\mathrm{s}}), T(\mathcal{D}_{\mathrm{t}}))$ 来代替 SRM 中的正则化项 $R(f)$。此替代并非等价，只是形式上的替代。事实上，由于正则化项的广泛应用，通常我们可以在模型的目标函数中加入特定的正则化项。为了强调迁移学习的特殊性，我们重点介绍 $R(\cdot,\cdot)$ 这一项。为了叙述方便，将这一项称为**迁移正则化项**（Transfer Regularization）。

在统一表征下，迁移学习的问题可以被大体概括为寻找合适的迁移正则化项的问题。也就是说，相比于传统的机器学习，迁移学习更强调发现和利用源域和目标域之间的关系，并将此表征作为学习目标中最重要的一项。

这个统一表征足以概括表达所有的迁移学习方法吗？

答案是：可以。

具体而言，我们可以通过对公式 (4.3.1) 中 v_i 和 T 取不同的情况，对迁移学习的方法进行表征，由此也派生出了三大类迁移学习方法：

1. **样本权重迁移法**。此类方法学习目标是学习源域样本的权重 v_i。
2. **特征变换迁移法**。此类方法对应于 $v_i = 1, \forall i$，目标是学习一个特征变换 T 来减小正则化项 $R(\cdot,\cdot)$。
3. **模型预训练迁移法**。此类方法对应于 $v_i = 1, \forall i$，$R(T(\mathcal{D}_{\mathrm{s}}), T(\mathcal{D}_{\mathrm{t}})) := R(\mathcal{D}_{\mathrm{t}}; f_{\mathrm{s}})$。在此种方法下，目标是如何将源域的判别函数 f_{s} 对目标域数据进行正则化和微调。

诚然，不同的参数设定可以同时发生。例如，如果同时学习 v_i 和 T，则对应于样本权重和特征变换同时进行的迁移方法，这显然可以被视为上述方法的扩展，因此并不讨论这类方法。

这三大类迁移方法基本上概括了绝大多数迁移方法的类型。我们将在后续的三个章节中系统地讲解每类迁移方法的基本形式和解决方案。在此之前，先简要叙述这几类方法。

4.3.1 样本权重迁移法

样本权重迁移法的出发点非常直接：决定迁移学习成功与否的关键是源域和目标域的相似程度。也就是说，两个领域之间相似度越高，迁移学习的表现越好。这启发我们从源域中选择一个数据样本子集 $\mathcal{D}'_{\mathrm{s}} \in \mathcal{D}_{\mathrm{s}}$，使得选择后的 $\mathcal{D}'_{\mathrm{s}}$ 可以足够表征源域 $\mathcal{D}_{\mathrm{s}}$ 中的所有信息，并且 $\mathcal{D}'_{\mathrm{s}}$ 与 $\mathcal{D}_{\mathrm{t}}$ 之间的相似度达到最大。而这个操作可以通过对 v_i 的求解达成。

此时，并不需要显式求解特征变换函数 T，因为如果有一种特定的样本权重自适应方法能够选择出足够有代表性的 $\mathcal{D}'_s$，便可以直接通过经验风险最小化来学习最优的迁移学习模型 f。

我们将在接下来的第 5 章详细介绍样本权重迁移法。

4.3.2　特征变换迁移法

特征变换迁移法与概率分布差异的度量直接相关。如果我们假定源域和目标域中所有样本均是非常重要的（即 $v_i = 1, \forall i$），则迁移学习的目标就变成了：如何求解特征变换 T，使得特征变换后的源域和目标域概率分布差异达到最小。

如何求解这样的特征变换？我们将特征变换法大致分为两大类别：统计特征变换和几何特征变换。其中，统计特征变换的目标是通过显式最小化源域和目标域的分布差异来进行求解；而几何特征变换的目标则是从几何分布出发，隐式地最小化二者的分布差异。

什么是显式和隐式？显式对应于直接寻找一种分布差异度量方法来计算源域和目标域的分布差异。例如欧氏距离、余弦相似度、马氏距离等，均可以充当距离函数度量。而类似于距离度量的一些方法，例如 Kullback-Leibler 散度（KL divergence）、Jensen-Shannon divergence、互信息（Mutual information）等，均可充当上述显式度量。

另一方面，如果以度量学习（metric learning）的观点来看待距离度量，则上述的距离可以看成预先定义的距离，它们在绝大多数情况下都可使用。但是，对于动态变化的数据分布而言，这种预先定义的距离，往往不足以表征分布之间的差异。此时我们自然会想，有没有另一种距离，它不是预先定义好的，而是可以在数据中动态学习的、更适合数据分布的度量？

例如，从生成对抗网络（Generative Adversarial Networks）[Goodfellow et al., 2014] 的观点来看，网络中的判别器用来判断数据来自真实图像还是噪声，当其无法分别真实图像和由噪声生成的图像时，我们则认为判别器学习到了领域不变的特征。此时，这种判别器网络就可以被看成一种隐式距离。

我们将在接下来的第 6 章和第 7 章中详细介绍特征变换迁移法。

4.3.3 模型预训练迁移法

第三种比较常用的方法则是模型预训练迁移法。也就是说，如果已经有一个在源域上训练好的模型 f_{s}，并且目标域本身有一些可供学习的有标签数据，则可以直接将 f_{s} 应用于目标域上，再进行微调。此时可以重点关注在微调过程中目标域的情况，而不用额外考虑迁移正则化项（或者一并考虑）。这种预训练–微调（Pretrain-finetune）的模式，已被广泛应用于计算机视觉（如 ImageNet 上预训练模型）、自然语言处理（Transformer、BERT）等领域。

我们将在接下来的第 8 章中详细介绍预训练方法。以基于深度学习的预训练方法为基础，我们陆续介绍基于深度学习（第 9 章）和对抗学习（第 10 章）的迁移方法。

4.3.4 小结

从上面的表述中我们看到，本小节介绍的统一的迁移学习表征方法，可以被应用于大多数流行的迁移学习方法中。统一表征及三大类迁移方法可以被总结为表 4.2 的形式。

表 4.2 统一表征及三大类迁移方法

$f^\star = \arg\min_{f\in\mathcal{H}} \frac{1}{N_{\mathrm{s}}} \sum_{i=1}^{N_{\mathrm{s}}} \ell(v_i f(\boldsymbol{x}_i), y_i) + \lambda R(T(\mathcal{D}_{\mathrm{s}}), T(\mathcal{D}_{\mathrm{t}}))$

方法大类	问题设定	求解目标
样本权重迁移法	$T(\mathcal{D}_{\mathrm{s}}), T(\mathcal{D}_{\mathrm{t}}) = \mathcal{D}_{\mathrm{s}}, \mathcal{D}_{\mathrm{t}}$	v_i
特征变换迁移法	$v_i = 1, \forall i$	T
模型预训练迁移法	$v_i = 1, \forall i$，$R(T(\mathcal{D}_{\mathrm{s}}), T(\mathcal{D}_{\mathrm{t}})) := R(\mathcal{D}_{\mathrm{t}}; f_{\mathrm{s}})$	SRM

值得注意的是，每大类方法与其他类别之间并不孤立。并且，这种定义方法也可以被自然地扩展到深度学习中。在之后的章节里我们将逐步揭开每种方法的面纱。

4.4 上手实践

本章对迁移学习的方法进行了总体介绍。在本节中，我们将编写代码，建立迁移学习的基线模型，并简要介绍本书使用的数据集，为后续章节的上手实践部分打下基础。

本书所有的代码实例均使用 Python 作为主要编程语言。Python 作为人工智能和机器学习时代最流行的编程语言之一，在传统机器学习和深度学习方面均有着广泛的应用。许多常用的数据科学框架，例如 Numpy、Pandas、scikit-learn、Scipy 等均使用 Python 作为主要编程接口；一些深度学习的主流框架，例如 PyTorch、TensorFlow、MXNet 等也为 Python 提供了丰富的支持。在余下的内容中，我们假定读者具有基本的编码能力与 Python 知识。

4.4.1 数据准备

如同近十年来计算机视觉领域的基准测试数据集是 ImageNet 一样，迁移学习领域的算法开发和测试，也对应了一些主流的基准测试数据集。迁移学习的主流基准测试数据集包括：

- 物体识别数据集。如 Office-31、Office-Home 等。
- 手写体识别数据集。如 MNIST、USPS、SVHN 等。
- 文本情感分类数据集。如 Amazon Review Dataset、20Newsgroup、Reuters-21578 等。
- 图像分类数据集。如 ImageNet、VisDA 等。
- 人脸识别数据集。如 CMU-PIE 等。
- 行为识别数据集。如 DSADS、Opportunity 等。

本书并不打算详细介绍这些主流数据集。事实上，在任何一个特定的应用领域，只要问题设定符合迁移学习的要求，均可以构建出适合当前情景的数据集。例如，在 NLP 任务中，跨语言（Cross-lingual）的任务天然就是一个迁移学习任务。这个网页[1]上展示了众多迁移学习的公开数据集信息。本书的附录中也介绍了这些常用数据集的基本信息。

为确保书中上手实践部分的一致性，本书统一采用 Office-31 对象识别数据集作为所有上手实践部分的测试数据集。对于其他数据集，读者可十分方便地遵循特定的预处理过程对数据集进行替换。此外，由于我们的重点是研究通用算法而非在特定的应用领域进行调优，因此，数据集仅为测试算法性能使用。在实际应用中，需要结合应用背景进行细致的调优，使算法达到最优的表现。

1　请见链接 4-1。

Office-31 [Saenko et al., 2010] 是视觉迁移学习的主流基准数据集，包含 Amazon（在线电商图片）、Webcam（网络摄像头拍摄的低解析度图片）、DSLR（单反相机拍摄的高解析度图片）3 个对象领域，共有 4110 张图片，31 个类别标签。由于这三个对象领域的数据均服从不同的数据分布，因此，从中随机选取 2 个不同的领域作为源领域和目标领域，我们可以构造 $3 \times 2 = 6$ 个跨领域视觉对象识别的任务：$A \to D, A \to W, \cdots, W \to A$。这三个领域的数据样本如图 4.3 所示。从图中可以清晰地看出，不同领域中的数据即使属于同一类别，也服从不同的数据分布（即光照、角度、背景等的不同）。

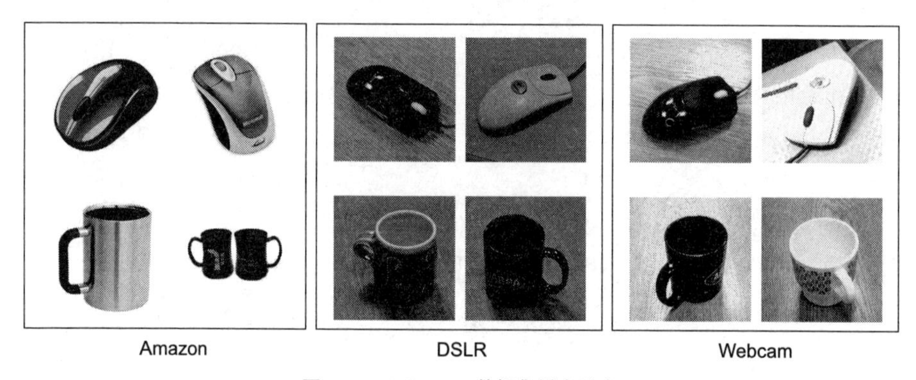

图 4.3 Office-31 数据集样本示意

Office-31 数据集的原始数据为图片格式，此格式可以直接被用于深度学习方法的输入，因此无须额外提取特征。然而，对于传统方法而言，其通常需要输入提取的特征进行后续处理。因此，我们对 Office-31 数据提取其 DeCAF 特征（即用 AlexNet [Krizhevsky et al., 2012] 网络提取的特征）作为传统方法的输入数据。读者不需要关心 DeCAF 特征的计算方式，只需了解在传统方法中，并不直接采用原始的图片数据，而是将图片的 DeCAF 特征作为输入数据。

为同时测试传统方法与深度方法，读者需要在以下链接下载数据集：

- 原始图片数据：请见链接 4-2。
- DeCAF 特征数据：请见链接 4-3。

下载完成后，解压并整理到相应的文件夹中。图 4.4 展示了 Office-31 数据集的原始数据集情况，每一个领域对应于 31 个文件夹，每个文件夹对应于相应类别的图片数据。

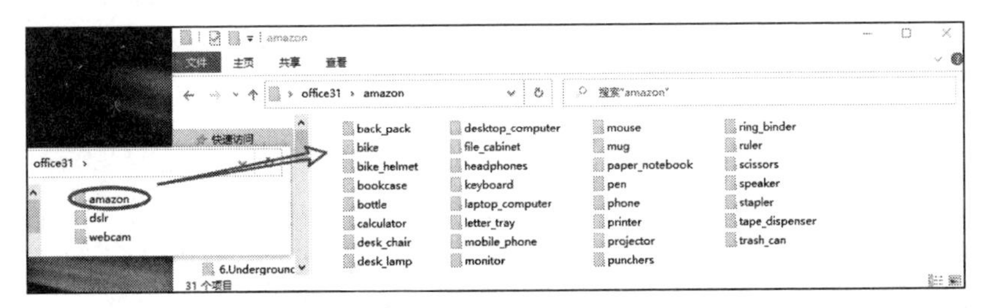

图 4.4　Office-31 数据集

4.4.2　基准模型构建：KNN

为了与迁移学习对比，我们以 K 近邻分类器（KNN）作为传统方法的代表。我们构建一个 KNN 分类器并使用它对 Office-31 数据集的数据进行跨领域分类。

我们用下面的函数加载一个文件夹（folder）下的一个领域（domain）的数据，并返回它的特征和类别。

加载 Office-31 数据

```
def load_data(folder, domain):
    from scipy import io
    import os
    data = io.loadmat(os.path.join(folder, domain + '_fc6.mat'))
    return data['fts'], data['labels']
```

接着，我们借助 scikit-learn 工具包构建一个 KNN 分类器，接受源域和目标域的特征 (X) 和标签 (Y)，分类后输出分类精度。

KNN 分类器

```
def knn_classify(Xs, Ys, Xt, Yt, k=1):
    from sklearn.neighbors import KNeighborsClassifier
    from sklearn.metrics import accuracy_score
    model = KNeighborsClassifier(n_neighbors=k)
    Ys = Ys.ravel()
    Yt = Yt.ravel()
    model.fit(Xs, Ys)
    Yt_pred = model.predict(Xt)
    acc = accuracy_score(Yt, Yt_pred)
    print('Accuracy using kNN: {:.2f}%'.format(acc * 100))
```

最后，在主函数中对上述两个函数进行调用即可完成最简单的用 KNN 进行分类的例子。在本实例中源域为 amazon，目标域为 webcam。读者可自由更换为其他的领域。

主函数

```
if __name__ == "__main__":
    folder = './office31-decaf'
    src_domain = 'amazon'
    tar_domain = 'webcam'
    Xs, Ys = load_data(folder, src_domain)
    Xt, Yt = load_data(folder, tar_domain)
    print('Source:', src_domain, Xs.shape, Ys.shape)
    print('Target:', tar_domain, Xt.shape, Yt.shape)

    knn_classify(Xs, Ys, Xt, Yt)
```

图 4.5 为上述运行的输出。我们看到源域共有 2817 个样本，目标域则有 795 个样本。由 amazon 到 webcam 使用 KNN 分类器的结果为 48.18%。

```
Source: amazon (2817, 4096) (2817, 1)
Target: webcam (795, 4096) (795, 1)
Accuracy using kNN: 48.18%
```

图 4.5 KNN 分类器的运行结果

使用归一化将特征变换到 0 均值 1 方差后，使用 KNN 分类器的分类结果如图 4.6 所示，分类精度提高到 50.44%。

```
Source: amazon (2817, 4096) (2817, 1)
Target: webcam (795, 4096) (795, 1)
Accuracy using kNN: 48.18%
Accuracy using kNN: 50.44%
```

图 4.6 KNN 分类器 + 特征归一化后的运行结果

完整的代码可以从本书的配套网络资源中获取。在余下的章节中，我们将会围绕此数据集，运用不同的迁移学习方法来提高其精度。

基于深度学习的方法不在本章中介绍，请感兴趣的读者直接参考 8.6 节的内容。

4.5 迁移学习理论

传统的机器学习通常采用数据“独立同分布”这一假设，即假设训练数据和测试数据是在同一数据分布中相互独立地采样出来的，并基于此构建了诸如 PAC 可学习理论 [Valiant, 1984] 的机器学习理论。这些理论表明模型的泛化误差可以由模型的训练误差以及训练样本的数目所界定，并且会随着训练样本的增加而减小。在迁移学习中，源域和目标域的数据通常来自不同的数据分布，使得在源域上训练好的模型很难直接在目标域数据上取得好的效果，因此如何衡量并降低两个领域之间的分布差异从而使得源域上的模型可以更好地泛化到目标域成为迁移学习领域的核心问题。

本节以迁移学习中的一个子领域——无监督域适应为例，从理论上对迁移学习进行分析。在过去的二十多年里，很多相关的理论和算法被提出以解决上述问题。在理论层面，研究人员提出了 $\mathcal{H}$-divergence [Ben-David et al., 2007] 和 $\mathcal{H}\Delta\mathcal{H}$-distance [Ben-David et al., 2010] 等距离度量，并基于此构建了相应的学习理论。受上述理论的启发，研究人员提出不同的算法，显著提升了模型的泛化效果。

文献 [Redko et al., 2020] 将现有的域适应理论分为以下三类: 基于差异的误差界限 [Ben-David et al., 2007, Ben-David et al., 2010]，基于积分概率矩阵的误差界限 [Courty et al., 2017, Dhouib et al., 2020, Redko et al., 2017] 和基于 PAC-Bayesian 的误差界限 [Germain et al., 2013, Germain et al., 2015]。[Ben-David et al., 2007] 针对于二分类问题，基于 0-1 损失函数和 $\mathcal{H}$-divergence，提出了第一个迁移学习和领域自适应的理论框架。根据该理论可知，分类器在目标域上的泛化误差由分类器在源域上的经验误差、两个域之间的分布差异和一些常数项所界定。该框架也成为后续算法设计的指导框架。Mansour 等人将该理论扩展到对于任意满足三角不等式的损失函数 [Mansour et al., 2009]。基于积分概率矩阵的理论主要包括优化传输 [Courty et al., 2017, Dhouib et al., 2020, Redko et al., 2017] 和最大均值差异两类。前者通常采用 Wasserstein 距离进行域差异度量，后者采用最大均值差异（Maximum Mean Discrepancy, MMD）[Borgwardt et al., 2006] 进行度量。基于这两种度量，研究人员也提出相应的理论界限。在基于 PAC-Bayesian 的这些理论中 [Germain et al., 2013, Germain et al., 2015]，模型需要对一组分类器进行多数投票，根据其不一致性进行泛化误差的界定。本节主要关注基于差异的理论成果。

4.5.1 概念与符号

在迁移学习中, 源域样本和目标域样本分别来自两个不同的数据分布, 我们将其分别记作 P 和 Q。这两个分布是在样本和内积空间 $\mathcal{X} \times \mathcal{Y}$ 上的联合分布，其中 $\mathcal{X} \in \mathbb{R}^d$, 对于二分类问题，$\mathcal{Y} = \{0, 1\}$，对于多分类问题，$\mathcal{Y} = \{1, 2, \cdots, K\}$，$K$ 为类别个数。我们用 $\hat{\mathcal{D}}$ 表示在数据分布 $\mathcal{D}$ 上采样出的样本集合。在无监督问题中，存在一个在源域分布 P 中采样的有标注数据集合 $\hat{\mathcal{P}} = \{(x_i^{\mathrm{s}}, y_i^{\mathrm{s}})\}_{i=1}^{n_{\mathrm{s}}}$ 和在目标域分布 Q 中采样的无标注数据集合 $\hat{Q} = \{x_i^{\mathrm{t}}\}_{i=1}^{n_{\mathrm{t}}}$。

在二分类的场景下，定义分布 $\mathcal{D}$ 上真实的标签函数为 $f : \mathcal{X} \to [0, 1]$。对于任意一个分类器 $h : \mathcal{X} \to [0, 1]$, 分类器的误差被定义为

$$\epsilon(h, f) = \mathbb{E}_{x \sim \mathcal{D}}[h(x) \neq f(x)] = \mathbb{E}_{x \sim \mathcal{D}}[|h(x) - f(x)|]. \tag{4.5.1}$$

因此，分类器 h 在源域和目标域上的分类误差可以被分别表示为

$$\begin{aligned} \epsilon_{\mathrm{s}}(h) &= \epsilon_{\mathrm{s}}(h, f_{\mathrm{s}}) \\ \epsilon_{\mathrm{t}}(h) &= \epsilon_{\mathrm{t}}(h, f_{\mathrm{t}}). \end{aligned} \tag{4.5.2}$$

分类器在源域和目标域样本集合上的经验误差被记作 $\hat{\epsilon}_{\mathrm{s}}(h)$ 和 $\hat{\epsilon}_{\mathrm{t}}(h)$。在多分类的场景下，误差的定义会在下文进行相应的修改。

4.5.2 基于 $\mathcal{H}$-divergence 的理论分析

$\mathcal{H}$-divergence 的理论 [Ben-David et al., 2007] 最早于 2006 年在 NIPS（现改名为 NeurIPS）上提出，后续的工作扩展到 2010 年的 *Machine Learning* 期刊 [Ben-David et al., 2010]。在这个理论中，作者考虑二分类的情形，并基于 0-1 损失函数推导出了相应的理解界限。

定义 1 $\mathcal{H}$-divergence 给定两个分布 P 和 Q，令 $\mathcal{H}$ 为假设类，$I(h)$ 为特性函数，其中 $h \in \mathcal{H}$, 即 $x \in I(h) \Leftrightarrow h(x) = 1$。$\mathcal{H}$-divergence 被定义为

$$d_{\mathcal{H}}(P, Q) = 2 \sup_{h \in \mathcal{H}} |\Pr_P[\mathbb{I}(h)] - \Pr_Q[\mathbb{I}(h)]|. \tag{4.5.3}$$

在有限的样本集上，通常采用经验 $\mathcal{H}$-divergence 来进行度量。对于一个对称的假设类 $\mathcal{H}$ 和两个样本数为 m 的样本集 $\hat{P}, \hat{Q}$, 经验的 $\mathcal{H}$-divergence 可以表

示为

$$\hat{d}_{\mathcal{H}}(\hat{P}, \hat{Q}') = 2(1 - \min_{h \in \mathcal{H}}[\frac{1}{m} \sum_{x:h(x)=0} I[x \in \hat{P}] + \frac{1}{m} \sum_{x:h(x)=1} I[x \in \hat{Q}]), \quad (4.5.4)$$

其中 $\mathbb{I}[\cdot]$ 为指示函数，基于 $\mathcal{H}$-divergence, 作者提出了相应的学习理论。

定理 1　基于 $\mathcal{H}$-divergence 的目标域误差界　令 $\mathcal{H}$ 表示一个 VC 维为 d 的假设空间，给定从源域上以 iid（Independent and identically distributed）方式采样的大小为 m 的样本集，则至少以 $1-\delta$ 的概率，对于任意一个 $h \in \mathcal{H}$ 有

$$\epsilon_{\mathrm{t}}(h) \leqslant \hat{\epsilon}_{\mathrm{s}}(h) + d_{\mathcal{H}}(\hat{D}_{\mathrm{s}}, \hat{D}_{\mathrm{t}}) + \lambda^{\star} + \sqrt{\frac{4}{m}(d \log \frac{2em}{d} + \log \frac{4}{\delta})}, \quad (4.5.5)$$

其中，e 是自然底数，$\lambda^{\star} = \epsilon_{\mathrm{s}}(h^{\star}) + \epsilon_{\mathrm{t}}(h^{\star})$ 是理想联合误差，$h^{\star} = \arg\min_{h \in \mathcal{H}} \epsilon_{\mathrm{s}}(h) + \epsilon_{\mathrm{t}}(h)$ 是在源域和目标域上的最优分类器。

基于定理 1，可以发现，目标域上的泛化误差由以下四项所界定：1）源域上的经验误差，2）源域和目标域之间的分布差异，3）理想联合误差，4）与样本数和 VC 维等相关的常数项。基于 $\mathcal{H}$-divergence，作者又提出了 $\mathcal{A}$-distance，我们不再赘述。

对比本章提出的迁移学习方法的统一表征公式 (4.3.1)，不难看出表征公式在形式上与上述定理完全一致：表征公式的第一项对应于模型在源域上的误差，第二项则对应于源域和目标域的差异。因此，这些理论分析直接证明了本书所归纳的迁移学习统一表征的正确性。

理想联合误差 λ 无法准确计算，因为其需要目标域上的真实标签。在很多情况下，我们都假设 $\lambda^{\star}$ 是一个很小的值，即存在一个分类器使得其在源域和目标域上的分类误差都比较小，从而使得我们可以进行知识迁移。在此假设下，影响目标域泛化误差的就只有前两项：源域泛化误差和两个域之间的分布差异。受定理 1 的启发，Ganin 等人提出了领域对抗网络算法 [Ganin and Lempitsky, 2015, Ganin et al., 2016]，基于域判别器来衡量两个域的差异，从而完成迁移。关于 DANN 的详细知识请见本书第 10 章。

4.5.3　基于 $\mathcal{H}\Delta\mathcal{H}$-distance 的理论分析

基于 $\mathcal{H}$-divergence，$\mathcal{H}\Delta\mathcal{H}$ 空间和 $\mathcal{H}\Delta\mathcal{H}$-divergence，原作者团队提出了更进一步的理论分析 [Ben-David et al., 2010]。

定义 2 对称差假设空间 $\mathcal{H}\Delta\mathcal{H}$ 对于一个假设空间 $\mathcal{H}$, 对称差假设空间 $\mathcal{H}\Delta\mathcal{H}$ 是满足以下条件的空间的集合：

$$g \in \mathcal{H}\Delta\mathcal{H} \Leftrightarrow g(x) = h(x) \oplus h'(x), \quad h, h' \in \mathcal{H}, \tag{4.5.6}$$

其中 $\oplus$ 表示异或操作。在对称差假设空间 $\mathcal{H}\Delta\mathcal{H}$ 上，$\mathcal{H}\Delta\mathcal{H}$-distance 被定义为

定义 3 $\mathcal{H}\Delta\mathcal{H}$-distance 对于任意的 $h, h' \in \mathcal{H}$,

$$d_{\mathcal{H}\Delta\mathcal{H}}(P, Q) = 2 \sup_{h,h' \in \mathcal{H}} |\mathrm{Pr}_{x\sim P}[h(x) \neq h'(x)] - \mathrm{Pr}_{x\sim Q}[h(x) \neq h'(x)]|. \tag{4.5.7}$$

基于 $\mathcal{H}\Delta\mathcal{H}$-distance，作者又进一步给出了新的误差界限:

定理 2 基于 $\mathcal{H}\Delta\mathcal{H}$-distance 的目标域误差界 令 $\mathcal{H}$ 是一个 VC 维为 d 的假设空间。$\hat{P}, \hat{Q}$ 是从分布 P 和 Q 中采样出的大小为 m 的样本集。则对于任意的 $\delta \in (0, 1)$ 和任意的 $h \in \mathcal{H}$, 至少有 $1 - \delta$ 的概率有

$$\epsilon_{\mathrm{t}}(h) \leqslant \epsilon_{\mathrm{s}}(h) + \frac{1}{2}\hat{d}_{\mathcal{H}\Delta\mathcal{H}}(\hat{P}, \hat{Q}) + 4\sqrt{\frac{2d\log(2m) + \log(\frac{2}{\delta})}{m}} + \lambda. \tag{4.5.8}$$

为了便于读者的理解，下面附上该理论的证明过程:

$$\begin{aligned}
\epsilon_{\mathrm{t}}(h) &= \epsilon_{\mathrm{t}}(h, f_{\mathrm{t}}) \\
&\leqslant \epsilon_{\mathrm{t}}(h^\star) + \epsilon_{\mathrm{t}}(h, h^\star) \\
&\leqslant \epsilon_{\mathrm{t}}(h^\star) + \epsilon_{\mathrm{s}}(h, h^\star) + \epsilon_{\mathrm{t}}(h, h^\star) - \epsilon_{\mathrm{s}}(h, h^\star) \\
&\leqslant \epsilon_{\mathrm{t}}(h^\star) + \epsilon_{\mathrm{s}}(h, h^\star) + |\epsilon_{\mathrm{t}}(h, h^\star) - \epsilon_{\mathrm{s}}(h, h^\star)| \\
&\leqslant \epsilon_{\mathrm{t}}(h^\star) + \epsilon_{\mathrm{s}}(h, h^\star) + \frac{1}{2}\hat{d}_{\mathcal{H}\Delta\mathcal{H}}(\hat{P}, \hat{Q}) \\
&\leqslant \epsilon_{\mathrm{t}}(h^\star) + \epsilon_{\mathrm{s}}(h^\star) + \epsilon_{\mathrm{s}}(h) + \frac{1}{2}\hat{d}_{\mathcal{H}\Delta\mathcal{H}}(\hat{P}, \hat{Q}) \\
&\leqslant \epsilon_{\mathrm{s}}(h) + \frac{1}{2}\hat{d}_{\mathcal{H}\Delta\mathcal{H}}(\hat{P}, \hat{Q}) + \lambda \\
&\leqslant \epsilon_{\mathrm{s}}(h) + \frac{1}{2}\hat{d}_{\mathcal{H}\Delta\mathcal{H}}(\hat{P}, \hat{Q}) + 4\sqrt{\frac{2d\log(2m) + \log(\frac{2}{\delta})}{m}} + \lambda
\end{aligned} \tag{4.5.9}$$

上述推导过程中第 4 行到第 5 行的目标是给 $|\epsilon_{\mathrm{t}}(h, h^\star) - \epsilon_{\mathrm{s}}(h, h^\star)|$ 寻找一个上界，因此 $\hat{d}_{\mathcal{H}\Delta\mathcal{H}}(\hat{P}, \hat{Q})$ 距离实际上是定义出的上界。通过比较 $\mathcal{H}$-distance 和 $\hat{d}_{\mathcal{H}\Delta\mathcal{H}}(\hat{P}, \hat{Q})$。我们可以发现 $\hat{d}_{\mathcal{H}\Delta\mathcal{H}}(\hat{P}, \hat{Q})$ 是在假设空间取 $\mathcal{H}\Delta\mathcal{H}$ 时的特例。

基于定理 2，Saito 等人提出了 MCD（Maximum Classifier Discrepancy）算法 [Saito et al., 2018a]，通过设计两个分类器的差异来近似 $\mathcal{H}\Delta\mathcal{H}$-distance，进而降低两个领域之间的差异。

4.5.4 基于差异距离的理论分析

$\mathcal{H}$-divergence 和 $\mathcal{H}\Delta\mathcal{H}$-distance 只考虑损失函数为 0-1 损失函数的情景。在此基础上，Mansour 等人 [Mansour et al., 2009] 将其扩展到任意满足三角不等式的损失函数。作者首先定义了*差异距离*（Discrepancy Distance）：

定义 4 令 $\mathcal{H}$ 表示一个类假设空间，$L: \mathcal{Y} \times \mathcal{Y} \to \mathbf{R}$ 表示在 $\mathcal{Y}$ 上的损失函数，两个分布 P 和 Q 之间的差异距离 disc_L 被定义为

$$\mathrm{disc}_L(P, Q) = \max_{h, h' \in \mathcal{H}} |L_P(h, h') - L_Q(h, h')|. \tag{4.5.10}$$

可以看出，差异距离实际上是 $\mathcal{H}\Delta\mathcal{H}$ 距离从 0-1 损失函数向任意损失函数的扩展。为了方便进行误差界限的推导，约束损失函数需满足三角不等式，即 $\mathrm{disc}_L(P, Q) \leqslant \mathrm{disc}_L(P, M) + \mathrm{disc}_L(M, Q)$。

定义 $h_Q^\star \in \arg\min_{h \in \mathcal{H}} L_Q(h, f_Q)$, 其中 f_Q 是在分布 Q 上的标签函数。相似地，定义 $h_P^\star$ 是 $L_P(h, f_P)$ 的最优分类器。为了能够进行迁移，作者假设这两个最优分类器之间的平均损失 $L_Q(h_Q^\star, h_P^\star)$ 很小。和定理 1, 2 假设在源域和目标域上存在一个最优分类器不同，此理论假设源域和目标域各自存在一个最优分类器，并且这两个分类器之间差异很小。

定理 3 基于差异距离的目标域误差界 假设损失函数 L 是对称的并且满足三角不等式，则对于任意 $h \in \mathcal{H}$，都有

$$L_Q(h, f_Q) \leqslant L_Q(h_Q^\star, f_Q) + L_P(h, h_P^\star) + \mathrm{disc}_L(P, Q) + L_P(h_P^\star, h_Q^\star). \tag{4.5.11}$$

对比定理 2，作者也进行了一些简单的分析。如假定 $h_Q^\star = h_P^\star$，则有 $h^\star = h_P^\star = h_Q^\star$, 在此时，定理 3 变成了 $L_Q(h, f_Q) \leqslant L_Q(h^\star, f_Q) + L_P(h, h^\star) + \mathrm{disc}(P, Q)$，定理 2 变为了 $L_Q(h, f_Q) \leqslant L_Q(h^\star, f_Q) + L_P(h, f_P) + L_P(h^\star, f_P) + \mathrm{disc}(P, Q)$。根据三角不等式可以有 $L_P(h, h^\star) \leqslant L_P(h, f_P) + L_P(h^\star, f_P)$, 因此在此条件下，定理 3 是比定理 2 更紧的一个误差界限。

4.5.5 结合标签函数差异的理论分析

定理 1 和定理 2 已经被提出和使用了很多年。基于这些定理的启发，许多算法在设计时，其目标通常是在最小化源域分类损失的同时学习一个领域无关的特征。然而这类算法在某些情况下可能会失效。在文献 [Zhao et al., 2019] 中，Zhao 等人构造了一个反例，尽管两个域之间的差异为 0，但对于任意一个分类器，其在源域和目标域上的分类误差之和始终为 1。在这种极端条件下，最小化源域上的分类误差，反而会使目标域上的误差变大。

针对这个问题，Zhao 等人提出了一个新的理论。

定理 4 基于标签函数差异的目标域误差界 令 $f_{\mathrm{s}}, f_{\mathrm{t}}$ 表示源域和目标域上的标签函数，$\hat{P}$,$\hat{Q}$ 表示从两个域中采样出的样本，每个样本集的大小都为 m，$\mathrm{Rads}(\mathcal{H})$ 表示 Redemacher 复杂度。那么，对于任何一个 $\mathcal{H} \in [0,1]^{\mathcal{X}}$ 和 $h \in \mathcal{H}$，都有

$$
\begin{aligned}
\epsilon_{\mathrm{t}}(h) \leqslant & \hat{\epsilon}_{\mathrm{s}}(h) + d_{\mathcal{H}}(\hat{P}, \hat{Q}) + \min\{\mathbb{E}_P[|f_{\mathrm{s}} - f_{\mathrm{t}}|], \mathbb{E}_Q[|f_{\mathrm{s}} - f_{\mathrm{t}}|]\} \\
& + 2\mathrm{Rads}(\mathcal{H}) + 4\mathrm{Rads}(\hat{\mathcal{H}}) \\
& + O(\sqrt{\log(1/\delta)/m}).
\end{aligned}
\tag{4.5.12}
$$

其中，$\hat{\mathcal{H}} = \{\mathrm{sgn}(|h(x) - h'(x)| - t) \mid h, h' \in \mathcal{H}, t \in [0,1]\}$。

该泛化界限可以分为三部分，第一部分（第一行）为域适应部分，包括源域经验误差，经验 $\mathcal{H}$-distance 和标签函数差异。第二部分（第二行）对应着对假设空间 $\mathcal{H}$ 和 $\hat{\mathcal{H}}$ 的复杂度测量，第三部分（第三行）描述有限样本造成的误差。

对比定理 4 和定理 2，最大的不同是定理 4 中的 $\min\{\mathbb{E}_P[|f_{\mathrm{s}} - f_{\mathrm{t}}|], \mathbb{E}_Q[|f_{\mathrm{s}} - f_{\mathrm{t}}|]\}$ 项和定理 2 中的 $\lambda^\star$ 项，后者依赖对假设空间 $\mathcal{H}$ 的选择，而前者则不需要。并且在定理 4 中，揭示了条件偏差的问题，可以很好地解释上面的反例。

本节通过介绍几个经典的迁移学习理论研究工作，期望读者能够对理论有一定的理解，以便在今后遇到相关的问题时能够灵活运用。需要指出的是，除本节介绍的理论之外，还存在其他的一些研究工作。并且，迁移学习理论的研究一直在不断发展着；由于篇幅所限，我们不能一一展开介绍，请感兴趣的读者持续关注最新的研究进展。

5 样本权重迁移法

基于样本权重的迁移方法是解决迁移学习问题的有效方法之一。本章主要介绍样本权重自适应方法的基本概念和模型表征。然后，介绍此类方法中的基于样本选择的方法和基于权重自适应的方法。

本章内容的组织安排如下。5.1 节对样本权重迁移法进行问题分析，5.2 节介绍基于样本选择的方法，5.3 节介绍基于权重自适应的方法，5.4 节给出本章的相关上手实践代码，5.5 节给出本章的总结。

5.1 问题定义

样本权重自适应方法是迁移学习的基本思路之一。在 4.1 节中我们指出，迁移学习的核心是源域和目标域的分布差异度量。那么，为什么要使用样本权重迁移法？这种方法可以缩小源域和目标域的分布差异吗？

5.1.1 样本权重迁移法的可行性分析

在迁移学习中，由于实例的维度和数量通常都非常大，直接对 $P_s(\boldsymbol{x})$ 和 $P_t(\boldsymbol{x})$ 进行估计是不可行的。因此，可以有目的地从有标记的源域数据中筛选出部分样本，使得筛选出的数据所形成的概率分布可以与目标域数据的概率分布相似，再使用传统的机器学习方法建模。此方法的关键是，如何设计数据筛选准则。从另一个维度来看，数据筛选可以等价于如何设计有意义的样本权重规则（数据筛选可以看成权重的特例，例如可以简单地用权重值为 1 和 0 来表示选择或不选择某个样本）。

图 5.1 形象地表示了基于样本的迁移方法的思想。源域中存在不同种类的动物，如狗、鸟、猫等，目标域只有狗这一种类别。在迁移时，为了最大限度地和目标域相似，我们可以设计权重策略来提高源域中狗这个类别的样本权重。

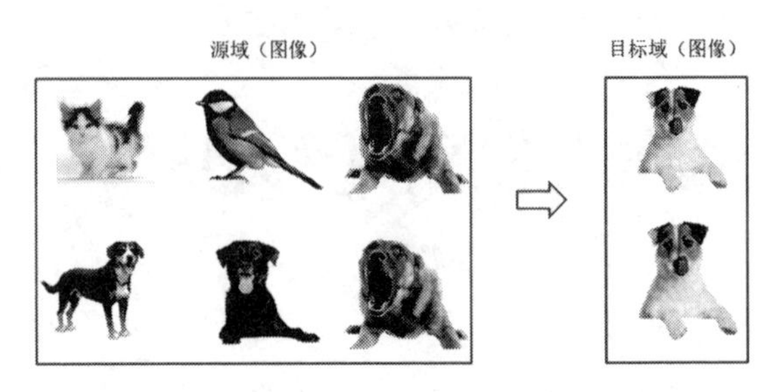

图 5.1 基于样本的迁移学习方法

大量的研究工作 [Khan and Heisterkamp, 2016, Zadrozny, 2004, Cortes et al., 2008, Dai et al., 2007] 着眼于对源域和目标域的分布比值进行估计 ($P_s(\boldsymbol{x})/P_t(\boldsymbol{x})$)，所估计得到的比值即为样本的权重 v_i。这些方法通常都假设 $\frac{P_s(\boldsymbol{x})}{P_t(\boldsymbol{x})} < \infty$ 并且源域和目标域的条件概率分布相同（即 $P(y|\boldsymbol{x}_s) = P(y|\boldsymbol{x}_t)$）。特别地，Dai 等人 [Dai et al., 2007] 提出了 TrAdaboost 方法，将 AdaBoost 的思想应用于迁移学习中，提高有利于目标分类任务的实例权重、降低不利于目标分类任务的实例权重，并基于 PAC 理论推导了模型的泛化误差上界。TrAdaBoost 方法是此方面的经典研究之一。文献 [Huang et al., 2007] 提出核均值匹配方法（Kernel Mean Matching, KMM）对概率分布进行估计，目标是使得加权后的源域和目标域的概率分布尽可能相近。在最新的研究成果中，香港科技大学的 Tan 等人提出了传递迁移学习方法（Transitive Transfer Learning, TTL）[Tan et al., 2015] 和远域迁移学习（Distant Domain Transfer Learning, DDTL）[Tan et al., 2017]，利用联合矩阵分解和深度神经网络，将迁移学习应用于多个不相似的领域之间的知识共享，取得了良好的效果。

5.1.2 形式化定义

在迁移学习中给定一个有标记的源域 $\mathcal{D}_s = \{(\boldsymbol{x}_i, y_i)\}_{i=1}^{N_s}$ 和一个无标记的目标域 $\mathcal{D}_t = \{(\boldsymbol{x}_j, ?)\}_{j=1}^{N_t}$，两个领域的联合概率分布不同，即 $P_s(\boldsymbol{x}, y) \neq P_t(\boldsymbol{x}, y)$。令向量 $\boldsymbol{v} \in \mathbb{R}^{N_s}$ 表示源域中每个样本的权重，则样本权重自适应方法的学习目标是学习一个最优的权重向量 $\boldsymbol{v}^\star$，使得经过权重计算后，源域和目标域的概率分布差异变小：$D(P_s(\boldsymbol{x}, y|\boldsymbol{v}), P_t(\boldsymbol{x}, y)) < D(P_s(\boldsymbol{x}, y), P_t(\boldsymbol{x}, y))$。

按照上一章的统一表征部分，基于样本权重的迁移学习问题可以被统一表征为

$$f^{\star} = \underset{f \in \mathcal{H}}{\arg\min} \frac{1}{N_{\mathrm{s}}} \sum_{i=1}^{N_{\mathrm{s}}} \ell(v_i f(\boldsymbol{x}_i), y_i) + \lambda R(\mathcal{D}_{\mathrm{s}}, \mathcal{D}_{\mathrm{t}}), \tag{5.1.1}$$

其中的向量 $\boldsymbol{v}$ 就是此类方法学习的重点。

回到联合概率上来。根据概率公式，$P(\boldsymbol{x}, y) = P(\boldsymbol{x})P(y|\boldsymbol{x})$，即源域和目标域的概率分布差异取决于边缘分布 $P(\boldsymbol{x})$ 和条件分布 $P(y|\boldsymbol{x})$。因此，在方法的设计上，我们通常假定此二者中有一项是固定的，由于另一项的变化引起了整体的概率分布差异。由此，我们分别介绍样本选择法 ($v_i \in \{0, 1\}$) 和权重自适应方法 ($v_i \in [0, 1]$)。

5.2　基于样本选择的方法

基于样本选择的方法假设源域和目标域的边缘分布近似相等，即 $P_{\mathrm{s}}(\boldsymbol{x}) \approx P_{\mathrm{t}}(\boldsymbol{x})$。当二者的条件分布发生改变时，应当利用一些筛选机制选择出一些合适的样本。事实上，如果把整个样本选择的过程看成一个决策过程，则这个过程可以被表示为图 5.2 所示的形式：

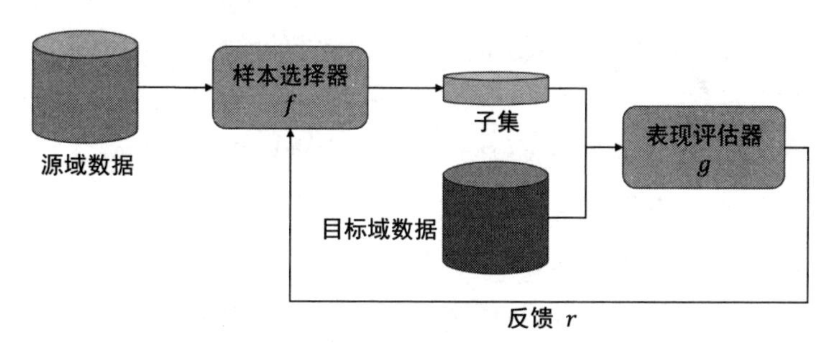

图 5.2　基于样本选择的迁移学习法

该过程主要包含如下几部分：

- 样本选择器（Instance Selector）f。其作用是从源域中选择出一部分样本（Subset）使得这部分样本的数据分布与目标域数据分布差异较小。
- 表现评估器（Performance Evaluator）g。其作用是评估当前选择的样本与目标域的量化差异程度。
- 反馈（Reward）r。其作用是根据表现评估器的结果，对样本选择器选择出的样本进行反馈，指导其后续的选择过程。

读者不难发现，上述过程可以被近似看成一个强化学习的马尔可夫决策过程（Markov Decision Process, MDP）[Sutton and Barto, 2018]。因此，一个非常自然的想法应运而生：我们可以将一些成熟的强化学习方法直接应用于样本选择，设计好上述的样本选择器、表现评估器和反馈机制就可以了。例如，我们可以利用经典的 REINFORCE 算法来学习一种选择的策略（Policy），还可以利用一些 Deep Q Learning 的方法来完成此过程。

综上，如果以是否采用了强化学习这一手段来进行样本选择作为分界，则样本选择的迁移学习方法可以简单地分为两大类：非强化学习法和强化学习法。

5.2.1 基于非强化学习的样本选择法

在深度强化学习还未兴起之时，研究者更多采用的是非强化学习的样本选择法。整体而言，可以把非强化学习的样本选择方法分为三类：基于距离度量的方法、基于元学习的方法，以及其他方法。

基于距离度量的方法非常直接，就是人为设定一种度量准则，使得最终选择的样本在该度量准则下能达到最优值。常用的度量准则包括交叉熵、MMD 等，更多的介绍可以见附录 A.1。这些方法的过程非常直接，可以将其看成两阶段的学习方法：首先利用度量准则选择出最好的源域样本，然后进行训练。注意，这两个过程在这些方法中是有先后关系、不互相交互的。也就是说，第一阶段选择完样本后，这些数据就固定了，不会再有后续的选择过程。

这些方法主要应用在自然语言处理任务中，例如 [Axelrod et al., 2011, Song et al., 2012, Murthy et al., 2018, Moore and Lewis, 2010, Duh et al., 2013, Chatterjee et al., 2016, Mirkin and Besacier, 2014, Plank and Van Noord, 2011, Ruder et al., 2017, Søgaard, 2011, Van Asch and Daelemans, 2010, Poncelas et al., 2019] 等工作，均是基于距离度量方法的实验与应用。

基于元学习的方法的主要思想是设计一个额外的网络来学习样本的选择方式，并且在训练过程中与主要的学习任务不断交互来修整选择结果。因此这个过程是相互学习的，而非上述基于距离度量方法的完全二阶段。例如，[Shu et al., 2019] 利用了课程学习（Curriculum learning）[Bengio et al., 2009] 的思想，将样本选择过程形式化为一个元学习的任务，进行交替学习。[Loshchilov and Hutter, 2015, Chen and Huang, 2016, Wu and Huang, 2016, Wang et al., 2017b, Ren et al., 2018b, Coleman et al., 2019] 中均有相关的研究工作。

其他方法还包括基于贝叶斯的选择方法 [Tsvetkov et al., 2016, Ruder and Plank, 2017]，特别地，[Tsvetkov et al., 2016] 提出了进行数据选择要着重处理的三个要素：简单性（Simplicity），多样性（Diversity）和代表性（Prototypicality）。

读者应该特别注意课程学习与样本选择的结合。由于课程学习强调一个由难到易的学习过程，与人类的学习过程相符，因此，这是一个可以重点考虑的方法 [Bengio et al., 2009]。

5.2.2　基于强化学习的样本选择法

自深度学习随着 AlexNet [Krizhevsky et al., 2012] 的成功异军突起，强化学习方法，特别是深度强化学习方法（Deep Reinforcement Learning, DRL），随着 Google Deepmind 开发的 AlphaGo 系列 [Silver et al., 2016, Silver et al., 2017] 在围棋领域打败人类顶尖棋手，近年来也获得了前所未有的进步。虽然本书重点是机器学习中的迁移学习方法，其主要目标或许与强化学习任务相去甚远，但是知识之间可以相互连接：我们既可以用强化学习的思想和方法来解决迁移学习问题，也可以用迁移学习的思想和方法来解决强化学习问题，或许这就是知识的魅力吧。

本节主要介绍基于强化学习的样本选择法的基本思路。[Feng et al., 2018] 提出一种基于强化学习的数据选择方法，从噪声数据中进行学习。此类工作主要聚焦于传统学习背景，并未考虑迁移学习的特殊性，因此不过多介绍。

[Patel et al., 2018] 提出在领域自适应问题中利用 Deep Q Learning 学习一个采样策略。[Liu et al., 2019] 利用 REINFORCE 方法 [Sutton and Barto, 2018] 在自然语言处理任务中进行源域选择，我们将重点介绍该方法。

该方法将源域数据分为若干个批次（Batch），学习这些批次中每个样本的权重。值得注意的是，为了方便度量源域和目标域的分布差异，该方法首先从目标域中随机选择出一些有标记的样本作为指导集（Guidance Set）。然后，在每一批次的训练中，给该批次的源域数据赋予一定的权重，其与指导集同时经过特征提取后，用一定的方法度量二者的分布差异，并完成源域上的预测任务。反馈函数将分布差异反馈给源域选择器，以便开始新一轮的迭代。

在应用强化学习方法时，最重要的步骤是对强化学习中的核心概念：状态、行为、反馈给予合适的定义，之后才能完成强化学习的建模。在此方法中，这些概念的含义对应如下：

- 状态（State）：由当前批次样本的权重向量和特征提取器的参数构成。
- 行为（Action）：主要执行选择操作，因此其是一个二值向量，0 表示不选择当前样本，1 表示选择当前样本。
- 反馈（Reward）：在本问题中，评估方法是源域和目标域的分布差异。

特别地，反馈函数是强化学习的重点。在本问题中，其被表示为

$$r\left(s,a,s'\right)=d\left(\Phi^{\mathrm{s}}_{\hat{B}_{j-1}},\Phi^{\mathrm{s}}_{\mathrm{t}}\right)-\gamma d\left(\Phi^{\mathrm{s}'}_{\hat{B}_{j}},\Phi^{\mathrm{s}'}_{\mathrm{t}}\right), \tag{5.2.1}$$

其中 $d(\cdot,\cdot)$ 表示一个分布度量函数，在本方法中作者尝试了诸如 MMD、Reny 等差异度量。(s,a,s') 表示状态 s 经过动作 a 后变成了状态 s'，Φ 表示对应的特征，上标 s,t 分别表示源域和目标域。

整个方法的最优解可以通过深度网络进行求解。

随后，[Dong and Xing, 2018, Wang et al., 2019b, Wang et al., 2019a, Guo et al., 2019, Qu et al., 2019] 等工作将强化学习集成到迁移学习过程中，完成样本的选择与特征的学习。值得注意的是，样本选择和特征学习其实是互补的两个阶段，因此将二者进行有机结合，常常会有更好的效果。[Qu et al., 2019, Wang et al., 2019a] 等工作均是样本选择和特征学习相结合的例子。

5.3 基于权重自适应的方法

与样本选择法不同，样本权重法则假设源域和目标域的条件分布大致相同，即 $P_{\mathrm{s}}(y|\boldsymbol{x})\approx P_{\mathrm{t}}(y|\boldsymbol{x})$，而边缘分布不同 $P_{\mathrm{s}}(\boldsymbol{x})\neq P_{\mathrm{t}}(\boldsymbol{x})$。由经典工作 [Jiang and Zhai, 2007] 得到启发，我们使用最大似然估计来解决权重问题。

令 θ 表示模型待学习参数，则目标域模型的最优参数可以被表示为

$$\theta^{\star}_{\mathrm{t}}=\arg\max_{\theta}\int_{x}\sum_{y\in\mathcal{Y}}P_{\mathrm{t}}(\boldsymbol{x},y)\log P(y|\boldsymbol{x};\theta)\mathrm{d}x, \tag{5.3.1}$$

利用贝叶斯公式，上式可以被计算为

$$\theta^{\star}_{\mathrm{t}}=\arg\max_{\theta}\int_{x}P_{\mathrm{t}}(\boldsymbol{x})\sum_{y\in\mathcal{Y}}\left[P_{\mathrm{t}}(y|\boldsymbol{x})\right]\log P(y|\boldsymbol{x};\theta)\mathrm{d}x. \tag{5.3.2}$$

注意到，其中的 $P_{\mathrm{t}}(y|\boldsymbol{x})$ 是未知的，恰恰是求解目标。我们能利用的分布只有 $P_{\mathrm{s}}(\boldsymbol{x},y)$。因此，我们能否通过一定的变换，利用 $P_{\mathrm{s}}(\boldsymbol{x},y)$ 巧妙地避开对目标域条件概率 $P_{\mathrm{t}}(y|\boldsymbol{x})$ 的计算，来学习到目标域的模型参数 $\theta_{\mathrm{t}}^{\star}$?

答案是肯定的。我们通过巧妙地构建两种概率之间的关系，利用条件概率近似相等（$P_{\mathrm{s}}(y|\boldsymbol{x}) \approx P_{\mathrm{t}}(y|\boldsymbol{x})$）这一条件可以进行如下的变换：

$$
\begin{aligned}
\theta_{\mathrm{t}}^{*} &\approx \arg\max_{\theta} \int_{x} \frac{P_{\mathrm{t}}(\boldsymbol{x})}{P_{\mathrm{s}}(\boldsymbol{x})} P_{\mathrm{s}}(\boldsymbol{x}) \sum_{y\in\mathcal{Y}} P_{\mathrm{s}}(y|\boldsymbol{x}) \log P(y|\boldsymbol{x};\theta)\mathrm{d}\boldsymbol{x} \\
&\approx \arg\max_{\theta} \int_{x} \frac{P_{\mathrm{t}}(\boldsymbol{x})}{P_{\mathrm{s}}(\boldsymbol{x})} \tilde{P}_{\mathrm{s}}(\boldsymbol{x}) \sum_{y\in\mathcal{Y}} \tilde{P}_{\mathrm{s}}(y|\boldsymbol{x}) \log P(y|\boldsymbol{x};\theta)\mathrm{d}\boldsymbol{x}, \\
&\approx \arg\max_{\theta} \frac{1}{N_{\mathrm{s}}} \sum_{i=1}^{N_{\mathrm{s}}} \frac{P_{\mathrm{t}}\left(\boldsymbol{x}_i^{\mathrm{s}}\right)}{P_{\mathrm{s}}\left(\boldsymbol{x}_i^{\mathrm{s}}\right)} \log P\left(y_i^{\mathrm{s}}|\boldsymbol{x}_i^{\mathrm{s}};\theta\right)
\end{aligned} \tag{5.3.3}
$$

其中的 $\frac{P_{\mathrm{t}}(\boldsymbol{x}_i^{\mathrm{s}})}{P_{\mathrm{s}}(\boldsymbol{x}_i^{\mathrm{s}})}$ 这一项，我们将其称为**概率密度比**（Density Rati），它将直接指导今后的样本权重学习。

通过概率密度比，可以构建出源域和目标域的概率密度之间的关系。总结来看，目标域的模型参数可以被重新表示为

$$
\theta_{\mathrm{t}}^{\star} \approx \arg\max_{\theta} \frac{1}{N_{\mathrm{s}}} \sum_{i=1}^{N_{\mathrm{s}}} \frac{P_{\mathrm{t}}\left(\boldsymbol{x}_i^{\mathrm{s}}\right)}{P_{\mathrm{s}}\left(\boldsymbol{x}_i^{\mathrm{s}}\right)} \log P\left(y_i^{\mathrm{s}}|\boldsymbol{x}_i^{\mathrm{s}};\theta\right), \tag{5.3.4}
$$

上式中的每一项都是可被求解的，因此，问题得到了解决。

通过上面的分析我们知道，概率密度比可以构建源域和目标域概率分布之间的关系，因此可以作为后续方法构建的桥梁。为了方便表示，我们将概率密度比记为

$$
\beta_i := \frac{P_{\mathrm{t}}\left(\boldsymbol{x}_i^{\mathrm{s}}\right)}{P_{\mathrm{s}}\left(\boldsymbol{x}_i^{\mathrm{s}}\right)}, \tag{5.3.5}
$$

因此，$\boldsymbol{\beta}$ 向量便表示概率密度比。

那么，概率密度比如何发挥作用？我们回顾 4.3 节中的迁移学习统一表征，则目标域的判别函数可以被重新表示为

$$
f^{\star} = \arg\min_{f\in\mathcal{H}} \sum_{i}^{N_{\mathrm{s}}} \beta_i \ell(f(\boldsymbol{x}_i), y_i) + \lambda R(\mathcal{D}_{\mathrm{s}}, \mathcal{D}_{\mathrm{t}}). \tag{5.3.6}
$$

上式是一个通用的表征算法，可以在具体算法中应用。例如，在逻辑回归中，可以重新表征为

$$
\min_{\theta} \sum_{i=1}^{m} -\beta_i \log P\left(y_i|\boldsymbol{x}_i,\theta\right) + \frac{\lambda}{2}||\theta||^2 \tag{5.3.7}
$$

而在 SVM 公式中，可以重新表征为

$$\min_{\theta,\xi} \frac{1}{2}||\theta||^2 + C\sum_{i=1}^{m}(-\beta_i\xi_i) \tag{5.3.8}$$

特别地，样本权重法也可以与基于特征变换的迁移方法有机结合，如果我们将此密度比与最大均值差异 MMD 距离进行结合，其可以被表示为

$$\begin{aligned}\mathrm{MMD}\left(D_{\mathrm{s}}, D_{\mathrm{t}}\right) &= \sup_{f\in\mathcal{F}} \mathbb{E}_P\left[\frac{1}{N_{\mathrm{s}}}\sum_{i=1}^{N_{\mathrm{s}}}\beta_i f\left(\boldsymbol{x}_i\right) - \frac{1}{N_{\mathrm{t}}}\sum_{j=1}^{N_{\mathrm{t}}} f\left(\boldsymbol{x}_j\right)\right], \\ &= \frac{1}{N_{\mathrm{s}}^2}\boldsymbol{\beta}^{\mathrm{T}}\boldsymbol{K}\boldsymbol{\beta} - \frac{2}{N_{\mathrm{t}}^2}\boldsymbol{\kappa}^{\mathrm{T}}\boldsymbol{\beta} + \mathrm{const}\end{aligned} \tag{5.3.9}$$

应用核技巧，上式可以被化简为

$$\begin{aligned} &\min_{\boldsymbol{\beta}} \frac{1}{2}\boldsymbol{\beta}^{\mathrm{T}}\boldsymbol{K}\boldsymbol{\beta} - \boldsymbol{\kappa}^{\mathrm{T}}\boldsymbol{\beta} \\ &s.t. \quad \beta \in [0, B] \quad \text{and} \quad \left|\sum_{i=1}^{N_{\mathrm{s}}}\beta_i - N_{\mathrm{s}}\right| \leqslant N_{\mathrm{s}}\epsilon \end{aligned} \tag{5.3.10}$$

此方法便是经典的**核均值匹配**（Kernel Mean Matching, KMM）算法 [Huang et al., 2007]，其中 ϵ 和 B 为预先定义好的阈值。关于 KMM 的详细推导和说明，请参照其原始论文。

基于上述分析，后续又出现很多方法进行样本权重的学习。值得一提的是，此方法可以直接集成在深度学习中进行样本权重的深度学习。例如，[Wang et al., 2019e, Wang et al., 2019f] 就在迁移和微调过程中进行权重的学习，[Moraffah et al., 2019] 则加入了一些因果推断（Casuality）来帮助更好地学习。

5.4 上手实践

本节我们使用 Python 语言实现核均值匹配 [Sugiyama et al., 2007] 算法。

KMM 算法的核心是通过构建二次规划方程来求解源域和目标域样本的权重之比 $\boldsymbol{\beta}$ 向量。然后，利用 KNN 等分类器来实现分类。

KMM 算法的代码如下所示，其核心是 fit 函数，通过利用 cvxopt 包可以实现二次规划。为使用方便，我们将其封装为一个类。

KMM 算法类

```
1  class KMM:
2      def __init__(self, kernel_type='linear', gamma=1.0, B=1.0, eps=None):
3          '''
4          Initialization function
5          :param kernel_type: 'linear' | 'rbf'
6          :param gamma: kernel bandwidth for rbf kernel
7          :param B: bound for beta
8          :param eps: bound for sigma_beta
9          '''
10         self.kernel_type = kernel_type
11         self.gamma = gamma
12         self.B = B
13         self.eps = eps
14
15     def fit(self, Xs, Xt):
16         '''
17         Fit source and target using KMM (compute the coefficients)
18         :param Xs: ns * dim
19         :param Xt: nt * dim
20         :return: Coefficients (Pt / Ps) value vector (Beta in the paper)
21         '''
22         ns = Xs.shape[0]
23         nt = Xt.shape[0]
24         if self.eps == None:
25             self.eps = self.B / np.sqrt(ns)
26         K = kernel(self.kernel_type, Xs, None, self.gamma)
27         kappa = np.sum(kernel(self.kernel_type, Xs, Xt, self.gamma) * float(
               ns) / float(nt), axis=1)
28
29         K = matrix(K.astype(np.double))
30         kappa = matrix(kappa.astype(np.double))
31         G = matrix(np.r_[np.ones((1, ns)), -np.ones((1, ns)), np.eye(ns), -np
               .eye(ns)])
32         h = matrix(np.r_[ns * (1 + self.eps), ns * (self.eps - 1), self.B *
               np.ones((ns,)), np.zeros((ns,))])
33
34         sol = solvers.qp(K, -kappa, G, h)
```

```
35        beta = np.array(sol['x'])
36        return beta
```

然后，我们利用 KNN 分类器可以得到目标域的分类结果。如图 5.3 所示，在 Office-31 数据集的 amazon 到 webcam 任务上的分类精度为 50.57%，高于用 KNN 的 48.18%。当然，通过调整超参数我们可以使结果变得更好。这说明了 KMM 方法的有效性。

```
Source: amazon (2817, 4096) (2817, 1)
Target: webcam (795, 4096) (795, 1)
     pcost       dcost       gap    pres   dres
 0:  1.4588e+03 -1.4850e+07  1e+07  7e-18  2e-10
 1:  1.4494e+03 -2.7122e+05  3e+05  3e-17  6e-12
 2:  1.2610e+03 -5.2900e+03  7e+03  2e-15  1e-13
 3:  9.6037e+02 -4.1341e+03  5e+03  1e-15  1e-13
 4:  2.0336e+03 -3.3051e+03  5e+03  1e-15  2e-13
 5:  9.6678e+02 -4.5039e+03  5e+03  1e-15  5e-13
 6:  9.5377e+02  8.7407e+02  8e+01  2e-15  2e-14
 7:  9.5175e+02  9.5068e+02  1e+00  3e-15  2e-14
 8:  9.5173e+02  9.5172e+02  1e-02  2e-15  7e-13
 9:  9.5173e+02  9.5173e+02  1e-04  1e-15  3e-14
Optimal solution found.
[[0.83257312]
 [0.83257312]
 [0.83257312]
 ...
 [0.83257312]
 [0.83257312]
 [0.83257312]]
(2817, 1)
Accuracy using kNN: 50.57%
```

图 5.3 KMM 方法运行结果

5.5 小结

本章主要介绍了基于样本选择和样本权重进行迁移学习的两大类方法，以及通用的学习范式。可以发现，样本选择是一个非常基础的问题，因此其不仅对传统机器学习和深度学习有着指导作用，也对迁移学习有着指导作用。这些方法可以被广泛应用于计算机视觉、自然语言处理等常用的任务中。

6 统计特征变换迁移法

本章讲述基于统计特征变换的迁移学习方法。与样本权重自适应的迁移方法相比，此类方法研究成果丰富、迁移效果较好，尤其是与深度表征学习结合后，受到了极大的关注，近几年来一直是研究的热点。

严格来说，统计特征不可胜数，从常见的均值、方差，到二阶距、高阶距，再到假设检验等，本书不可能一一讲解，这也足见统计学的魅力之大。因此，我们仅关注几种被广泛研究的统计特征变换方法，以此为例来讲解各种方法的思想与学习模式。

本章内容的组织安排如下。6.1 节介绍统计特征迁移法的问题定义，6.2 节介绍基于最大均值差异的迁移方法，6.3 节介绍基于度量学习的迁移方法，6.4 节给出本章的配套上手实践代码，最后，6.5 节对本章内容进行总结。

6.1 问题定义

我们仍然按照第 4 章给出的统一表征来定义数据分布自适应这一问题。按照公式 (4.3.1)，迁移学习可以被统一表征为

$$f^{\star} = \arg\min_{f \in \mathcal{H}} \frac{1}{N_{\mathrm{s}}} \sum_{i=1}^{N_{\mathrm{s}}} \ell(v_i f(\boldsymbol{x}_i), y_i) + \lambda R(T(\mathcal{D}_{\mathrm{s}}), T(\mathcal{D}_{\mathrm{t}})), \tag{6.1.1}$$

因此，此类方法的核心是学习特征变换函数 T。

采用显式距离度量后，目标函数可以被（显式）变换为

$$f^{\star} = \arg\min_{f \in \mathcal{H}} \frac{1}{N_{\mathrm{s}}} \sum_{i}^{N_{\mathrm{s}}} \ell(f(\boldsymbol{x}_i), y_i) + \lambda D(\mathcal{D}_{\mathrm{s}}, \mathcal{D}_{\mathrm{t}}). \tag{6.1.2}$$

隐式变换则可以表示为

$$f^{\star} = \arg\min_{f \in \mathcal{H}} \frac{1}{N_{\mathrm{s}}} \sum_{i}^{N_{\mathrm{s}}} \ell(f(\boldsymbol{x}_i), y_i) + \lambda \, \mathrm{Metric}(\mathcal{D}_{\mathrm{s}}, \mathcal{D}_{\mathrm{t}}). \tag{6.1.3}$$

两种方法的核心是寻求一种显式或隐式的距离度量，使得在此距离度量下，源域和目标域的数据分布差异可以减小。

附录中提供了一些常用的距离和相似度度量公式，在满足一定的条件下，它们均可被用来作为数据分布自适应方法的距离度量。

接下来的章节将分别介绍这两种学习方法：6.2 节介绍基于最大均值差异这一显式距离度量的迁移方法，6.3 介绍基于度量学习的迁移方法。另外，由于生成对抗网络在本质上也相当于在优化两个领域的 Jensen-Shannon Divergence，因此，我们将基于对抗的迁移方法也归于隐式距离度量的方法，并在第 10 章进行介绍。

6.2 最大均值差异法

在众多的统计学距离度量中，**最大均值差异**（Maximum Mean Discrepancy, MMD）[Gretton et al., 2012a] 可能是迁移学习中使用最广泛的距离度量之一。本节介绍基于最大均值差异进行迁移学习的基本思路和方法。

6.2.1 基本概念

最大均值差异最早用来进行统计学中的两样本检验（Two-sample test）。对于两个概率分布 p 和 q，假设 $p = q$，根据不同的两样本检验方法可以决定接收或拒绝这个假设。在众多的检验方法中，MMD 无疑是最简单、最好用、最特殊的一个。

用 $\mathcal{H}_k$ 来表示由显著核（characteristic kernel）k 定义的可再生核希尔伯特空间（Reproducing Kernel Hilbert Space, RKHS），在此空间中，概率分布 p 的平均嵌入（Mean embedding）表示为 $\mu_k(p)$，则 $\mu_k(p)$ 是空间 $\mathcal{H}_k$ 内的一个唯一的元素，这使得对于空间 $\mathcal{H}_k$ 中的任意函数 $f \in \mathcal{H}_k$，都有

$$\mathbb{E}_{\boldsymbol{x} \sim p} f(\boldsymbol{x}) = \langle f(\boldsymbol{x}), \mu_k(p) \rangle_{\mathcal{H}_k} \tag{6.2.1}$$

我们用 $d_k(p,q)$ 来表示两个概率分布 p 和 q 之间的最大均值差异，则此距离的平方等价于在 RKHS 上两个分布的平均嵌入的距离：

$$d_k^2(p,q) := \|\mathbb{E}_{\boldsymbol{x}\sim p}[\phi(\boldsymbol{x})] - \mathbb{E}_{\boldsymbol{x}\sim q}[\phi(\boldsymbol{x})]\|_{\mathcal{H}_k}^2, \tag{6.2.2}$$

其中，映射函数 $\phi(\cdot)$ 定义了一个从原数据到 RKHS 的映射，并且核函数定义为映射的内积：

$$k(\boldsymbol{x}_i, \boldsymbol{x}_j) = \langle\phi(\boldsymbol{x}_i), \phi(\boldsymbol{x}_j)\rangle, \tag{6.2.3}$$

其中 $\langle\cdot,\cdot\rangle$ 表示内积操作。如果 $d_k(p,q)=0$，则表示 $p=q$，反之亦然。

MMD 中的核函数与我们在机器学习 SVM 方法中常见的核函数是相同的：

- 线性核函数（Linear kernel）：$k(\boldsymbol{x}_i,\boldsymbol{x}_j)=\langle\boldsymbol{x}_i,\boldsymbol{x}_j\rangle$。
- 多项式核函数（Polynomial kernel）：$k(\boldsymbol{x}_i,\boldsymbol{x}_j)=\langle\boldsymbol{x}_i,\boldsymbol{x}_j\rangle^d$，其中 d 为多项式的次数。
- 高斯核函数（Gaussian kernel, RBF kernel）：$k(\boldsymbol{x}_i,\boldsymbol{x}_j)=\exp\left(-\frac{\|\boldsymbol{x}_i-\boldsymbol{x}_j\|^2}{2\sigma^2}\right)$，其中 σ 为核函数的宽度（bandwidth）。

还有其他类型的超参数，我们不再一一赘述。

回到 MMD 的定义上来。这个枯燥乏味的定义引入了大量的新名词，看起来似乎非常难以理解。MMD 到底做了一件什么事呢？很简单，就是求两个概率分布映射到另一个空间中的数据的均值之差！

到了这里，如果给定两个概率分布，我们便可以利用上述核技巧，求得两个概率分布的距离。

MMD 的故事显然还没有结束。英国学者 Gretton 等人一直致力于统计学方面的研究。他们的工作 [Gretton et al., 2012b] 再次推广了 MMD 的应用。我们知道，MMD 距离和所使用的核函数是分不开的。也就是说，给定不同核函数，就可以计算出不同的 MMD 距离。所以问题来了：哪个核函数是我们要的核函数？在解决实际问题时应该如何选择最好的核函数？

如果把现在的核 k 视为一组不同的核函数的组合，然后用一定的优化方法求得这个组合后的最优的结果，岂不是可以解决问题？这催生了**多核 MMD**（Multiple-Kernel MMD）的诞生。多核 MMD 将核 k 视为一系列半正定核 $\{k_u\}$ 的线性组合：

$$\mathcal{K} := \left\{k=\sum_{u=1}^{m}\beta_u k_u : \sum_{u=1}^{m}\beta_u=1, \beta_u \geqslant 0, \forall u\right\}, \tag{6.2.4}$$

其中 β_u 是每个核的权重。Gretton 证明了采用上述多核 MMD 距离后，依然满足最基本的 MMD 距离和概率分布度量的对应关系。因此，我们现在手上又多了一个法宝：多核的 MMD。好了，现在可以用 MMD 来做迁移学习了。

6.2.2 基于最大均值差异的迁移方法

本节介绍基于最大均值差异 MMD 的迁移学习方法。回顾迁移学习的统一表征公式 (4.3.1)，特征变换法的迁移学习优化目标如下：

$$f^{\star} = \underset{f \in \mathcal{H}}{\arg\min} \frac{1}{N_{\mathrm{s}}} \sum_{i=1}^{N_{\mathrm{s}}} \ell(f(\boldsymbol{x}_i), y_i) + \lambda R(T(\mathcal{D}_{\mathrm{s}}), T(\mathcal{D}_{\mathrm{t}})), \tag{6.2.5}$$

其中 T 为我们求的特征变换。

那么，MMD 距离与特征变换函数 T 有什么关系呢？

话休絮烦。是骡子是马，拉出来蹓蹓。回顾分布差异度量的一般表达形式：

$$D(\mathcal{D}_{\mathrm{s}}, \mathcal{D}_{\mathrm{t}}) \approx (1-\mu) D(P_{\mathrm{s}}(\boldsymbol{x}), P_{\mathrm{t}}(\boldsymbol{x})) + \mu D(P_{\mathrm{s}}(y|\boldsymbol{x}), P_{\mathrm{t}}(y|\boldsymbol{x})). \tag{6.2.6}$$

式中我们明显可以直接用 MMD 距离去计算边缘分布差异 $D(P_{\mathrm{s}}(\boldsymbol{x}), P_{\mathrm{t}}(\boldsymbol{x}))$，事实上这就是经典迁移学习方法**迁移成分分析**（Transfer Component Analysis, TCA）[Pan et al., 2011] 的核心思想。问题在于：目标域样本没有标签，即无法求得 $P_{\mathrm{t}}(y|\boldsymbol{x})$，因此条件分布差异 $D(P_{\mathrm{s}}(y|\boldsymbol{x}), P_{\mathrm{t}}(y|\boldsymbol{x}))$ 在这里无解。

这条路看来是走不通了，也就是说，直接建模 $P_{\mathrm{t}}(y|\boldsymbol{x})$ 不行。那么，能不能有别的办法可以逼近这个条件概率？可以换个角度，利用类条件概率 $P_{\mathrm{t}}(\boldsymbol{x}|y)$。根据贝叶斯公式 $P_{\mathrm{t}}(y|\boldsymbol{x}) = P_{\mathrm{t}}(y)P_{\mathrm{t}}(\boldsymbol{x}|y)$，如果忽略 $P_{\mathrm{t}}(y)$，那么岂不是就可以用 $P_{\mathrm{t}}(\boldsymbol{x}|y)$ 来近似 $P_{\mathrm{t}}(y|\boldsymbol{x})$ 吗？

而这样的近似也不是空穴来风。在统计学上，有一个概念叫做充分统计量，它是什么意思呢？大概意思就是说，如果样本里有太多的东西未知，样本足够好，就能够从中选择一些统计量，近似地代替我们要估计的分布。好了，我们为近似找到了理论依据。

实际怎么做呢？我们依然没有 y_{t}。采用的方法是，用 $(\boldsymbol{x}_{\mathrm{s}}, y_{\mathrm{s}})$ 来训练一个简单的分类器（比如 KNN、逻辑斯特回归）到 $\boldsymbol{x}_{\mathrm{t}}$ 上直接进行预测，这样总能够得到一些伪标签 $\hat{y}_{\mathrm{t}}$。我们根据伪标签来计算，这个问题就可解了。

好了，现在可以开心地利用 MMD 进行迁移学习了。

边缘分布的 MMD 距离可以被表示为

$$\mathrm{MMD}(P_{\mathrm{s}}(\boldsymbol{x}), P_{\mathrm{t}}(\boldsymbol{x})) = \| \frac{1}{N_{\mathrm{s}}} \sum_{i=1}^{N_{\mathrm{s}}} \boldsymbol{A}^{\mathrm{T}} \boldsymbol{x}_i - \frac{1}{N_{\mathrm{t}}} \sum_{j=1}^{N_{\mathrm{t}}} \boldsymbol{A}^{\mathrm{T}} \boldsymbol{x}_j \|_{\mathcal{H}}^2. \tag{6.2.7}$$

边缘分布自适应方法由杨强教授及其团队在 2009 年提出 [Pan et al., 2011]，称为**迁移成分分析**（Transfer Component Analysis（TCA））。该方法是领域的经典方法。类似地，条件分布的 MMD 距离可以被近似表示为

$$\mathrm{MMD}(P_{\mathrm{s}}(y|\boldsymbol{x}), P_{\mathrm{t}}(y|\boldsymbol{x})) = \sum_{c=1}^{C} \left\| \frac{1}{N_{\mathrm{s}}^{(c)}} \sum_{\boldsymbol{x}_i \in \mathcal{D}_{\mathrm{s}}^{(c)}} \boldsymbol{A}^{\mathrm{T}} \boldsymbol{x}_i - \frac{1}{N_{\mathrm{t}}^{(c)}} \sum_{\boldsymbol{x}_j \in \mathcal{D}_{\mathrm{t}}^{(c)}} \boldsymbol{A}^{\mathrm{T}} \boldsymbol{x}_j \right\|_{\mathcal{H}}^2, \tag{6.2.8}$$

其中，$N_{\mathrm{s}}^{(c)}, N_{\mathrm{t}}^{(c)}$ 分别标识源域和目标域中来自第 c 类的样本个数，C 为类别个数。$\mathcal{D}_{\mathrm{s}}^{(c)}$ 和 $\mathcal{D}_{\mathrm{t}}^{(c)}$ 分别表示源域和目标域中来自第 c 类的样本。

这些公式是美的，但现实是残酷的：看上去好像无法求解啊！

我们先给出上述式子的最终表达形式，然后再以公式 (6.2.7) 为例，详解如何进行数学变换。用 MMD 进行迁移学习的最终表达形式为

$$\mathrm{tr}(\boldsymbol{A}^{\mathrm{T}} \boldsymbol{X} \boldsymbol{M} \boldsymbol{X}^{\mathrm{T}} \boldsymbol{A}), \tag{6.2.9}$$

其中，$\mathrm{tr}(\cdot)$ 表示矩阵的迹（Trace），$\boldsymbol{A}$ 矩阵是我们所求的特征变换函数 T 的对应矩阵，$\boldsymbol{X}$ 是由源域和目标域样本拼接成的矩阵。怎么样，我们是不是通过 MMD 巧妙地达到了特征变换和分布距离的统一？

上式中的 $\boldsymbol{M}$ 是 MMD 矩阵，其可以被计算为

$$\boldsymbol{M} = (1-\mu)\boldsymbol{M}_0 + \mu \sum_{c=1}^{C} \boldsymbol{M}_c, \tag{6.2.10}$$

其中的边缘和条件 MMD 矩阵可以按如下方式计算：

$$(\boldsymbol{M}_0)_{ij} = \begin{cases} \frac{1}{N_{\mathrm{s}}^2}, & \boldsymbol{x}_i, \boldsymbol{x}_j \in \mathcal{D}_{\mathrm{s}} \\ \frac{1}{N_{\mathrm{t}}^2}, & \boldsymbol{x}_i, \boldsymbol{x}_j \in \mathcal{D}_{\mathrm{t}} \\ -\frac{1}{N_{\mathrm{s}} N_{\mathrm{t}}}, & \text{otherwise} \end{cases} \tag{6.2.11}$$

$$
(\boldsymbol{M}_c)_{ij}=\begin{cases}\frac{1}{(N_{\mathrm{s}}^{(c)})^2}, & \boldsymbol{x}_i,\boldsymbol{x}_j\in\mathcal{D}_{\mathrm{s}}^{(c)}\\ \frac{1}{(N_{\mathrm{t}}^{(c)})^2}, & \boldsymbol{x}_i,\boldsymbol{x}_j\in\mathcal{D}_{\mathrm{t}}^{(c)}\\ -\frac{1}{N_{\mathrm{s}}^{(c)}N_{\mathrm{t}}^{(c)}}, & \begin{cases}\boldsymbol{x}_i\in\mathcal{D}_{\mathrm{s}}^{(c)},\boldsymbol{x}_j\in\mathcal{D}_{\mathrm{t}}^{(c)}\\ \boldsymbol{x}_i\in\mathcal{D}_{\mathrm{t}}^{(c)},\boldsymbol{x}_j\in\mathcal{D}_{\mathrm{s}}^{(c)}\end{cases}\\ 0, & \text{otherwise}\end{cases}\tag{6.2.12}
$$

特别地，当设定自适应因子 $\mu=0.5$ 时，上式对应于联合分布自适应（Joint Distribution Adaptation, JDA）方法 [Long et al., 2013]，而更为一般的形式则是**动态分布自适应方法** [Wang et al., 2017a, Wang et al., 2018b, Wang et al., 2020]。

下面以边缘概率分布的 MMD 距离为例，详细介绍如何进行这样的概率化简，最终整理成核的形式。

$$
\begin{aligned}
&\left\|\frac{1}{N_{\mathrm{s}}}\sum_{i=1}^{N_{\mathrm{s}}}\boldsymbol{A}^{\mathrm{T}}\boldsymbol{x}_i-\frac{1}{N_{\mathrm{t}}}\sum_{j=1}^{N_{\mathrm{t}}}\boldsymbol{A}^{\mathrm{T}}\boldsymbol{x}_j\right\|^2\\
&=\left\|\frac{1}{N_{\mathrm{s}}}\boldsymbol{A}^{\mathrm{T}}\begin{bmatrix}\boldsymbol{x}_1 & \boldsymbol{x}_2 & \cdots & \boldsymbol{x}_{N_{\mathrm{s}}}\end{bmatrix}_{1\times N_{\mathrm{s}}}\begin{bmatrix}1\\1\\\vdots\\1\end{bmatrix}_{N_{\mathrm{s}}\times 1}-\frac{1}{N_{\mathrm{t}}}\boldsymbol{A}^{\mathrm{T}}\begin{bmatrix}\boldsymbol{x}_1 & \boldsymbol{x}_2 & \cdots & \boldsymbol{x}_{N_{\mathrm{t}}}\end{bmatrix}_{1\times N_{\mathrm{t}}}\begin{bmatrix}1\\1\\\vdots\\1\end{bmatrix}_{N_{\mathrm{t}}\times 1}\right\|^2\\
&=\operatorname{tr}\Big(\frac{1}{N_{\mathrm{s}}^2}\boldsymbol{A}^{\mathrm{T}}\boldsymbol{X}_{\mathrm{s}}\mathbf{1}(\boldsymbol{A}^{\mathrm{T}}\boldsymbol{X}_{\mathrm{s}}\mathbf{1})^{\mathrm{T}}+\frac{1}{N_{\mathrm{t}}^2}\boldsymbol{A}^{\mathrm{T}}\boldsymbol{X}_{\mathrm{t}}\mathbf{1}(\boldsymbol{A}^{\mathrm{T}}\boldsymbol{X}_{\mathrm{t}}\mathbf{1})^{\mathrm{T}}-\frac{1}{N_{\mathrm{s}}N_{\mathrm{t}}}\boldsymbol{A}^{\mathrm{T}}\boldsymbol{X}_{\mathrm{s}}\mathbf{1}(\boldsymbol{A}^{\mathrm{T}}\boldsymbol{X}_{\mathrm{t}}\mathbf{1})^{\mathrm{T}}-\\
&\quad\frac{1}{N_{\mathrm{s}}N_{\mathrm{t}}}\boldsymbol{A}^{\mathrm{T}}\boldsymbol{X}_{\mathrm{t}}\mathbf{1}(\boldsymbol{A}^{\mathrm{T}}\boldsymbol{X}_{\mathrm{s}}\mathbf{1})^{\mathrm{T}}\Big)\\
&=\operatorname{tr}\left(\frac{1}{N_{\mathrm{s}}^2}\boldsymbol{A}^{\mathrm{T}}\boldsymbol{X}_{\mathrm{s}}\mathbf{1}\mathbf{1}^{\mathrm{T}}\boldsymbol{X}_{\mathrm{s}}^{\mathrm{T}}\boldsymbol{A}+\frac{1}{N_{\mathrm{t}}^2}\boldsymbol{A}^{\mathrm{T}}\boldsymbol{X}_{\mathrm{t}}\mathbf{1}\mathbf{1}^{\mathrm{T}}\boldsymbol{X}_{\mathrm{t}}^{\mathrm{T}}\boldsymbol{A}-\frac{1}{N_{\mathrm{s}}N_{\mathrm{t}}}\boldsymbol{A}^{\mathrm{T}}\boldsymbol{X}_{\mathrm{s}}\mathbf{1}\mathbf{1}^{\mathrm{T}}\boldsymbol{X}_{\mathrm{t}}^{\mathrm{T}}-\frac{1}{N_{\mathrm{s}}N_{\mathrm{t}}}\boldsymbol{A}^{\mathrm{T}}\boldsymbol{X}_{\mathrm{t}}\mathbf{1}\mathbf{1}^{\mathrm{T}}\boldsymbol{X}_{\mathrm{s}}^{\mathrm{T}}\right)\\
&=\operatorname{tr}\left[\boldsymbol{A}^{\mathrm{T}}\left(\frac{1}{N_{\mathrm{s}}^2}\mathbf{1}\mathbf{1}^{\mathrm{T}}\boldsymbol{X}_{\mathrm{s}}^{\mathrm{T}}\boldsymbol{X}_{\mathrm{s}}+\frac{1}{N_{\mathrm{t}}^2}\mathbf{1}\mathbf{1}^{\mathrm{T}}\boldsymbol{X}_{\mathrm{t}}^{\mathrm{T}}\boldsymbol{X}_{\mathrm{t}}-\frac{1}{N_{\mathrm{s}}N_{\mathrm{t}}}\mathbf{1}\mathbf{1}^{\mathrm{T}}\boldsymbol{X}_{\mathrm{s}}^{\mathrm{T}}\boldsymbol{X}_{\mathrm{t}}-\frac{1}{N_{\mathrm{s}}N_{\mathrm{t}}}\mathbf{1}\mathbf{1}^{\mathrm{T}}\boldsymbol{X}_{\mathrm{t}}^{\mathrm{T}}\boldsymbol{X}_{\mathrm{s}}\right)\boldsymbol{A}\right]\\
&=\operatorname{tr}\left(\boldsymbol{A}^{\mathrm{T}}\begin{bmatrix}\boldsymbol{X}_{\mathrm{s}} & \boldsymbol{X}_{\mathrm{t}}\end{bmatrix}\begin{bmatrix}\frac{1}{N_{\mathrm{s}}^2}\mathbf{1}\mathbf{1}^{\mathrm{T}} & \frac{-1}{N_{\mathrm{s}}N_{\mathrm{t}}}\mathbf{1}\mathbf{1}^{\mathrm{T}}\\ \frac{-1}{N_{\mathrm{s}}N_{\mathrm{t}}}\mathbf{1}\mathbf{1}^{\mathrm{T}} & \frac{1}{N_{\mathrm{t}}^2}\mathbf{1}\mathbf{1}^{\mathrm{T}}\end{bmatrix}\begin{bmatrix}\boldsymbol{X}_{\mathrm{s}}\\ \boldsymbol{X}_{\mathrm{t}}\end{bmatrix}\boldsymbol{A}\right)\\
&=\operatorname{tr}\left(\boldsymbol{A}^{\mathrm{T}}\boldsymbol{X}\boldsymbol{M}\boldsymbol{X}^{\mathrm{T}}\boldsymbol{A}\right)
\end{aligned}
$$

上述推导用到了矩阵两个非常重要的性质：

1. $||\boldsymbol{A}||^2=\operatorname{tr}(\boldsymbol{A}\boldsymbol{A}^{\mathrm{T}})$，在第二步中使用。

2. $\operatorname{tr}(\boldsymbol{A}\boldsymbol{B})=\operatorname{tr}(\boldsymbol{B}\boldsymbol{A})$，在第四步中使用。

条件分布的 MMD 距离变换同理。怎么样，看到此处是不是惊叹于数学的美妙！

6.2.3　求解与计算

好了，现在我们推导出了问题的最终表达形式公式 (6.2.9)，只需要将其最小化就可以了。事实真的如此吗？任何最优目标都是有约束的，否则，最小化公式 (6.2.9) 极其简单：只要令特征变换矩阵 $\boldsymbol{A}$ 中所有的元素都为 0 便可以了。可是这样有什么意义呢？

事实上，还需要考虑的约束条件是特征变换前后样本的散度问题，也可以理解成是数据的方差。那么怎么求数据的方差呢？

可以用散度（Scatter）对方差进行近似。给定样本集 $\boldsymbol{x}$，其散度矩阵 $\boldsymbol{S}$ 可以表示为

$$
\begin{aligned}
\boldsymbol{S} &= \sum_{j=1}^{n} (\boldsymbol{x}_j - \overline{\boldsymbol{x}}) (\boldsymbol{x}_j - \overline{\boldsymbol{x}})^{\mathrm{T}} \\
&= \sum_{j=1}^{n} (\boldsymbol{x}_j - \overline{\boldsymbol{x}}) \otimes (\boldsymbol{x}_j - \overline{\boldsymbol{x}}) \\
&= \left(\sum_{j=1}^{n} \boldsymbol{x}_j \boldsymbol{x}_j^{\mathrm{T}} \right) - n\overline{\boldsymbol{X}}\overline{\boldsymbol{X}}^{\mathrm{T}},
\end{aligned} \tag{6.2.13}
$$

其中 $\overline{\boldsymbol{x}} = \frac{1}{n}\sum_{j=1}^{n}\boldsymbol{x}_j$ 表示样本均值。用 $\boldsymbol{H} = \boldsymbol{I} - (1/n)\mathbf{1}$ 表示中心矩阵，$\boldsymbol{I} \in \mathbb{R}^{(n+m)\times(n+m)}$ 表示单位矩阵，则样本的散度矩阵（即方差）可以被表示为

$$
\boldsymbol{S} = \boldsymbol{X}\boldsymbol{H}\boldsymbol{X}^{\mathrm{T}}. \tag{6.2.14}
$$

将 $\boldsymbol{A}$ 代入，则方差最大化可以被形式化表示为

$$
\max\ (\boldsymbol{A}^{\mathrm{T}}\boldsymbol{X})\boldsymbol{H}(\boldsymbol{A}^{\mathrm{T}}\boldsymbol{X})^{\mathrm{T}}. \tag{6.2.15}
$$

将公式 (6.2.9) 的数据均值之差最小化和公式 (6.2.15) 中的散度最大化结合起来，最终优化目标表示为

$$
\min\ \frac{\operatorname{tr}\left(\boldsymbol{A}^{\mathrm{T}}\boldsymbol{X}\boldsymbol{M}\boldsymbol{X}^{\mathrm{T}}\boldsymbol{A}\right)}{\operatorname{tr}(\boldsymbol{A}^{\mathrm{T}}\boldsymbol{X}\boldsymbol{H}\boldsymbol{X}^{\mathrm{T}}\boldsymbol{A})}. \tag{6.2.16}
$$

对公式 (6.2.16) 而言，我们要求其分子最小化，分母最大化。这给求解带来了困难。注意到迁移变换矩阵 $\boldsymbol{A}$ 是一个 Hermitan 矩阵，即满足 $\boldsymbol{A}^{\mathrm{H}} = \boldsymbol{A}$，H 表示矩阵的共轭转置。在此条件下，公式 (6.2.16) 可以根据瑞利商（Rayleigh

Quotient）[Parlett, 1974] 进行变换求解。将公式 (6.2.16) 变换为

$$\begin{aligned}&\min \operatorname{tr}\left(\boldsymbol{A}^{\mathrm{T}} \boldsymbol{X} \boldsymbol{M} \boldsymbol{X}^{\mathrm{T}} \boldsymbol{A}\right)+\lambda\|\boldsymbol{A}\|_{F}^{2},\\&\text{s.t. } \boldsymbol{A}^{\mathrm{T}} \boldsymbol{X} \boldsymbol{H} \boldsymbol{X}^{\mathrm{T}} \boldsymbol{A}=\boldsymbol{I}.\end{aligned} \tag{6.2.17}$$

其中，正则项 $\lambda\|\boldsymbol{A}\|_F^2$ 用来保证此问题是良好定义的，λ 为正则项系数。公式 (6.2.17) 即为基于 MMD 进行迁移学习的最终学习目标。

上式如何求解？通常我们用拉格朗日法进行。上式的拉格朗日函数表示为

$$L=\operatorname{tr}\left(\left(\boldsymbol{A}^{\mathrm{T}} \boldsymbol{X} \boldsymbol{A} \boldsymbol{X}^{\mathrm{T}}+\lambda \boldsymbol{I}\right) \boldsymbol{A}\right)+\operatorname{tr}\left(\left(\boldsymbol{I}-\boldsymbol{A}^{\mathrm{T}} \boldsymbol{X} \boldsymbol{H} \boldsymbol{X}^{\mathrm{T}} \boldsymbol{A}\right) \boldsymbol{\Phi}\right), \tag{6.2.18}$$

令上式的导数 $\partial L / \partial \boldsymbol{A}=0$，得

$$\left(\boldsymbol{X} \boldsymbol{M} \boldsymbol{X}^{\mathrm{T}}+\lambda \boldsymbol{I}\right) \boldsymbol{A}=\boldsymbol{X} \boldsymbol{H} \boldsymbol{X}^{\mathrm{T}} \boldsymbol{A} \boldsymbol{\Phi}, \tag{6.2.19}$$

其中的 $\boldsymbol{\Phi}$ 是拉格朗日乘子。别看这个式子复杂，既有要求解的 $\boldsymbol{A}$、又有一个新加入的 $\boldsymbol{\Phi}$，但是它在 Matlab 和 Python 等编程语言中是可以直接求解的（例如，Matlab 中用 eigs 函数即可）。这样我们就得到了变换 $\boldsymbol{A}$，问题解决了。

可是伪标签终究是伪标签啊，肯定精度不高，怎么办？有个非常流行的机制叫做迭代：做一次不行，就再做一次。做后一次迭代时，我们用上一轮得到的标签来做这一次的伪标签。这样的目的是得到越来越好的伪标签，而参与迁移的数据是不会变的，如此往返多次，结果就自然而然好了。

6.2.4 应用与扩展

我们重温一下基于 MMD 的迁移方法。经典的迁移成分分析 [Pan et al., 2011] 提出了使用 MMD 距离计算源域和目标域和边缘分布差异；后来，[Long et al., 2013] 提出了联合分布自适应方法 JDA，使用 MMD 距离计算边缘和条件分布的差异。接着，Wang 等人提出了动态分布自适应方法 DDA [Wang et al., 2017a, Wang et al., 2018b, Wang et al., 2020]，定量地计算两种分布的差异性，并达到了最终统一的框架。其中，[Wang et al., 2018a] 将边缘分布差异的计算应用于人体行为识别中，获得了不错的效果。

基于 MMD 进行迁移学习方法的步骤如下。

输入两个特征矩阵，首先用一个初始的简单分类器（如 KNN）计算目标域的伪标签。随后计算 $\boldsymbol{M}$ 和 $\boldsymbol{H}$ 矩阵，然后选择一些常用的核函数进行映射（比

如线性核、高斯核）计算 $\boldsymbol{K}$，接着求解公式 (6.2.17) 中的 $\boldsymbol{A}$，取其前 m 个特征值。之后，得到的就是源域和目标域的降维后的数据。由于在计算条件分布差异时，伪标签并不准确，因此使用多次迭代使结果更好。

基于 MMD 的迁移方法得到了广泛的扩展和应用。ACA（Adapting Component Analysis）[Dorri and Ghodsi, 2012] 在 TCA 中加入 HSIC；DTMKL（Domain Transfer Multiple Kernel Learning）[Duan et al., 2012] 在 TCA 中加入了多核的 MMD，用了新的求解方式；VDA [Tahmoresnezhad and Hashemi, 2016] 加入了类内距和类间距的计算；[Hsiao et al., 2016] 加入结构不变性控制；[Hou et al., 2015] 加入目标域的选择；JGSA（Joint Geometrical and Statistical Alignment）[Zhang et al., 2017a] 加入类内距、类间距、标签持久化；BDA（Balanced Distribution Adaptation）[Wang et al., 2017a] 和 MEDA（Manifold Embedded Distribution Alignment）[Wang et al., 2018b] 将 MMD 的迁移学习扩展成动态分布自适应的形式，并嵌入一个结构风险最小化框架中，用表示定理 [Schölkopf et al., 2001] 直接学习分类器；DSAN（Deep Subdomain Adaptation Network）[Zhu et al., 2020b] 在优化目标中同时进行边缘分布自适应和源域样本选择。在深度网络方面，DaNN（Domain-adaptive Neural Networks）[Ghifary et al., 2014]、DDC（Deep Domain Confusion）[Tzeng et al., 2014] 等工作提出了在深度网络中嵌入 MMD 距离，进行端到端的训练优化。

对于更一般的动态分布适配方法而言，研究者提出基于流形学习的动态迁移方法 MEDA（Manifold Embedded Distribution Alignment）[Wang et al., 2018b] 和基于深度学习的动态迁移方法 DDAN（Deep Dynamic Adaptation Network）[Wang et al., 2020] 来进行非深度和深度的迁移学习。这两种方法分别如图 6.1(a) 和 6.2(b) 所示。

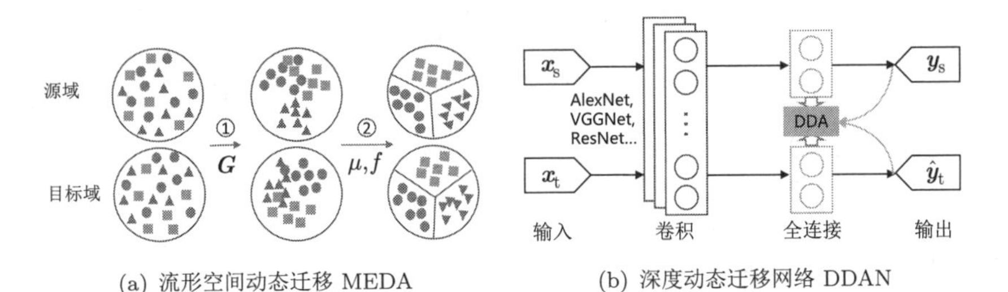

(a) 流形空间动态迁移 MEDA　　(b) 深度动态迁移网络 DDAN

图 6.1　动态分布自适应

基于 MMD 的迁移方法也在深度学习中得到了发扬。我们简要介绍一些经典工作，在后续章节中将介绍如何在深度学习中应用这些方法。DDC（Deep Domain Confusion）[Tzeng et al., 2014] 将 MMD 度量加入了深度网络特征层的 loss 中；DAN （Deep Adaptation Network）[Long et al., 2015] 将 MMD 换成了多核 MMD，并且进行多层的迁移适配；CMD （Central Moment Matching）[Zellinger et al., 2017] 将 MMD 推广到了多阶距离的计算。最近，[Yu et al., 2019a] 证明了对抗网络中同样存在边缘分布和条件分布不匹配的问题。作者提出一个动态对抗适配网络 DAAN（Dynamic Adversarial Adaptation Network）来解决对抗网络中的动态分布适配问题。

6.3 度量学习法

6.3.1 从预定义的距离到可学习的距离

按照 2.5 节中的问题定义，基于统计特征变换的迁移学习方法的主要学习目标是学习一个特征变换 T，使得变换后的源域和目标域的联合概率分布差异可以被缩小：

$$f^{\star} = \underset{f \in \mathcal{H}}{\arg\min} \frac{1}{N_{\mathrm{s}}} \sum_{i=1}^{N_{\mathrm{s}}} \ell(f(\boldsymbol{x}_i), y_i) + \lambda R(T(\mathcal{D}_{\mathrm{s}}), T(\mathcal{D}_{\mathrm{t}})), \tag{6.3.1}$$

其中 T 则为我们求的特征变换。

围绕此学习目标，基于最大均值差异的方法可以被视为基于给定的距离度量（即 MMD）来求得特征变换 T。本节介绍基于度量学习的迁移方法。对比最大均值差异，度量学习的目标则是将距离视为一个可学习的目标。

机器学习中关于度量的学习一直都是一个重要的研究方向。如何度量两个样本之间的距离，看似是一个简单的问题，实则关乎到几乎所有的分类、回归、聚类等基本任务的表现。好的度量有助于我们发现更好的特征，构建更好的模型。什么是度量？英文名叫做 Metric，就是距离的意思。我们常用的欧氏距离、马氏距离、余弦相似度等，都可以叫做度量。这些度量是显式的，是不需要学习直接就可以计算出来的。但是，在特定的任务中，单纯地运用这些简单的距离公式，往往达不到预期的效果。此时，我们便可以通过在度量方面的研究更好地学习这些距离。此时，这个距离则是隐式的。这就是所谓的**度量学习**（Metric Learning）。

度量学习的基本思路是，给定一些训练样本，这些样本中包含了我们预先观测到的一些对于样本的知识（先验）（例如，哪两个样本的距离应该要近一些，哪两个要远一些），然后，我们的学习算法就可以以这些先验知识为约束条件，构建目标函数，学习到这些样本之间的一个很好的度量，并满足我们预先给定的限制条件。从这个意义上看，度量学习就是一种特定条件下的优化问题。

度量学习的发展也和机器学习的发展情况大概一致，从最初基于传统的方法，逐渐过渡到如今基于深度神经网络的方法。度量学习在计算机视觉、视频分析、文本挖掘、生物信息学等多个领域均有广泛的应用。可以说，在机器学习中，没有度量，就没有好的模型。凡是需要用到机器学习的地方，都需要度量。

6.3.2　度量学习及其形式化

回到问题上来。度量学习和特征变换之间有什么关系呢？我们不妨以基础的马氏距离（Mahalonabis Distance）为基础来对度量学习进行形式化。令 $\boldsymbol{M} \in \mathbb{R}^{d\times d}$ 表示一个半正定（Semi-definite）矩阵，则样本 $\boldsymbol{x}_i$ 和 $\boldsymbol{x}_j$ 之间的马氏距离被定义为

$$d_{ij} = \sqrt{(\boldsymbol{x}_i - \boldsymbol{x}_j)^{\mathrm{T}} \boldsymbol{M} (\boldsymbol{x}_i - \boldsymbol{x}_j)}. \tag{6.3.2}$$

由于矩阵 $\boldsymbol{M}$ 是一个半正定矩阵，它总是可以被分解为 $\boldsymbol{M} = \boldsymbol{A}^{\mathrm{T}}\boldsymbol{A}$，其中 $\boldsymbol{A} \in \mathbb{R}^{d\times d}$。此时，马氏距离度量就转化为

$$d_{ij} = \sqrt{(\boldsymbol{x}_i - \boldsymbol{x}_j)^{\mathrm{T}} \boldsymbol{M} (\boldsymbol{x}_i - \boldsymbol{x}_j)} = \sqrt{(\boldsymbol{A}\boldsymbol{x}_i - \boldsymbol{A}\boldsymbol{x}_j)^{\mathrm{T}} (\boldsymbol{A}\boldsymbol{x}_i - \boldsymbol{A}\boldsymbol{x}_j)}. \tag{6.3.3}$$

上式的结果说明，寻求源域与目标域之间的马氏距离度量 $\boldsymbol{M}$ 等价于寻求源域和目标域之间的一个线性特征变换 $\boldsymbol{A}$。因此，我们不直接求解马氏距离度量 $\boldsymbol{M}$，而是通过线性变换（或通过核方法后进行非线性变换）来间接求解相关变量的值。

度量学习的核心是聚类假设：同一簇数据极可能属于同一类别。因此，度量学习着重刻画样本与样本间（pair-wise）的距离，而极大地区别于之前介绍的最大均值差异侧重于数据整体分布的距离。也正因如此，度量学习对于类内距、类间距的学习更加重视。

为了衡量这些样本之间彼此的相似性，度量学习大多借鉴流行的线性判别分析的方法（Linear Discriminant Analysis, LDA），计算样本的类内距离和类间距离，目标就是要使得类内距最小，类间距最大。如果用 $S_{\mathrm{c}}^{(\mathrm{M})}$ 表示类内距，

$S_{\mathrm{b}}^{(\mathrm{M})}$ 表示类间距，则它们可以被分别计算为

$$S_{\mathrm{c}}^{(\mathrm{M})}=\frac{1}{Nk_1}\sum_{i=1}^{N}\sum_{j=1}^{N}P_{ij}d^2\left(\boldsymbol{x}_i,\boldsymbol{x}_j\right), \tag{6.3.4}$$

$$S_{\mathrm{b}}^{(\mathrm{M})}=\frac{1}{Nk_2}\sum_{i=1}^{N}\sum_{j=1}^{N}Q_{ij}d^2\left(\boldsymbol{x}_i,\boldsymbol{x}_j\right), \tag{6.3.5}$$

其中，P_{ij} 表示类内距离，当 $\boldsymbol{x}_i$ 是 $\boldsymbol{x}_j$ 的类内 k_1 近邻时，$P_{ij}=1$，否则为 0；同理，Q_{ij} 表示类间距离，当 $\boldsymbol{x}_i$ 是 $\boldsymbol{x}_j$ 的类间 k_2 近邻时，$Q_{ij}=1$，否则为 0。这些度量可以被加到现有的深度学习方法中，进行基于深度度量的迁移学习。

基于上式简单基本的假设，度量学习近几年发展出丰富的工作：Triplet loss，Contrasive loss（实际上该 loss 由 Lecun 等人在 2006 年提出，近几年变得炙手可热）、N-pair loss、InforNCE loss 等，对基本的度量学习进行了更细致更深入的研究。有兴趣的读者可以参考相关的度量学习综述 [Kulis et al., 2013, Yang, 2007] 等。我们的重点是如何将度量学习应用于迁移学习中。

6.3.3 基于度量学习的迁移学习

已有的度量学习研究大多数集中在传统方法和深度方法中，它们已经取得了长足的进步。但是这些单纯的度量研究，往往只是在数据分布一致的情况下有效。如果数据分布发生了变化，已有的研究则不能很好地处理。因此，迁移学习就可以作为一种工具，综合学习不同数据分布下的度量，使得度量更稳定。另一方面，已有的迁移学习工作大多都是基于固定的距离，例如 MMD，因此无法学习到更好的距离表达。虽然近年来有一些迁移度量学习的工作，但它们都只考虑在数据层面减小特征分布差异，而忽略了源域中的监督信息。因而，如果能在深度迁移网络中对度量进行学习，有效利用源域中的监督信息，学习到更泛化的距离表达，便会大大提高迁移学习的准确性。杨强教授及其团队在 2011 年提出了基于度量学习的迁移方法 [Cao et al., 2011]。

因此，基于度量学习的迁移方法，不仅对度量学习本身有所裨益，更重要的是对于解决迁移学习问题也大有好处。通过上面的讨论，我们知道对于度量学习而言，通过一种可学习的变换就可以实现可学习的度量。因此，此度量学习可以直接被集成到迁移学习框架中进行迁移学习。这也是直接符合公式 (6.3.1) 的。

为了减小源域和目标域的分布差异，引入迁移学习中常用的 MMD 度量，综合上面的度量学习，整体优化目标变成

$$J = S_{\mathrm{c}}^{(\mathrm{M})} - \alpha S_{\mathrm{b}}^{(\mathrm{M})} + \beta D_{\mathrm{MMD}}\left(\boldsymbol{X}_{\mathrm{s}}, \boldsymbol{X}_{\mathrm{t}}\right). \tag{6.3.6}$$

我们注意到，采用度量学习的迁移学习可以变成与之前介绍过的基于 MMD 度量的方法以相同的方式进行学习，因此不再进行赘述。特别地，采用度量学习的迁移学习，和采用迁移学习的度量学习，是两个不同的侧重点。当下更流行的方式是采用迁移学习来帮助提高度量学习，因此两者的侧重点并不相同，我们并不打算介绍此类工作，感兴趣的读者可以参考近期的一篇综述文章 [Luo et al., 2018]。

6.4 上手实践

本节我们以迁移成分分析 TCA 方法为例，讲解迁移学习方法的实现过程。类比于 TCA，JDA、STL、DDA 等方法均可实现。本节所述代码在这里[1]可以找到。我们使用 Python 进行实现。

6.4.1 算法精炼

TCA 主要进行边缘分布自适应，其最终的求解目标是

$$\left(\boldsymbol{X}\boldsymbol{M}\boldsymbol{X}^{\mathrm{T}} + \lambda \boldsymbol{I}\right)\boldsymbol{A} = \boldsymbol{X}\boldsymbol{H}\boldsymbol{X}^{\mathrm{T}}\boldsymbol{A}\boldsymbol{\Phi} \tag{6.4.1}$$

上述表达式可以通过 Matlab 或 Python 自带的 eigs() 相关函数直接求解。$\boldsymbol{A}$ 就是我们要求解的变换矩阵。下面我们需要明确各个变量所指代的含义：

- $\boldsymbol{X}$: 由源域和目标域数据共同构成的数据矩阵
- C: 总的类别个数。在我们的数据集中，$C = 10$
- $\boldsymbol{M}_c$: MMD 矩阵。当 $c = 0$ 时为全 MMD 矩阵；当 $c > 1$ 时对应为每个类别的矩阵。
- $\boldsymbol{I}$：单位矩阵
- λ：平衡参数，直接给出

1　请见链接 6-1。

- $\boldsymbol{H}$: 中心矩阵，直接计算得出
- $\boldsymbol{\Phi}$: 拉格朗日因子，不用理会，求解用不到

6.4.2 编写代码

下面我们使用 Python，基于 Sklearn 和 Numpy 库实现 TCA 方法。

TCA 方法的 Python 实现

```

import numpy as np
import scipy.io
import scipy.linalg
import sklearn.metrics
from sklearn.neighbors import KNeighborsClassifier


def kernel(ker, X1, X2, gamma):
    K = None
    if not ker or ker == 'primal':
        K = X1
    elif ker == 'linear':
        if X2 is not None:
            K = sklearn.metrics.pairwise.linear_kernel(np.asarray(X1).T, np.
                asarray(X2).T)
        else:
            K = sklearn.metrics.pairwise.linear_kernel(np.asarray(X1).T)
    elif ker == 'rbf':
        if X2 is not None:
            K = sklearn.metrics.pairwise.rbf_kernel(np.asarray(X1).T, np.
                asarray(X2).T, gamma)
        else:
            K = sklearn.metrics.pairwise.rbf_kernel(np.asarray(X1).T, None,
                gamma)
    return K


class TCA:
    def __init__(self, kernel_type='primal', dim=30, lamb=1, gamma=1):
        '''
```

```
29          Init func
30          :param kernel_type: kernel, values: 'primal' | 'linear' | 'rbf'
31          :param dim: dimension after transfer
32          :param lamb: lambda value in equation
33          :param gamma: kernel bandwidth for rbf kernel
34          '''
35          self.kernel_type = kernel_type
36          self.dim = dim
37          self.lamb = lamb
38          self.gamma = gamma
39
40      def fit(self, Xs, Xt):
41          '''
42          Transform Xs and Xt
43          :param Xs: ns * n_feature, source feature
44          :param Xt: nt * n_feature, target feature
45          :return: Xs_new and Xt_new after TCA
46          '''
47          X = np.hstack((Xs.T, Xt.T))
48          X /= np.linalg.norm(X, axis=0)
49          m, n = X.shape
50          ns, nt = len(Xs), len(Xt)
51          e = np.vstack((1 / ns * np.ones((ns, 1)), -1 / nt * np.ones((nt, 1)))
                )
52          M = e * e.T
53          M = M / np.linalg.norm(M, 'fro')
54          H = np.eye(n) - 1 / n * np.ones((n, n))
55          K = kernel(self.kernel_type, X, None, gamma=self.gamma)
56          n_eye = m if self.kernel_type == 'primal' else n
57          a, b = np.linalg.multi_dot([K, M, K.T]) + self.lamb * np.eye(n_eye),
                np.linalg.multi_dot([K, H, K.T])
58          w, V = scipy.linalg.eig(a, b)
59          ind = np.argsort(w)
60          A = V[:, ind[:self.dim]]
61          Z = np.dot(A.T, K)
62          Z /= np.linalg.norm(Z, axis=0)
63          Xs_new, Xt_new = Z[:, :ns].T, Z[:, ns:].T
64          return Xs_new, Xt_new
65
```

```
66      def fit_predict(self, Xs, Ys, Xt, Yt):
67          '''
68          Transform Xs and Xt, then make predictions on target using 1NN
69          :param Xs: ns * n_feature, source feature
70          :param Ys: ns * 1, source label
71          :param Xt: nt * n_feature, target feature
72          :param Yt: nt * 1, target label
73          :return: Accuracy and predicted_labels on the target domain
74          '''
75          Xs_new, Xt_new = self.fit(Xs, Xt)
76          clf = KNeighborsClassifier(n_neighbors=1)
77          clf.fit(Xs_new, Ys.ravel())
78          y_pred = clf.predict(Xt_new)
79          acc = sklearn.metrics.accuracy_score(Yt, y_pred)
80          return acc, y_pred
```

为与本书的深度学习方法对比，我们同样使用深度网络 ResNet-50 提取的特征作为 TCA 方法的输入。这些特征可以在以下链接[1]下载。以 amazon 为源域、webcam 为目标域，运行 TCA 得到结果为 68.1%。

通过以上过程，我们使用 Python 代码对经典的 TCA 方法进行了实验，完成了一个迁移学习任务。其他的非深度迁移学习方法，均可参考上面的过程。值得庆幸的是，许多论文的作者都公布了他们的文章代码，可以方便我们接下来的研究。读者可以从 GitHub [2]或者相关作者的网站上获取其他许多方法的代码。

6.5 小结

本章介绍了数据分布自适应的基本方法与代表工作。概率分布的度量是迁移学习的核心问题之一，本章介绍的边缘、条件、联合、动态分布自适应等方法是解决此问题的关键方法。这些方法在之后的工作中，也陆续应用于深度学习的场景中，取得了比传统方法更好的效果。

1 请见链接 6-2。

2 请见链接 6-3。

7 几何特征变换迁移法

本章从区别于统计特征变换法的另一个角度——几何特征变换的角度介绍经典的迁移学习方法。与基于统计特征的方法相比，基于几何特征的方法考虑到了数据可能具有的空间几何结构，常常能获得简洁而有效的表达与效果。

与统计特征类似，几何特征也不可胜数。本书简要介绍三类几何特征变换法：子空间变换法、流形空间变换法、以及最优传输法。这三类方法彼此的出发点互不相同，均具有极大的科研与应用价值。

本章内容的组织安排如下。7.1 节给出几何特征变换迁移法的问题定义。7.2 节介绍子空间变换法，7.3 节介绍基于流形学习的迁移方法，7.4 节介绍基于最优传输的迁移方法，7.5 节给出本章内容配套的上手实践代码，最后，7.6 节对本章内容作出总结。

7.1 问题定义

几何特征变换迁移法的问题定义形式与统计特征变换法类似：

$$f^\star = \underset{f \in \mathcal{H}}{\arg\min} \frac{1}{N_\mathrm{s}} \sum_{i=1}^{N_\mathrm{s}} \ell(f(\boldsymbol{x}_i), y_i) + \lambda R(\boldsymbol{T}(\mathcal{D}_\mathrm{s}), \boldsymbol{T}(\mathcal{D}_\mathrm{t})), \tag{7.1.1}$$

其中 $\boldsymbol{T}$ 为待学习的特征变换矩阵。

几何特征变换法往往不显式地指定分布差异的度量方式，因此可以称其为隐式距离度量的学习。在求解数据变换时，往往从数据的几何特征出发，虽然未显式进行分布距离度量，却能做到“润物细无声”，使得经过几何变换后的数据分布差异有一定程度的减小。

7.2 子空间变换法

子空间变换法通常假设源域和目标域数据在变换后的子空间中会有着相似的分布。子空间中可以进行数据的分布对齐，而对齐方法主要将数据的统计特征进行变换对齐。对齐后的数据，可以利用传统机器学习方法构建分类器进行学习。

对齐（Alignment）这个概念本身就充满了很直观的几何意义：数据如果对齐了，则我们认为其分布差异也相应地减小。因此，子空间对齐法可以被用来进行特征分布的对齐，即间接地完成了分布的自适应。并且，由于通常关注子空间的性质，这类方法往往实现起来很简单。

子空间对齐方法（Subspace Alignment, SA）[Fernando et al., 2013] 是子空间对齐法的代表性成果。SA 方法直接寻求一个线性变换 $\boldsymbol{M}$，将不同的数据实现变换对齐。我们令 $\boldsymbol{X}_{\mathrm{s}}, \boldsymbol{X}_{\mathrm{t}}$ 分别表示源域和目标域经过 PCA（主成分分析）变换后，前 d 维特征向量组成的特征矩阵，以此来表示其子空间，则 SA 方法的优化目标如下：

$$F(\boldsymbol{M}) = ||\boldsymbol{X}_{\mathrm{s}}\boldsymbol{M} - \boldsymbol{X}_{\mathrm{t}}||_F^2. \tag{7.2.1}$$

变换 $\boldsymbol{M}$ 的值可以直接求得：

$$\boldsymbol{M}^\star = \arg\min_{\boldsymbol{M}} F(\boldsymbol{M}). \tag{7.2.2}$$

因此，由于子空间变换的正交性，$\boldsymbol{X}_{\mathrm{s}}^{\mathrm{T}}\boldsymbol{X}_{\mathrm{s}} = \boldsymbol{I}$，我们可以直接获得上述优化问题的闭式解：

$$F(\boldsymbol{M}) = ||\boldsymbol{X}_{\mathrm{s}}^{\mathrm{T}}\boldsymbol{X}_{\mathrm{s}}\boldsymbol{M} - \boldsymbol{X}_{\mathrm{s}}^{\mathrm{T}}\boldsymbol{X}_{\mathrm{t}}||_F^2 = ||\boldsymbol{M} - \boldsymbol{X}_{\mathrm{s}}^{\mathrm{T}}\boldsymbol{X}_{\mathrm{t}}||_F^2. \tag{7.2.3}$$

SA 方法实现简单，计算过程高效，是子空间学习的代表性方法。

Sun 等人在 2015 年提出了 SDA 方法（Subspace Distribution Alignment）[Sun and Saenko, 2015]。该方法在 SA 的基础上，加入了概率分布自适应。SDA 方法提出，除了子空间变换矩阵 $\boldsymbol{T}$，还应当增加一个概率分布自适应变换 $\boldsymbol{A}$。SDA 方法的优化目标如下：

$$\boldsymbol{M} = \boldsymbol{X}_{\mathrm{s}}\boldsymbol{T}\boldsymbol{A}\boldsymbol{X}_{\mathrm{t}}^{\mathrm{T}}. \tag{7.2.4}$$

有别于 SA 和 SDA 方法只进行源域和目标域的一阶特征对齐，Sun 等人提出了 CORAL 方法（CORrelation ALignment），对两个领域进行二阶特征对齐。假设 $\boldsymbol{C}_s$ 和 $\boldsymbol{C}_t$ 分别是源域和目标域的协方差矩阵，则 CORAL 方法学习一个二阶特征变换 $\boldsymbol{A}$，使得源域和目标域的特征距离最小：

$$\min_{\boldsymbol{A}} ||\boldsymbol{A}^{\mathrm{T}}\boldsymbol{C}_{\mathrm{s}}\boldsymbol{A} - \boldsymbol{C}_{\mathrm{t}}||_F^2. \tag{7.2.5}$$

CORAL 方法的求解同样非常简单且高效。CORAL 方法被应用到神经网络中，产生了 DeepCORAL 方法 [Sun and Saenko, 2016]，作者将 CORAL 度量作为一个神经网络的损失进行计算。

CORAL 损失被定义为源域和目标域的二阶统计特征距离，其中 d 为数据的特征维数：

$$\ell_{\mathrm{CORAL}} = \frac{1}{4d^2}||\boldsymbol{C}_{\mathrm{s}} - \boldsymbol{C}_{\mathrm{t}}||_F^2. \tag{7.2.6}$$

值得注意的是，CORAL 方法实现简单，并且完全不需要指定超参数，因此使用也很便捷，在特定的任务上也取得了很好的效果。后续还有很多其他的子空间学习方法出现，在一些任务上取得了更好的表现。

7.3　流形学习法

7.3.1　流形学习

流形学习（Manifold Learning）自从 2000 年在 *Science* 上被提出以后就成为了机器学习和数据挖掘领域的热门问题。它的基本假设是，现有的数据是从一个高维空间中采样出来的，所以，它具有高维空间中的低维流形结构。流形就是一种几何对象（就是我们能想象、能观测到的）。通俗的解释是，我们无法从原始的数据表达形式明显看出数据所具有的结构特征，那我们可以把它想象成是处在一个高维空间，在这个高维空间里它是有形状的。一个很好的例子就是星座。满天星星怎么描述？我们想象它们在一个更高维的宇宙空间里是有形状的，这就有了各个星座非常形象的名称，比如织女座、猎户座等。流形学习的经典方法有 Isomap、locally linear embedding、laplacian eigenmap 等 [周志华, 2016]。

流形空间的核心是可以在计算距离度量时，利用空间几何结构，使问题简化。机器学习的核心便是距离度量。在流形空间中，两点之间的最短距离是什么？

在二维平面上，这个最短距离是线段。可在三维、四维、无穷维空间呢？其实，地球上的两个点的最短距离并不是直线，它是把地球展开成二维平面后画的那条直线。那条线在三维的地球上就是一条曲线。这条曲线就表示了两个点之间的最短距离，我们叫它测地线。更通俗一点，两点之间，测地线最短。在流形学习中，我们测量距离时通常会使用测地线。例如，在图 7.1 中，从点 A 到点 B 最短的距离就是在球体展开后的线段。然而此线段从三维球体上看却是一条曲线。所以，“两点之间线段最短”的主观印象，只在二维平面的情况下成立；在更高维的空间中，两点之间，测地线最短。

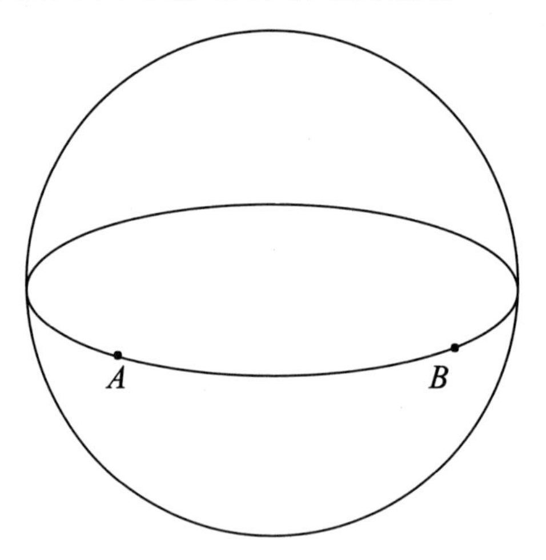

图 7.1 三维空间中两点之间的最短距离为测地线

我们最熟悉的欧氏空间便是一种流形结构。事实上，Whitney 嵌入定理 [Greene and Jacobowitz, 1971] 告诉我们，任何一个流形都可以嵌入足够高维度的欧氏空间中，这使得通过流形进行计算成为了可能。

基于流形学习的机器学习方法通常基于流形假设 [Belkin et al., 2006]，即假设原始的数据是由一个高维流形做低维采样得到的。处于流形空间中的数据通常具有聚类的性质：嵌入流形空间中的点通常与它的近邻点有着相似的几何性质 [Belkin et al., 2006]。

7.3.2 基于流形学习的迁移学习方法

由于在流形空间中的特征通常都有着很好的几何性质，可以避免特征扭曲，因此我们首先将原始空间下的特征变换到流形空间中。在众多已知的流形中，Grassmann 流形 $\mathbb{G}(d)$ 可以通过将原始的 d 维子空间（特征向量）看作它的基础元素，从而可以帮助学习分类器。在 Grassmann 流形中，特征变换和分布适配通常都有着有效的数值形式，因此在迁移学习问题中可以被很高效地表示和求解 [Hamm and Lee, 2008]。因此，利用 Grassmann 流形空间进行迁移学习是可行的。现有很多方法可以将原始特征变换到流形空间中 [Gopalan et al., 2011, Baktashmotlagh et al., 2014]。

基于流形学习的迁移学习方法从增量学习中得到启发：人类从一个点想到达另一个点，需要从这个点一步一步走到那一个点。那么，如果我们把源域和目标域都分别看成是高维空间中的两个点，由源域变换到目标域不就完成了迁移学习吗？也就是说，路是一步一步走出来的。图 7.2 简单示意了这个过程。在图中，源域经过特征变换 $\Phi(\cdot)$，由起点变换到终点，完成了到目标域的变换。

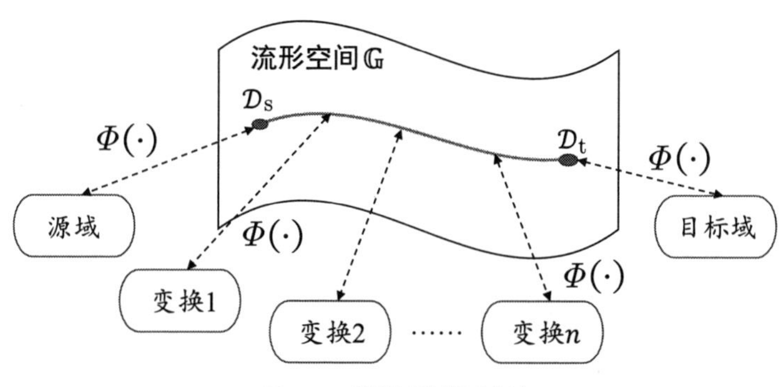

图 7.2　流形迁移学习方法

早期的方法把源域和目标域分别看成高维空间（即 Grassmann 流形）中的两个点，在这两个点的测地线距离上取 d 个中间点，然后依次连接起来。这样，源域和目标域就构成了一条测地线的路径。我们只需要找到合适的每一步的变换，就能从源域变换到目标域了。

这种早期的方法叫做 Sampling Geodesic Flow（SGF）[Gopalan et al., 2011]，其贡献是提出了这种变换的计算及实现了相应的算法。但是它有很明显的缺点：到底需要找几个中间点？SGF 没能给出答案，也就是说这个参数 d 是没法估计的，没有一个好的方法。这个问题在后来的**测地线流式核方法**（Geodesic Flow Kernel, GFK）[Gong et al., 2012] 中得到了解答。

GFK 方法首先解决 SGF 的问题：如何确定中间点的个数 d。它提出一种核学习的方法，利用路径上的无穷个点的积分，解决了这个问题。这是第一个贡献。然后，它又解决了第二个问题：当有多个源域的时候，我们如何决定使用哪个源域向目标域进行迁移？GFK 提出 Rank of Domain 度量，度量出跟目标域最近的源域，来解决这个问题。

用 $\mathcal{S}_\mathrm{s}$ 和 $\mathcal{S}_\mathrm{t}$ 分别表示源域和目标域经过主成分分析（PCA）之后的子空间，则 $\mathbb{G}$ 可以视为所有的 d 维子空间的集合。每一个 d 维的原始子空间都可以被看成 $\mathbb{G}$ 上的一个点。因此，两点之间的测地线 $\{\Phi(t):0\leqslant t\leqslant 1\}$ 可以在两个子空间之间构成一条路径。如果我们令 $\mathcal{S}_\mathrm{s}=\Phi(0)$，$\mathcal{S}_\mathrm{t}=\Phi(1)$，则寻找一条从 $\Phi(0)$ 到 $\Phi(1)$ 的测地线就等同于将原始的特征变换到一个无穷维度的空间中，最终减小域之间的漂移现象。这种方法可以被看成一种从 $\Phi(0)$ 到 $\Phi(1)$ 的增量式“行走”方法。

特别地，流形空间中的特征可以被表示为 $\boldsymbol{z}=\Phi(t)^\mathrm{T}\boldsymbol{x}$。变换后的特征 $\boldsymbol{z}_i$ 和 $\boldsymbol{z}_j$ 的内积定义了一个半正定（Positive Semi-definite）的测地线流式核：

$$\langle\boldsymbol{z}_i,\boldsymbol{z}_j\rangle=\int_0^1(\Phi(t)^\mathrm{T}\boldsymbol{x}_i)^\mathrm{T}(\Phi(t)^\mathrm{T}\boldsymbol{x}_j)\,\mathrm{d}t=\boldsymbol{x}_i^\mathrm{T}\boldsymbol{G}\boldsymbol{x}_j. \tag{7.3.1}$$

式中的测地线流式核可以被表示为

$$\boldsymbol{\Phi}(t)=\boldsymbol{P}_\mathrm{s}\boldsymbol{U}_1\boldsymbol{\Gamma}(t)-\boldsymbol{R}_\mathrm{s}\boldsymbol{U}_2\boldsymbol{\Sigma}(t)=\begin{bmatrix}\boldsymbol{P}_\mathrm{s}\ \boldsymbol{R}_\mathrm{s}\end{bmatrix}\begin{bmatrix}\boldsymbol{U}_1 & 0\\ 0 & \boldsymbol{U}_2\end{bmatrix}\begin{bmatrix}\boldsymbol{\Gamma}(t)\\ \boldsymbol{\Sigma}(t)\end{bmatrix}, \tag{7.3.2}$$

其中，$\boldsymbol{R}_\mathrm{s}\in\mathbb{R}^{D\times d}$ 表示与 $\boldsymbol{P}_\mathrm{s}$ 正交的补充元素。$\boldsymbol{U}_1\in\mathbb{R}^{D\times d}$ 和 $\boldsymbol{U}_2\in\mathbb{R}^{D\times d}$ 是两个正交的矩阵，计算方式如下：

$$\boldsymbol{P}_S^\mathrm{T}\boldsymbol{P}_T=\boldsymbol{U}_1\boldsymbol{\Gamma}\boldsymbol{V}^\mathrm{T},\boldsymbol{R}_S^\mathrm{T}\boldsymbol{P}_T=-\boldsymbol{U}_2\boldsymbol{\Sigma}\boldsymbol{V}^\mathrm{T}. \tag{7.3.3}$$

根据 [Gong et al., 2012]，核 $\boldsymbol{G}$ 可以被计算为

$$\boldsymbol{G}=\begin{bmatrix}\boldsymbol{P}_\mathrm{s}\boldsymbol{U}_1\ \boldsymbol{R}_\mathrm{s}\boldsymbol{U}_2\end{bmatrix}\begin{bmatrix}\boldsymbol{\Lambda}_1 & \boldsymbol{\Lambda}_2\\ \boldsymbol{\Lambda}_2 & \boldsymbol{\Lambda}_3\end{bmatrix}\begin{bmatrix}\boldsymbol{U}_1^\mathrm{T}\boldsymbol{P}_\mathrm{s}^\mathrm{T}\\ \boldsymbol{U}_2^\mathrm{T}\boldsymbol{R}_\mathrm{s}^\mathrm{T}\end{bmatrix}, \tag{7.3.4}$$

其中 $\boldsymbol{\Lambda}_1,\boldsymbol{\Lambda}_2,\boldsymbol{\Lambda}_3$ 是 3 个对角矩阵：

$$\lambda_{1i}=1+\frac{\sin(2\theta_i)}{2\theta_i},\lambda_{2i}=\frac{\cos(2\theta_i)-1}{2\theta_i},\lambda_{3i}=1-\frac{\sin(2\theta_i)}{2\theta_i}. \tag{7.3.5}$$

因此，通过 $\boldsymbol{z}=\sqrt{\boldsymbol{G}}\boldsymbol{x}$，在原始空间中的特征就可以被变换到 Grassman 流形空间中。可以通过矩阵的奇异值分解（Singular Value Decomposition, SVD）来有效地计算核 $\boldsymbol{G}$。

GFK 方法实现简单，可以作为多种方法的特征处理过程。例如，在动态分布自适应方法 MEDA [Wang et al., 2018b] 中，作者在进行动态分布适配

时，首先用 GFK 方法提取流形可迁移特征。如图 7.3 所示，MEDA 此举大大加强了迁移学习的效果，并使得迁移结果的方差也变得更小。在后来的工作中，研究者们在这种动态的流形方法中加入时间改进因子并应用于人体行为识别 [Qin et al., 2019]，取得了比传统迁移方法更好的跨数据集的行为识别结果。

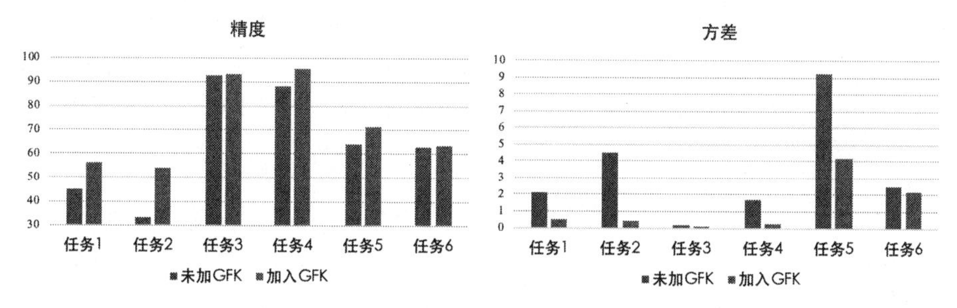

图 7.3　MEDA 方法加入 GFK 后的精度和方差结果

澳大利亚国立研究院的 Baktashmotlagh 等人 [Baktashmotlagh et al., 2014] 提出利用黎曼流形空间中的 hellinger 距离来完成源域到目标域的变换，还提出在 Grassmann 流形空间中进行边缘分布的适配。Guerrero 等人 [Guerrero et al., 2014] 提出了联合分布适配的流形方法。

7.4　最优传输法

本节介绍最优传输法及其与迁移学习的结合，从另一种几何的角度来看待迁移学习问题。最优传输是一个相对古老的研究领域，也一直在被人们研究。最优传输具有非常漂亮的理论模型，对解决很多计算机和数学的问题都具有独特的优势。

7.4.1　最优传输

最优传输问题（Optimal Transport, OT）[Villani, 2008] 最初由 18 世纪法国数学家 Gaspard Monge 提出，二战时又被苏联数学和经济学家 Kantorovich 进一步研究，并为线性规划（Linear Programming）奠定了基础。1975 年，Kantorovich 因其在最优资源分配这类问题上的突出贡献获得诺贝尔经济学奖。经典的最优传输问题也常被称为 Monge 问题。

最优传输所研究的问题非常具有实际意义，我们举例说明。

小明和小丽两家都以开仓库储藏货物为生。小明一直深深暗恋着小丽。某一天，小丽家失火了，急需调拨一批物资应急。这时候，小明必须站出来英雄救美，帮助小丽渡过难关！

我们假设小明家有 N 个不同的仓库，每个仓库都有一定的物资，我们用 $\{G_i\}_{i=1}^N$ 来表示，其中 G_i 表示第 i 个仓库的物资数量。这 N 个仓库的位置用 $\{x_i\}_{i=1}^N$ 来表示。小丽家有 M 个不同的仓库，位置为 $\{y_i\}_{i=1}^M$，每个仓库需要的货物数量为 $\{H_i\}_{i=1}^M$。小明家的每个仓库到小丽家的每个仓库均有一定的距离，我们用 $\{c(x_i, y_j)\}_{i,j=1}^{M,N}$ 来表示，也就是说，距离远的地点，运费也会相应增加。

所以问题转化为：小明在考虑英雄救美的时候，能否以最小代价完成这个任务？

我们用一个矩阵 $\boldsymbol{T} \in \mathbb{R}^{N \times M}$ 表示运输关系，其每个元素 T_{ij} 表示由小明家的仓库 i 发往小丽家的仓库 j 的货物数。则这个问题的优化目标可以表示为

$$\begin{aligned} \min \sum_{i,j=1}^{N,M} T_{ij} c(x_i, y_j) \\ s.t. \quad \sum_j T_{ij} = G_i, \quad \sum_i T_{ij} = H_j. \end{aligned} \tag{7.4.1}$$

这个问题就是最优传输问题的一个应用。可以从中进行问题的抽象，比如将仓库与货物视为概率分布和随机变量。此时，最优传输的形式化定义为：将一个概率分布 $P(x)$ 转换成 $Q(y)$ 所需要的最小代价。这可以被表示为

$$L = \arg\min_{\pi} \int_x \int_y \pi(x, y) c(x, y) \mathrm{d}x \mathrm{d}y, \tag{7.4.2}$$

且满足约束条件：

$$\begin{aligned} \int_y \pi(x, y) \mathrm{d}y = P(x) \\ \int_x \pi(x, y) \mathrm{d}x = Q(y) \end{aligned} \tag{7.4.3}$$

从上述定义我们知道，最优传输本身就是关于概率分布之间的关系的。显然，其可以被用来度量概率分布差异，从而进行迁移学习。

7.4.2 基于最优传输法的迁移学习方法

为了使用最优传输法进行迁移学习，我们对公式 (7.4.2) 进行改造，得到下

列由最优传输定义的分布差异：

$$D(P,Q)=\inf_{\pi}\int_{X\times Y}\pi(x,y)c(x,y)\mathrm{d}x\mathrm{d}y. \tag{7.4.4}$$

在实际计算中，代价函数通常用 $L2$ 距离，即：

$$c(x,y)=\|x-y\|_2^2. \tag{7.4.5}$$

采用 $L2$ 距离后，公式 (7.4.4) 转换为二阶的 Wasserstein distance：

$$W_2^2(P,Q)=\inf_{\pi}\int_{X\times Y}\pi(x,y)\|x-y\|_2^2\mathrm{d}x\mathrm{d}y. \tag{7.4.6}$$

不同于传统的特征变化方法，最优传输法研究的问题是学习一个从源域到目标域点对点的关联（耦合，coupling）矩阵 $\boldsymbol{T}$，使得经过 $\boldsymbol{T}$ 的对应之后，源域的分布能以最小代价与目标域数据进行点对点匹配。对于一个数据分布 $\mu=\sum_{i=1}^{n}\alpha_i\delta_{x_i}$，通过重心映射以及关联矩阵 $\boldsymbol{T}$，可以获得 μ 的变换分布，对应的新的特征向量为

$$\hat{x_i}=\arg\min_{\boldsymbol{x}\in\mathbb{R}^d}\sum_j \boldsymbol{T}(i,j)c(x,x_j). \tag{7.4.7}$$

那么这个关联矩阵 $\boldsymbol{T}$ 应该如何选择呢？显然，并不是任意的一个 $\boldsymbol{T}$ 均满足要求，需要加入额外的约束来求解它。特征变换通常是与代价紧密相关的，也就是说，做任何事都需要付出一定的成本。我们对 $\boldsymbol{T}$ 的要求也是不仅能完成源域到目标域数据分布的变换，同时要让我们付出最少的成本。这个成本应该怎样衡量呢？

最优传输中通常使用变换代价来衡量变换的成本，用 $C(\boldsymbol{T})$ 来表示。则 $\boldsymbol{T}$ 在一个测度 μ 下的变换代价就可以被定义为

$$C(\boldsymbol{T})=\int_{\Omega_s}c(\boldsymbol{x},\boldsymbol{T}(\boldsymbol{x}))\mathrm{d}\mu(\boldsymbol{x}), \tag{7.4.8}$$

其中的 $c(\boldsymbol{x},\boldsymbol{T}(\boldsymbol{x}))$ 是代价函数，它也可以被理解为一种距离函数。你看，说了这么多，最终落脚点还是在距离上，就说距离对于机器学习有多重要吧！

因此，如果想将源域分布关联到目标域分布上，就可以用如下的变换目标：

$$\gamma_0=\underset{\gamma\in\Pi}{\arg\min}\int_{\Omega_{\mathrm{s}}\times\Omega_{\mathrm{t}}}c\left(\boldsymbol{x}^{\mathrm{s}},\boldsymbol{x}^{\mathrm{t}}\right)\mathrm{d}\gamma\left(\boldsymbol{x}^{\mathrm{s}},\boldsymbol{x}^{\mathrm{t}}\right). \tag{7.4.9}$$

你看，通过最优传输，我们得到了一个可解的优化问题。

到了这里，使用最优传输法进行迁移学习的任务就圆满完成了。谈到数据分布自适应，不可避免地要涉及边缘、条件、联合分布的自适应。

[Courty et al., 2016, Courty et al., 2014] 针对边缘分布自适应的问题，提出用最优传输法来学习一个特征变换 $\mathcal{T}$，使得经过此变换后，可以减小源域和目标域的边缘分布差异。[Courty et al., 2017] 则在此基础上提出 JDOT（Joint Distribution Optimal Transport），在最优传输问题中加入对条件概率的适配。JDOT 的核心是将变换表示为

$$\gamma_0 = \underset{\gamma \in \Pi(\mathcal{P}_s, \mathcal{P}_t)}{\arg\min} \int_{(\Omega \times \mathcal{C})^2} \mathcal{D}(\boldsymbol{x}_1, y_1; \boldsymbol{x}_2, y_2) \, \mathrm{d}\gamma(\boldsymbol{x}_1, y_1; \boldsymbol{x}_2, y_2), \tag{7.4.10}$$

其代价函数被表示为边缘分布差异和条件分布差异之加权和：

$$\mathcal{D} = \alpha d\left(\boldsymbol{x}_i^{\mathrm{s}}, \boldsymbol{x}_j^{\mathrm{t}}\right) + \mathcal{L}\left(y_i^{\mathrm{s}}, f\left(\boldsymbol{x}_j^{\mathrm{t}}\right)\right). \tag{7.4.11}$$

你看，这个公式和 4.2 节提到的动态分布自适应方法 DDA 的公式 (4.2.6) 对比，是不是有点眼熟？为了解决最优传输中源域和目标域作为一个整体的分布迁移导致的负迁移问题，笔者团队提出了基于子结构的最优传输迁移方法 SOT（Substructural Optimal Transport）[Lu et al., 2021]，利用聚类得到子结构信息，然后进行最优传输，得到了比传统方法更好的结果和更快的迁移速度。

最优传输的优化问题可以用一些成熟的工具加以解决，例如 POT[1]。最优传输法也可以被应用于深度学习中，例如，[Bhushan Damodaran et al., 2018, Lee et al., 2019] 等工作就在深度网络中利用了最优传输法进行迁移学习。

7.5 上手实践

本节我们实现基于几何特征变换的特征迁移方法 CORAL（CORrelation ALignment）[Sun et al., 2016a]。我们使用 Python 为编程语言。

CORAL 方法的实现非常简单，只需要对源域和目标域的特征求解协方差后再进行相应的计算即可。CORAL 的推导细节可以从原文 [Sun et al., 2016a] 中找到。编写一个函数 fit，其作用是接收源域和目标域特征 X_{s} 和 X_{t}，输出经过 CORAL 变换后的源域。其代码如下。

CORAL 方法的实现

```
1
2  def fit(self, Xs, Xt):
```

1 请见链接 7-1。

```
3       '''
4       Perform CORAL on the source domain features
5       :param Xs: ns * n_feature, source feature
6       :param Xt: nt * n_feature, target feature
7       :return: New source domain features
8       '''
9       cov_src = np.cov(Xs.T) + np.eye(Xs.shape[1])
10      cov_tar = np.cov(Xt.T) + np.eye(Xt.shape[1])
11      A_coral = np.dot(scipy.linalg.fractional_matrix_power(cov_src, -0.5),
12                       scipy.linalg.fractional_matrix_power(cov_tar, 0.5))
13      Xs_new = np.real(np.dot(Xs, A_coral))
14      return Xs_new
```

由于经过 CORAL 变换后，新的特征需要构建额外分类器才能完成迁移。因此，我们使用 scikit-learn 库构建一个 KNN 分类器计算目标域的标签及准确率。这可以通过一个 fit-transform 函数来实现。此函数包含上述的 CORAL 核心函数 fit，相关代码如下。

CORAL 方法的实现

```
1
2   def fit_predict(self, Xs, Ys, Xt, Yt):
3       '''
4       Perform CORAL, then predict using 1NN classifier
5       :param Xs: ns * n_feature, source feature
6       :param Ys: ns * 1, source label
7       :param Xt: nt * n_feature, target feature
8       :param Yt: nt * 1, target label
9       :return: Accuracy and predicted labels of target domain
10      '''
11      Xs_new = self.fit(Xs, Xt)
12      clf = sklearn.neighbors.KNeighborsClassifier(n_neighbors=1)
13      clf.fit(Xs_new, Ys.ravel())
14      y_pred = clf.predict(Xt)
15      acc = sklearn.metrics.accuracy_score(Yt, y_pred)
16      return acc, y_pred
```

为方便调用，我们将 CORAL 的相关函数封装为一个类（class），完整的代码如下。

CORAL 方法的完整实现

```
import numpy as np
import scipy.io
import scipy.linalg
import sklearn.metrics
import sklearn.neighbors


class CORAL:
    def __init__(self):
        super(CORAL, self).__init__()

    def fit(self, Xs, Xt):
        '''
        Perform CORAL on the source domain features
        :param Xs: ns * n_feature, source feature
        :param Xt: nt * n_feature, target feature
        :return: New source domain features
        '''
        cov_src = np.cov(Xs.T) + np.eye(Xs.shape[1])
        cov_tar = np.cov(Xt.T) + np.eye(Xt.shape[1])
        A_coral = np.dot(scipy.linalg.fractional_matrix_power(cov_src, -0.5),
                         scipy.linalg.fractional_matrix_power(cov_tar, 0.5))
        Xs_new = np.real(np.dot(Xs, A_coral))
        return Xs_new

    def fit_predict(self, Xs, Ys, Xt, Yt):
        '''
        Perform CORAL, then predict using 1NN classifier
        :param Xs: ns * n_feature, source feature
        :param Ys: ns * 1, source label
        :param Xt: nt * n_feature, target feature
        :param Yt: nt * 1, target label
        :return: Accuracy and predicted labels of target domain
        '''
        Xs_new = self.fit(Xs, Xt)
        clf = sklearn.neighbors.KNeighborsClassifier(n_neighbors=1)
        clf.fit(Xs_new, Ys.ravel())
        y_pred = clf.predict(Xt)
```

```
39        acc = sklearn.metrics.accuracy_score(Yt, y_pred)
40        return acc, y_pred
```

为与 TCA 对比，我们仍然采用 ResNet-50 预训练过的数据作为 CORAL 方法的输入。运行结束后，我们观察到 CORAL 方法在 Office-31 的 amazon 到 webcam 迁移任务上可以取得 76.3% 的结果，好于前面介绍的 TCA 方法。

7.6　小结

本章从几何的角度分别介绍了基于子空间对齐、流形学习、最优传输的迁移学习方法。几何表征也是机器学习中重要的研究方向之一。值得注意的是，在实际应用中，本章所介绍的方法常常可以与基于统计距离的方法结合，强化迁移学习的效果。

8 预训练方法

本章介绍第三类迁移方法：预训练方法，即基于模型的迁移方法。从本章开始，我们正式进入深度迁移学习的领域。由于预训练方法比第 9 章介绍的深度迁移学习方法更独特，因此我们将分别介绍。本章所述的预训练方法，指的是首先在大数据集上训练得到一个具有强泛化能力的模型（预训练模型），然后在下游任务上进行微调的过程。第 9 章的深度迁移学习方法则侧重于在预训练的基础上设计更好的网络结构、损失函数等，从而更好地迁移。因此，读者可将本章视为第 9 章的基础。

本章首先介绍预训练方法的可行性，即 8.1 节介绍的"深度网络的可迁移性"，从理论和实验中给出预训练得以实施的保证，8.2 节介绍预训练方法的基本过程即"如何预训练"，8.3 节阐述预训练模型所带来的好处，即"为什么要使用预训练模型"，8.4 节和 8.5 节介绍预训练模型的技巧和扩展方法，在 8.6 节的上手实践后，我们在 8.7 节中总结本章内容。

8.1 深度网络的可迁移性

随着 AlexNet [Krizhevsky et al., 2012] 在 2012 年的 ImageNet 大赛上获得冠军，深度学习开始在机器学习的研究和应用领域大放异彩。更深的网络带来了更好的特征表达和最终学习效果。但是网络到了一定深度时，由于梯度消失的问题，其训练变得异常困难。直到 2015 年，时任微软亚洲研究院研究员的何恺明等人提出了深度残差网络 ResNet [He et al., 2016b]，巧妙地通过残差结构消除网络变深之后的梯度消失问题，使得更深的深度网络成为了可能。

到了今天，如果要给从来没学过深度学习的同学们解释什么是神经网络，我们多半会说："神经网络就是一层一层叠加起来的计算结构"。

事实上我们也是这么做的。通过设计不同深度的网络，通常能得到比传统方法更好的特征和学习结果。

深度网络的层次性结构给模型的可解释性带来了困难。于是很自然地，研究者们开始关注深度神经网络的可解释性，直到今天演变为了可解释性机器学习 [Chen et al., 2019a] 等热门的研究课题。研究者们通过对网络不同层的激活值（Activation）进行可视化，来探索不同层次的深度网络神经元中蕴含的信息，以进一步帮助解释深度网络。

深度神经网络从特征提取到分类的简单示例如图 8.1 所示。假设一个网络的输入是一只可爱的狗。随着网络前向传播（Forward Propagation）的进行，在最初的几层，网络只能检测到一些有关动物边边角角的低级特征，我们根本无法凭借这些特征联想到狗；接着，到了中间的层，网络可能会检测到一些线条和圆形，比边角（粗略）特征更加明显，但仍然不够用来让网络准确识别为狗；然后，网络可以检测到有狗的区域；最后，在网络的较深层，网络能够提炼代表狗的明显高级特征，如腿、脸等等。

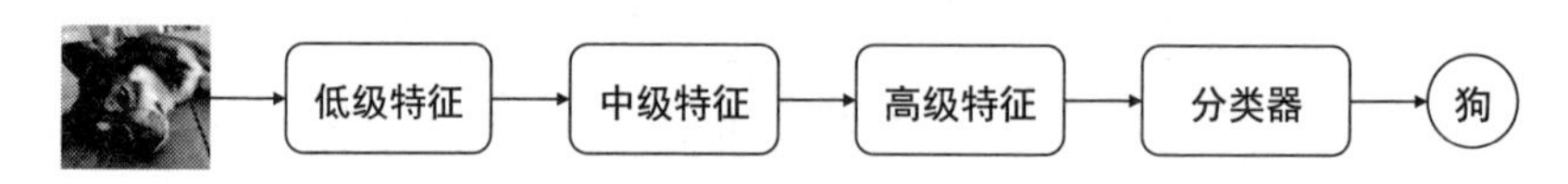

图 8.1 深度神经网络从特征提取到分类的简单示例

那么，上述的观察表达了什么信息？我们又能否基于上述观察来进行深度网络的迁移？

一种被广泛接受的解释如下。对于神经网络而言，其浅层负责学习通用的特征（General features，在图 8.1 中则为边角等低级特征），而其深层则负责学习与任务相关的特殊特征（Specific features，在图 8.1 中则为腿、脸等中高级特征）。随着层次的加深，网络渐渐从通用特征过渡到特殊特征的学习表征。

这个解释非常直观，也易于理解。

这意味着：如果能准确地知道一个网络中哪些层负责学习通用的特征、哪些层负责学习特殊的特征，那么就能够更清晰地利用这些层来进行迁移学习。由于通用的特征并不局限于特定的任务，因此具有一定的任务无关性。例如，在上面的例子中，拥有边角特征的不只是狗，猫也具有类似的特征，那么可以将训练好的狗分类器的这些层迁移到猫分类的网络上，从而减少网络的训练参数量。

核心问题转化为：如何确定一个网络中哪些层负责学习通用特征、哪些层负责学习特殊特征。

这个问题对于理解神经网络以及深度迁移学习都有着非常重要的意义。

来自康奈尔大学的 Jason Yosinski 等人 [Yosinski et al., 2014] 率先进行了深度神经网络可迁移性的研究，其成果发表在 2014 年机器学习领域顶级会议 NIPS 上并做了口头汇报。该论文是一篇探究神经网络可迁移性的实验文章，对于设计神经网络的迁移学习具有重大的参考价值。时至今日，该论文在谷歌学术上的被引次数已达数千次。

该论文围绕 ImageNet 数据集展开了详尽的实验。作者把 1000 类数据分成两份（A 和 B），每份包含 500 个类别。然后，基于 Caffe 深度学习框架 [Jia et al., 2014b] 分别对 A 和 B 训练了一个 AlexNet 网络 [Krizhevsky et al., 2012]。AlexNet 网络一共包括 8 层，除第 8 层为分类层无法迁移外，作者从第 1 层到第 7 层逐层进行微调实验，探索网络的可迁移性。

为了更好地说明微调的结果，作者提出了一对有趣的概念：AnB 和 BnB。并在其基础上提出了 AnB+ 和 BnB+ 的概念。其中：

- AnB 用来测试网络 A 的前 n 层参数迁移到网络 B 上的表现。首先，获取训练好的 A 网络的前 n 层参数，并将这前 n 层的网络参数赋值到 B 网络相应的层上。然后在 B 网络上，这些层的参数保持不变（冻结，在训练时不更新梯度），而 B 网络余下的 $8-n$ 层则随机初始化，正常训练。
- BnB 用来测试网络 B 本身的性能。具体而言，对训练好的 B 网络的前 n 层做冻结操作，剩下的 $8-n$ 层随机初始化，然后对 B 进行分类。
- AnB+ 和 BnB+ 表示对应的操作完成后，继续进行微调。

对 BnB 而言，原训练好的 B 模型的前 3 层直接拿来就可以用，而不会对模型精度有什么损失。到了第 4 层和第 5 层，精度略有下降，不过还可以接受。然而到了第 6 层和第 7 层，精度居然奇迹般地回升了！这是为什么？原因如下：对于一开始精度下降的第 4 层和第 5 层来说，确实是到了这一步，特征越来越具有特异性，所以下降了。那对于第 6 层和第 7 层为什么精度又不变了？那是因为，整个网络就 8 层，我们固定了第 6 层和第 7 层，这个网络还能学什么呢？所以很自然地，精度和原来的 B 网络几乎一致！

对 BnB+ 来说，结果基本上都保持不变。说明微调对模型结果有着很好的促进作用！

我们重点关注 AnB 和 AnB+。对 AnB 来说，直接将 A 网络的前 3 层迁移到 B，貌似不会有什么影响，再一次说明，网络的前 3 层学到的几乎都是通用特征。往后，到了第 4 层和第 5 层时，精度开始下降，这可能是由于特征不够通用了。

再看 AnB+。加入了微调以后，AnB+ 的表现达到了最好。这说明：预训练–微调的模式对于深度迁移有着非常好的促进作用！随着可迁移层数的增加，模型性能下降。但是，前 3 层仍然还是可以迁移的！同时，与随机初始化所有权重比较，迁移学习的精度得到了保证。

2020 年的 NeurIPS 会议上，来自 Google Brain 的研究人员给出类似的结论 [Neyshabur et al., 2020]，研究人员对 DomainNet 数据集的若干下游任务进行了详细的预训练–微调实验。这些实验指出，神经网络的低层通常提取一些通用特征，高层则提取对任务有强相关性的特征。更进一步，研究人员指出领域的相似性对迁移学习性能的上限有着重要作用：即数据集之间越相似，迁移的效果就越好。

总结来看，对深度网络可迁移性现在有以下结论：

- 神经网络的前几层基本都是通用特征，迁移的效果会比较好；
- 深度迁移网络中加入微调，效果提升比较大，可能会比原网络效果还好；
- 微调可以比较好地克服数据之间的差异性；
- 深度迁移网络要比随机初始化权重效果好；
- 网络层数的迁移可以加速网络的学习和优化。

8.2 预训练–微调

基于模型的迁移方法（Parameter/Model Based Transfer Learning）是指从源域和目标域中找到它们之间共享的参数信息，以实现迁移的方法。这种迁移方式的假设条件是：*源域中的数据与目标域中的数据可以共享一些模型的参数*。图 8.2 形象地表示了基于模型的迁移学习方法的基本思想。

不同于本书介绍的大多数领域自适应任务（Domain Adaptation）要求源域和目标域的类别要一致，预训练–微调并**不要求**两个领域的类别空间一致。事实

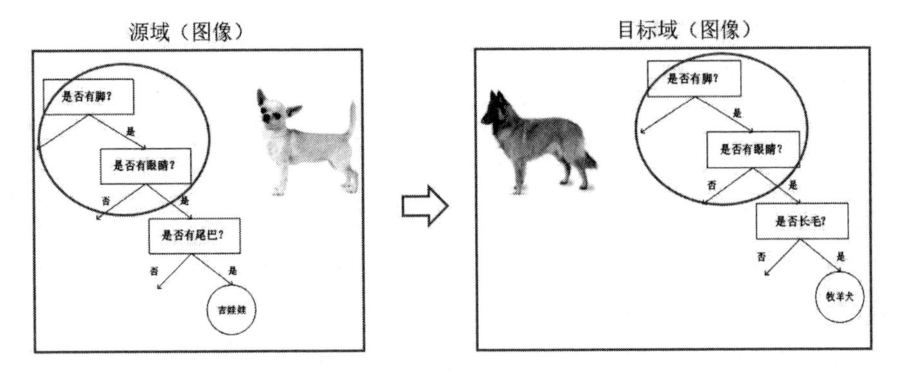

图 8.2 基于模型的迁移学习方法

上，绝大多数预训练的应用中，两个领域的类别空间均不一致。我们需要针对性地调整预测函数，最大限度地利用预训练好的网络。

其中，中科院计算所的 Zhao 等人 [Zhao et al., 2011] 提出了 TransEMDT 方法。该方法首先针对已有标记的数据，利用决策树构建鲁棒性的行为识别模型，然后针对无标记数据，利用 K-Means 聚类方法寻找最优化的标记参数。[Pan et al., 2008] 利用 HMM，针对 WiFi 室内定位在不同设备、不同时间和不同空间下动态变化的特点，进行不同分布下的室内定位研究。另一部分研究人员对支持向量机 SVM 进行了研究 [Nater et al., 2011, Li et al., 2012]。这些方法假定 SVM 中的权重向量 $\boldsymbol{w}$ 可以分成两个部分：$\boldsymbol{w} = \boldsymbol{w}_0 + \boldsymbol{v}$，其中 $\boldsymbol{w}_0$ 代表源域和目标域的共享部分，$\boldsymbol{v}$ 代表了对于不同领域的特定处理。近几年的一些深度迁移方法 [Long et al., 2015, Tzeng et al., 2014, Yu et al., 2019a, Wang et al., 2020] 修改了深度网络结构，通过在网络中加入概率分布适配层，进一步提高了深度迁移学习网络对于大数据的泛化能力。

通过对现有工作的调研可以发现，目前绝大多数基于模型的迁移学习方法都与深度神经网络相结合。这些方法对现有的一些神经网络结构进行修改，在网络中加入领域适配层，然后联合训练。因此，这些方法也可以看成基于模型、特征的方法的结合。

在实际的应用中，我们通常不会针对一个新任务从头开始训练一个神经网络。这样的操作显然是非常耗时的。尤其是，我们的训练数据不可能像 ImageNet 那么大，可以训练出泛化能力足够强的深度神经网络。即使有如此之多的训练数据，从头开始训练的代价也是不可承受的。

那么怎么办呢？迁移学习告诉我们，利用之前已经训练好的模型，将它很好地迁移到自己的任务上即可。

1. 为什么需要微调

因为别人训练好的模型，可能并不完全适用于自己的任务。可能别人的训练数据和我们的数据不服从同一个分布；可能别人的网络能做比我们的任务更多的事情；可能别人的网络比较复杂，我们的任务比较简单。

举一个例子，假如想训练一个猫狗图像二分类的神经网络，那么很有参考价值的就是在 CIFAR-100 上训练好的神经网络。但是 CIFAR-100 有 100 个类别，我们只需要 2 个类别。此时，就需要针对自己的任务，固定原始网络的相关层，修改网络的输出层，以使结果更符合我们的需要。

图 8.3 展示了一个简单的预训练–微调过程。从图中可以看到，我们采用的预训练好的网络非常复杂，如果直接拿来从头开始训练，则时间成本会非常高昂。我们可以将此网络进行改造，固定前面若干层的参数，只针对自己的任务，微调后面若干层。这样会极大地加快网络训练速度，而且对提高我们任务的表现也具有很大的促进作用。

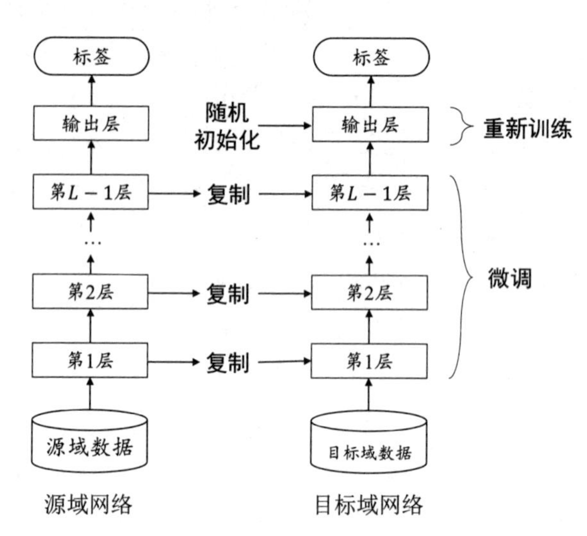

图 8.3 一个简单的预训练–微调过程

综上，微调的优势是显然的，包括：

- 不需要针对新任务从头开始训练网络，节省了时间成本；
- 预训练好的模型通常都是在大数据集上进行的，无形中扩充了我们的训练数据，使得模型更鲁棒、泛化能力更好；

- 微调实现简单，使我们只关注自己的任务即可。

2. 预训练–微调的扩展

在实际应用中，通常几乎没有人会针对自己的新任务从头开始训练一个神经网络。微调是一个理想的选择。

预训练并不只是针对深度神经网络有促进作用，对传统的非深度学习也有很好的效果。例如，预训练–微调对传统的人工提取特征方法就进行了很好的替代。我们可以使用深度网络对原始数据进行训练，依赖网络提取出更丰富更有表现力的特征。然后，将这些特征作为传统机器学习方法的输入。这样的好处是显然的：既避免了繁复的手工特征提取，又能自动地提取出更有表现力的特征。

比如，图像领域的研究一直是以 SIFT、SURF 等传统特征为依据的，直到 2014 年，伯克利的研究人员提出了 DeCAF 特征提取方法 [Donahue et al., 2014]，直接使用深度卷积神经网络进行特征提取。实验结果表明，该特征提取方法和传统的图像特征相比，在精度上有着无可匹敌的优势。另外，也有研究人员用卷积神经网络提取的特征作为 SVM 分类器的输入 [Razavian et al., 2014]，显著提升了图像分类的精度。

我们将在 8.5 节详细介绍预训练–微调模式的更多用法。

8.3 预训练方法的有效性分析

一些学者着眼于重新思考预训练模型的有效性。何恺明等人发表于 ICCV 2019 的工作 [He et al., 2019a] 就对计算机视觉领域的 ImageNet 预训练进行了大量的实验。他们通过实验得到结论：在相同的任务上，预训练模型比从头开始训练（Train from scratch）大大缩短了训练时间，加快了训练的收敛速度。在结果的提升上，他们的结论是，预训练模型只会对最终的结果有着微小的提升。

另一项工作 [Kornblith et al., 2019] 则深入思考了预训练模型对于迁移任务的作用。作者得出以下结论：

- 在大型数据集（如 ImageNet）上，预训练的性能决定了下游迁移任务的下限，也就是说预训练模型可以作为后续任务的基准模型。

- 在细粒度（Fine-grained）任务上，预训练模型并不能显著提高最终的结果。
- 与随机初始化相比，当训练数据集显著增加时，预训练带来的提升会越来越小。也就是说，当训练数据较少时，预训练能够带来较为显著的性能提升。

另一些学者则在模型的鲁棒性等方面继续探索预训练模型带来的提升。[Hendrycks et al., 2019] 做了一系列预训练模型的实验，最终得出预训练模型可以提高模型的鲁棒性的结论：

- 对于标签损坏（Label Corruption）的情况，也就是噪声数据，预训练模型可以提高最终结果的 AUC；
- 对于类别不均衡任务，预训练模型提高了最终结果的准确性；
- 对于对抗扰动（Adversarial Pertubation）的情况，预训练模型可以提高最终结果的准确性；
- 对于不同分布的数据（Out-of-distribution），预训练模型带来了巨大的效果提升；
- 对于校准（Calibration）任务，预训练模型同样能提升结果置信度。

8.4 自适应的预训练方法

一直以来，深度网络都是对迁移学习最为友好的学习架构。从最简单的微调开始，过渡到用深度网络提取特征，并在倒数第二层加入可学习的距离，再到通过领域对抗的思想学习隐式分布距离，深度迁移学习方法大行其道，在诸多图像分类、分割检测等任务上取得了不错的效果，几乎每周都有新的以 domain adaptation 为关键词的论文出现在 arXiv 上，不断刷新着几个公开数据集的精度。

纵观这些方法的思路，大多逃脱不开一个固有的模式：源域和目标域的网络架构完全相同，固定前若干层，微调高层或在高层中加入分布适配距离。然而，在迁移模型变得越来越臃肿、特定数据集精度不断攀升的同时，极少有人想过这样一个问题：

这种预训练–微调的模式是否是唯一的迁移方法？如果 2 个网络结构不同（比如一个是 ResNet，另一个是 VGG），则上述模式直接失效，此时如何迁移？

这一思路可具体表述为 2 点：迁移什么和何处迁移。

迁移什么部分解决网络的可迁移性：源域中哪些层可以迁移到目标域的哪些层；何处迁移部分解决网络迁移多少：源域中哪些层的知识，迁移多少给目标域的哪些层。简单来说就是：学习源域网络中哪些层的知识可以迁移多少给目标域的哪些层。

2019 年数据挖掘领域权威会议 PAKDD 的最佳论文颁给了迁移学习相关的研究 *Parameter transfer unit for deep neural networks* [Zhang et al., 2018]。该研究通过对 CNN 和 RNN 网络用于迁移学习时，每层的神经元的固定、微调、随机初始化三种状态的细粒度分析，让我们在使用预训练模型时更加有法可依。

在 2019 年的机器学习顶级会议 ICML 上，来自韩国的学者进一步深入研究了这种迁移方法 [Jang et al., 2019]。此方法将 $\boldsymbol{x}, y$ 分别作为网络的输入和输出。该工作与我们在第 3 章介绍的迁移学习三大基本问题一致：如何让深度网络自己学会在何时、何处迁移？由于该方法基于预训练机制进行迁移，因此，其主要关注点便是“何时”“何处”迁移。

令 $S^m(\boldsymbol{x})$ 表示预训练好的源域网络中的第 m 层的特征表达，T_θ 为目标域的待学习网络。则 $T_\theta^n(\boldsymbol{x})$ 表示目标域网络中第 n 层的特征表达，其中 θ 是待学习参数集合。其学习目标可以形式化为

$$\|r_\theta\left(T_\theta^n(\boldsymbol{x})\right) - S^m(\boldsymbol{x})\|_2^2, \tag{8.4.1}$$

其中 r_θ 是一个线性变换。简单来说，公式 (8.4.1) 表示我们如何对源域的第 m 层和第 n 层进行迁移、迁移多少等信息。

为解决上述挑战，该方法构建了 2 个权重矩阵，设计一个元学习（具体介绍见第 13 章）网络来学习这 2 个矩阵。

考虑到源域中的所有层特征并不都对目标任务有促进作用，因此，该方法对于图像中的通道（channel）的重要性设计了一个权重学习模式：

$$\mathcal{L}_{\text{channel}}^{m,n}\left(\theta|\boldsymbol{x}, w^{m,n}\right) = \frac{1}{HW}\sum_c w_{\text{c}}^{m,n}\sum_{i,j}\left(r_\theta\left(T_\theta^n(\boldsymbol{x})\right)_{c,i,j} - S^m(\boldsymbol{x})_{c,i,j}\right)^2, \tag{8.4.2}$$

其中的 $H \times W$ 为一个通道下的特征大小，$w_c^{m,n}$ 为待学习权重，显然 $\sum_c w_c^{m,n} = 1$。

下一步解决的是源网络中的第 m 层迁移到目标网络的第 n 层时，是否可行？目前来说，已有工作利用的都是人工实验的方式，通过实验来判定到底可不可以迁移，显然这没有任何保证。

该方法设计了一个权重矩阵 $\boldsymbol{\lambda}^{m,n} > 0$ 来表示源域中第 m 层对于目标域中第 n 层的可迁移指标。作者将其参数化为一个待学习网络：

$$\boldsymbol{\lambda}^{m,n} = g_\phi^{m,n}\left(S^m(\boldsymbol{x})\right). \tag{8.4.3}$$

将两部分综合起来，便得到了可迁移部分的损失：

$$\mathcal{L}_{\text{channel}}(\theta|\boldsymbol{x}, \phi) = \sum_{(m,n)\in\mathcal{C}} \boldsymbol{\lambda}^{m,n} \mathcal{L}_{\text{channel}}^{m,n}\left(\theta|\boldsymbol{x}, w^{m,n}\right). \tag{8.4.4}$$

将上述损失与网络的交叉熵损失结合，构成网络整体训练的损失：

$$\mathcal{L}_{\text{total}}\left(\theta|\boldsymbol{x}, y, \phi\right) = \mathcal{L}_{\text{ce}}(\theta|\boldsymbol{x}, y) + \beta\mathcal{L}_{\text{channel}}\left(\theta|\boldsymbol{x}, \phi\right), \tag{8.4.5}$$

其中 $\beta > 0$ 为可调参数。在实验中，该方法设计了 3 种迁移策略：

- Single：将源域中的最后一个特征层迁移到目标域的某一层；
- One-to-one：源域中每个池化层的前一层分别迁移到目标域的某些层；
- All-to-all：源域中的第 n 层迁移到目标域的第 m 层。

该方法分别以 TinyImageNet 和 ImageNet 作为源域，剩下的数据集作为目标域，进行迁移学习，并与一些最新的方法进行对比，达到了良好的性能。

关于预训练网络的研究还有很多，如 [Wan et al., 2019, Li et al., 2019c] 等分别从正则化的角度对预训练–微调的模式进行了提升，获得了很好的效果。

8.5 重新思考预训练模型的使用

预训练模型已经在计算机视觉、自然语言处理等任务上得到了广泛的应用。本节重新思考预训练模型的应用。预训练模型可以获得大量任务的通用表现特征，那么能否直接将预训练模型作为**特征提取器**，从新任务中提取特征，从而可以进行后续的迁移学习呢？这种方法类似于从一个强大的模型中提取特征表达嵌入（Embedding），继而利用这些特征开展进一步的工作。

例如，计算机视觉中著名的 DeCAF 方法就为视觉任务提供了一种从预训练模型中提取高级特征的通用方法 [Donahue et al., 2014]。在小样本学习中，特征嵌入 + 模型构建的两阶段方法在近年来取得了不错的效果 [Tian et al., 2020, Chen et al., 2019e]。这促使我们重新思考预训练模型的使用方法：如果将从源域数据中学到的模型在目标域上直接提取特征，然后利用源域和目标域的特征构建模型，能否取得更好的效果？

笔者在 2019 年提出了类似的想法并加以验证，提出了一种叫做 **EasyTL**（Easy Transfer Learning）[Wang et al., 2019d] 的迁移方法。该方法首先利用在有标记源域数据上微调的预训练模型分别在源域和目标域上提取有表现力的高阶特征，然后基于这些提取好的特征进行后续的特征变换和简单的分类器构建。令人欣喜的是，尽管 EasyTL 方法并未涉及相对重量级的深度迁移策略，却在当时取得了很好的效果。例如，EasyTL 方法采用基于 ImageNet 数据集预训练的 ResNet-50 网络进行特征提取，取得了比绝大多数基于 ResNet 进行深度迁移的方法更好的效果，如图 8.4 所示。

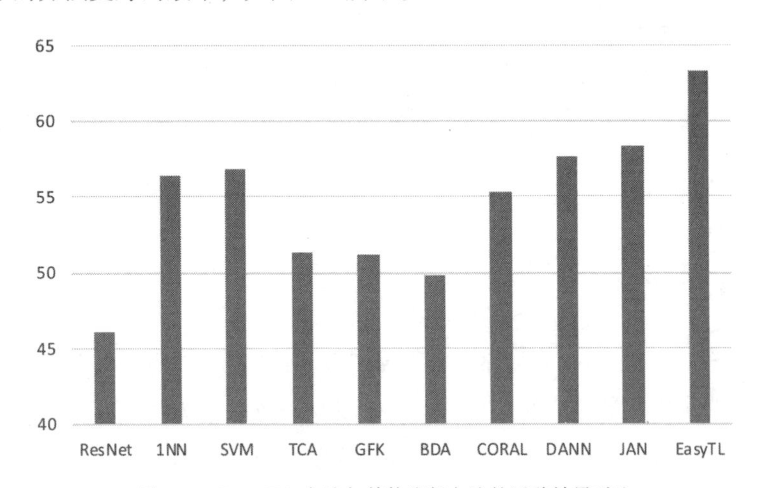

图 8.4　EasyTL 方法与其他流行方法的迁移效果对比

基于 [Wang et al., 2019d]，我们给出深度学习中可能的预训练模型的应用方法：

1. 用法 1：预训练网络直接应用于新任务；
2. 用法 2：预训练加微调，这也是被广泛接受的用法；

3. 用法 3：预训练网络充当新任务的特征提取器，例如 DeCAF [Donahue et al., 2014] 等；
4. 用法 4：预训练提取特征加分类器构建，这直接受 [Wang et al., 2019d] 启发，专注于利用高阶特征来构建后续的分类器。

这四种方法由易到难，逐层深入，为正确使用预训练模型提供了思路。特别地，预训练提取特征加分类器构建方法的主要过程如下：

1. 在一个大数据集上得到预训练模型，如 ImageNet 上预训练过的 ResNet-50 模型，称之为 $\mathcal{M}$；
2. 将 $\mathcal{M}$ 在有标记的源域数据上做微调，记收敛后的模型为 $\mathcal{M}'$；
3. 固定 $\mathcal{M}'$ 的权重，利用 $\mathcal{M}'$ 分别在源域和目标域数据上提取特征，记为 Φ_{s} 和 Φ_{t}；
4. 得到预训练提取的特征 Φ_{s} 和 Φ_{t} 后，便可专注对其进行后续处理，如迁移特征变换和分类器构建等。

这种新的预训练模型的使用方法，为更多的迁移学习应用提供了可能。例如，在一些资源受限的小设备上，我们无法使用深度学习方法进行反向传播训练。此时，类似于 EasyTL 的这种巧妙使用预训练模型的方法则可以被很好地使用。

8.6 上手实践

本节我们用 PyTorch 实现一个深度网络的预训练–微调。PyTorch 是一个较为流行的深度学习工具包，由 Facebook 开发并在 GitHub [1] 上开源。

Finetune 指的是用训练好的深度网络在新的目标域上进行微调。因此，我们假定读者具有基本的 PyTorch 知识，直接给出微调的代码。完整的代码可以在这里 [2] 找到。

我们定义一个名为 finetune 的函数，它接受一个已有模型作为输入，从目标数据中微调，输出最好的模型及结果。其代码如下：

1 请见链接 8-1。

2 请见链接 8-2。

深度网络的预训练-微调代码实现

```
1
2 def finetune(model, dataloaders, optimizer):
3     since = time.time()
4     best_acc = 0
5     criterion = nn.CrossEntropyLoss()
6     stop = 0
7     for epoch in range(1, args.n_epoch + 1):
8         stop += 1
9         # You can uncomment this line for scheduling learning rate
10        # lr_schedule(optimizer, epoch)
11        for phase in ['src', 'val', 'tar']:
12            if phase == 'src':
13                model.train()
14            else:
15                model.eval()
16            total_loss, correct = 0, 0
17            for inputs, labels in dataloaders[phase]:
18                inputs, labels = inputs.to(DEVICE), labels.to(DEVICE)
19                optimizer.zero_grad()
20                with torch.set_grad_enabled(phase == 'src'):
21                    outputs = model(inputs)
22                    loss = criterion(outputs, labels)
23                preds = torch.max(outputs, 1)[1]
24                if phase == 'src':
25                    loss.backward()
26                    optimizer.step()
27                total_loss += loss.item() * inputs.size(0)
28                correct += torch.sum(preds == labels.data)
29            epoch_loss = total_loss / len(dataloaders[phase].dataset)
30            epoch_acc = correct.double() / len(dataloaders[phase].dataset)
31            print(f'Epoch: [{epoch:02d}/{args.n_epoch:02d}]---{phase}, loss:
                  {epoch_loss:.6f}, acc: {epoch_acc:.4f}')
32            if phase == 'val' and epoch_acc > best_acc:
33                stop = 0
34                best_acc = epoch_acc
35                torch.save(model.state_dict(), 'model.pkl')
36        if stop >= args.early_stop:
37            break
```

```
38            print()
39        model.load_state_dict(torch.load('model.pkl'))
40        acc_test = test(model, dataloaders['tar'])
41        time_pass = time.time() - since
42        print(f'Training complete in {time_pass // 60:.0f}m {time_pass % 60:.0f}s
              ')
43        return model, acc_test
```

其中，model 可以是由任意深度网络训练好的模型，如 AlexNet、ResNet 等。

图 8.5 展示了代码运行时的输出。由于硬件环境和随机种子设定的不同，深度模型的输出也有所不同。

```
Source: amazon (2253), target: webcam (564), model: resnet
Epoch: [01/100]---src, loss: 3.288254, acc: 0.1767
Epoch: [01/100]---val, loss: 3.017691, acc: 0.3883
Epoch: [01/100]---tar, loss: 3.072211, acc: 0.2767

Epoch: [02/100]---src, loss: 2.785041, acc: 0.5229
Epoch: [02/100]---val, loss: 2.508475, acc: 0.6046
Epoch: [02/100]---tar, loss: 2.564941, acc: 0.5874

Epoch: [03/100]---src, loss: 2.284275, acc: 0.6458
Epoch: [03/100]---val, loss: 2.062327, acc: 0.6543
Epoch: [03/100]---tar, loss: 2.141423, acc: 0.6616

Epoch: [04/100]---src, loss: 1.904959, acc: 0.6764
Epoch: [04/100]---val, loss: 1.719695, acc: 0.6667
Epoch: [04/100]---tar, loss: 1.833852, acc: 0.6642

Epoch: [05/100]---src, loss: 1.616447, acc: 0.7146
Epoch: [05/100]---val, loss: 1.496504, acc: 0.7128
Epoch: [05/100]---tar, loss: 1.607545, acc: 0.6931

Epoch: [06/100]---src, loss: 1.408883, acc: 0.7381
Epoch: [06/100]---val, loss: 1.328991, acc: 0.7252
Epoch: [06/100]---tar, loss: 1.496550, acc: 0.6805
```

图 8.5 预训练–微调网络运行图

图 8.6 展示了代码运行的结果。从中我们可以看到，基于 ResNet-50 网络的预训练–微调在 Office-31 数据集由 amazon 到 webcam 的迁移任务上取得了 72.8% 的精度，大大领先前面介绍的 TCA、KNN 等方法，这表明了深度网络进行预训练的有效性。

另外，有很多任务也需要用深度网络来提取深度特征以便进一步处理，我们也做了实现，代码在脚注的链接[1]中。

1 请见链接 8-3。

```
Training complete in 0m 2s
Best acc: 0.7283018867924528
```

图 8.6　预训练–微调网络运行结果

8.7　小结

预训练方法已经被广泛应用于计算机视觉、自然语言处理、语音识别与合成等领域。例如，在构建图像分类器时，通常会选取在 ImageNet 数据集上预训练过的网络，再在自己的数据上微调；在进行机器翻译或文本摘要时，我们通常会采用 BERT 作为特征提取器，然后在自己的任务上进一步开发。预训练方法概念简单、效果显著，因此得到了诸多青睐。

本章主要从预训练模型的角度介绍了基于模型的迁移学习方法。值得注意的是，深度方法的权重迁移并非是基于模型的迁移方法的唯一形式，在非深度方法中，模型的权重、参数等也可以进行迁移。在前深度学习时代，传统机器学习方法也在模型迁移方法方面做了很好的尝试，有兴趣的读者可以持续关注相关工作。

9 深度迁移学习

随着深度学习方法的大行其道，越来越多的研究人员使用深度神经网络进行迁移学习。对比传统的非深度迁移学习方法，深度迁移学习直接提升了在不同任务上的学习效果。并且，由于深度学习直接学习原始数据，所以其还有两个优势：自动化地提取更具表现力的特征，以及满足了实际应用中端到端（End-to-End）的需求。

图 9.1 展示了近几年的一些代表性方法在两个公开数据集上的平均分类精度（数据集 1 为 Office-Home，数据集 2 为 ImageCLEF-DA）。从图中的结果可以看出，深度迁移学习方法（DAN [Long et al., 2015]、DANN [Ganin and Lempitsky, 2015]、DDAN [Wang et al., 2020]）和传统迁移学习方法（TCA [Pan et al., 2011]、GFK [Gong et al., 2012]、CORAL [Sun et al., 2016a]）相比，在精度上具有无可匹敌的优势。

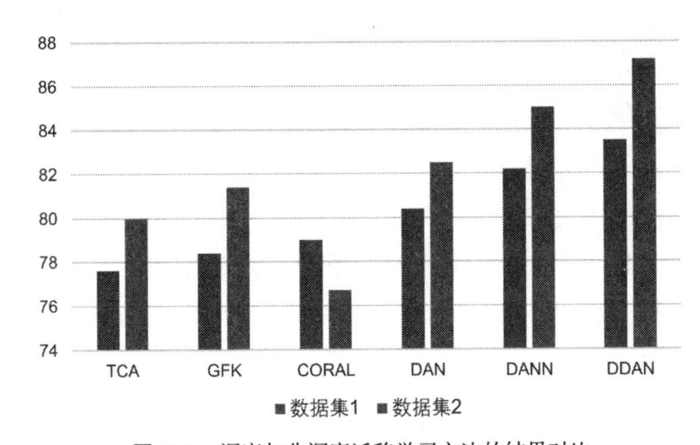

图 9.1 深度与非深度迁移学习方法的结果对比

本书假定读者拥有基本的深度学习知识，因此不再赘述这部分内容。本章介绍深度迁移学习方法的基本思路和代表工作。预训练方法也属于深度迁移方法的一大类，我们在第 8 章中已经专门对其进行过介绍。本章专注于介绍除预训练方法之外的深度迁移方法。

本章内容的组织安排如下。9.1 节阐述基于深度网络进行迁移学习的总体思路，9.2 节讨论深度网络用于迁移学习的经典网络结构，9.3 节介绍基于数据分布自适应的深度迁移学习方法，9.4 节则介绍结构自适应的深度迁移学习方法，9.5 节介绍知识蒸馏方法，9.6 节给出深度迁移学习的上手实践代码，最后，9.7 节对本章内容进行总结。

9.1 总体思路

深度网络的预训练–微调（Pretrain-Finetune）可以节省训练时间，提高学习精度。但是预训练方法有其先天不足：它无法直接处理训练数据和测试数据分布不同的情况，并且，微调时目标域数据需有数据标注。在实际应用中，往往需要对源域和目标域不同的数据分布进行处理。更进一步，当目标域数据完全无标注时，微调便无法直接应用。因此，我们需要更进一步针对深度网络开发出更好的方法更好地完成迁移学习任务。

深度迁移学习的核心问题是研究深度网络的可迁移性，以及如何利用深度网络来完成迁移任务。因此，深度迁移学习的成功，是建立在深度网络强大的表征学习能力之上的。我们在这里有必要声明，深度方法与之前几章介绍过的样本权重自适应和特征变换迁移方法并不是并列的，之前的思路也可以直接用于深度网络的迁移学习中。故而，深度迁移学习也是建立在之前介绍过的迁移思路的基础之上的。

以数据分布自适应方法为参考，许多深度学习方法 [Tzeng et al., 2014, Ganin and Lempitsky, 2015] 都开发出了*自适应层*（Adaptation Layer）来完成源域和目标域数据的自适应。借助于深度网络端到端的学习，这些加入了自适应层的深度迁移方法往往取得了比传统迁移方法更好的效果。

回到公式 (4.3.1) 中迁移学习的统一表征上，在深度学习的情境中，我们可以采用下述的改良版公式（即用批次样本代替所有样本）作为学习目标：

$$f^{\star} = \underset{f \in \mathcal{H}}{\arg\min} \frac{1}{B} \sum_{i=1}^{B} \ell(f(\boldsymbol{x}_i), y_i) + \lambda R(\mathcal{B}_{\mathrm{s}}, \mathcal{B}_{\mathrm{t}}), \tag{9.1.1}$$

其中 B 为深度学习中一个批次（Batch）数据的样本数，$\mathcal{B}_\mathrm{s},\mathcal{B}_\mathrm{t}$ 分别表示源域和目标域一个批次的样本。式中的 λ 是权衡两部分的权重参数。

在优化上述学习目标时，通常采用深度学习中的小批次随机梯度下降（Mini-batch stochastic gradient descent, mini-batch SGD）的方式，则网络对待学习参数的梯度可以被计算为

$$\nabla_\Theta = \frac{\partial \ell(f(\boldsymbol{x}_i), y_i)}{\partial \Theta} + \lambda \frac{\partial R(\mathcal{B}_\mathrm{s}, \mathcal{B}_\mathrm{t})}{\partial \Theta}, \tag{9.1.2}$$

其中 Θ 表示深度网络的待学习参数，例如，权重和偏置是大多数深度网络的待学习参数，则 $\Theta = \{\boldsymbol{W}, \boldsymbol{b}\}$。在实际问题中，需要根据学习目标灵活调整 Θ 的值。

9.2　深度迁移学习的网络结构

一个经典的深度分类网络的结构如图 9.2 所示。输入数据包含 3 个维度，经过两层网络的特征变换，最终被 softmax 层映射为分类结果。

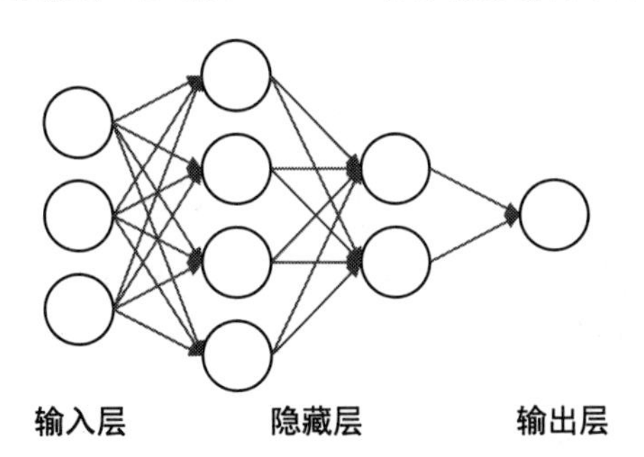

图 9.2　深度分类网络的结构

仔细分析如图 9.2 所示的网络结构，不难发现，该结构几乎难以直接用于迁移学习。原因如下：

1. 该结构所示的输入数据只包含一个来源，如果不添加新的约束，网络本身无法得知输入数据是属于源域还是目标域；
2. 即使清楚输入数据的来源，它也难以满足公式 (9.1.1) 中自适应层的要求，无法计算 $R(\cdot,\cdot)$。

因此，我们需要修改经典的神经网络结构，以开发出适应迁移学习目标要求的网络结构。

9.2.1 单流结构

单流结构指只有一个分支的网络结构，它可以直接用来进行迁移学习。其实，本书在第 8 章的预训练部分曾经介绍过基于预训练–微调的迁移方法。读者不妨细细回想，在预训练这一章中，对下游任务的微调往往只基于下游任务的数据，而我们也不会显式地进行分布对齐等操作，因此，基于预训练–微调的迁移方法只有一个网络分支，即当前微调的主任务。

由于预训练–微调方法只是将预训练好的模型当成一个黑箱使用，一些关键的网络结构信息和可能进行的迁移操作被大大限制。因此，在预训练–微调方法的基础上，Hinton 等人在 2015 年提出了著名的**知识蒸馏**（Knowledge Distillation）方法 [Hinton et al., 2015]。知识蒸馏设计了一种教师–学生（Teacher-Student）网络来进行知识的迁移，可以保证迁移时的网络具有更大的灵活性和更好的效果。我们将在 9.5 节介绍知识蒸馏。尽管知识蒸馏中也存在两个分支的网络，但由于其数据来源通常只包含下游任务的数据，因此也将其归入单流结构中。

9.2.2 双流结构

除单流结构外，更常见和被广泛使用的是双流结构。

不难想象，同时满足上述两个条件的一种网络结构如图 9.3 所示。由于其显式接收源域和目标域两个数据来源，我们称之为双流结构。

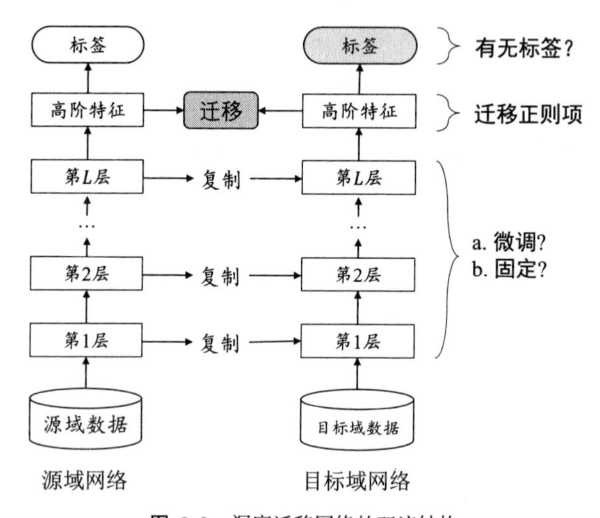

图 9.3 深度迁移网络的双流结构

双流结构，顾名思义，就是由两个分支组成的网络结构。在图 9.3 中，输入包含源域和目标域表示的一个批次样本；然后，经过前 L 层的共享权重层（即源域和目标域这两部分神经元的参数完全共享），进入高级特征层；这些高级特征层是进行迁移学习的核心层，绝大多数的迁移操作发生在这里；最后网络到达输出层，完成一次前向传播（Forward Pass）。

事实上，这个结构可以对应不同的具体配置和操作逻辑。例如，对于前 L 层而言，我们可以选择共享部分层、微调部分层，这也是需要通过探索来完成的，本书在第 8 章介绍预训练时便提到了部分相关工作。此外，绝大多数工作的不同之处在于迁移正则项的设计，这也是不同的深度迁移方法的本质区别。最后，根据目标域数据是否有标签，不同的方法也可以设计出对应的迁移正则项来完成任务。需要特殊说明的是，本书针对目标域数据完全没有标签的情形，这也是其中最难的情形。

在进行反向传播时，网络按照公式 (9.1.2) 进行参数更新。具体而言，网络通过利用源域的真实标签和网络预测标签计算有监督部分的学习损失（例如交叉熵损失），然后利用瓶颈层所计算出的迁移损失，共同优化公式 (9.1.2)。

为什么需要瓶颈层？从理论上说，即使不加入瓶颈层，我们仅计算每一层的迁移损失，网络也能完成迁移。瓶颈层通常是一层网络，其神经元个数少于其接收输入的层，因此瓶颈层往往能获得更为紧致的特征表达，大大提高训练速度。

在实际应用中，我们往往对共享层和迁移层采取不同的学习步长，或者直接冻结（Freeze）共享层，只更新迁移层的参数。这是因为共享层通常提取一些网络的低级特征，这些特征是同一大类任务所共同具备的，因此具有良好的可迁移性，故而将其冻结或采取显著低于迁移层的学习率 [Tzeng et al., 2014, Ganin and Lempitsky, 2015]。

从零开始构建深度网络本身就是一个艰难的任务，毕其功于一役地自行设计网络结构、层数、每层的神经元个数、激活函数等，也是一个尚未有效解决的问题。幸运的是，在一些通用的任务中，我们可以借鉴被广泛证明有效的结构来替换图 9.3 中的网络结构。例如，在 DDC（Deep Domain Confusion）[Tzeng et al., 2014] 中，研究者通过对经典的 AlexNet 网络 [Krizhevsky et al., 2012] 进行重用，进而将其集成到双流结构中，完成了深度迁移。总的来说，在大部分计算机视觉任务中，我们可以采用 LeNet、

AlexNet、ResNet、VGG、DensetNet 等经典网络作为主干网络；在大部分自然语言处理和语音识别任务中，通常采用 RNN/LSTM、Transformer 等经典结构作为主干网络。

9.3 数据分布自适应的深度迁移学习方法

9.3.1 边缘分布自适应

前期的研究者在 2014 年环太平洋人工智能大会（PRICAI）上提出了一个叫做 DaNN（Domain Adaptive Neural Network）的神经网络 [Ghifary et al., 2014]。DaNN 的结构异常简单，它仅由两层神经元组成：特征层和分类器层。作者的创新工作在于，在特征层后加了一项 MMD 适配层，用来计算源域和目标域的距离，并将其加入网络的损失中进行训练。

但是，由于网络太浅，表征能力有限，导致迁移效果受限。因此，后续的大多数研究者探索了在更深的网络上进行迁移的方法。

加州大学伯克利分校的 Tzeng 等人 [Tzeng et al., 2014] 首先提出了一个 **DDC 方法**（Deep Domain Confusion）解决深度网络的自适应问题。DDC 遵循了我们上述讨论过的基本思路，采用了在 ImageNet 数据集上训练好的 AlexNet 网络 [Krizhevsky et al., 2012] 进行自适应学习。DDC 固定了 AlexNet 的前 7 层，在第 8 层（分类器前一层）上加入自适应的度量。自适应度量方法采用了被广泛使用的 MMD 准则。DDC 方法的损失函数表示为

$$\mathcal{L}_{\mathrm{ddc}} = \mathcal{L}_{\mathrm{c}}(\mathcal{D}_{\mathrm{s}}) + \lambda \mathcal{L}_{\mathrm{mmd}}(\mathcal{D}_{\mathrm{s}}, \mathcal{D}_{\mathrm{t}}), \tag{9.3.1}$$

其中 $\mathcal{L}_{\mathrm{c}}$ 为源域上的分类损失，$\mathcal{L}_{\mathrm{mmd}}$ 为源域和目标域数据在特征层上的 MMD 损失，其可以根据 6.2 节的 MMD 计算方式进行计算。上述公式与本书在 4.3 节介绍的迁移学习统一表征也是对应的。

为什么选择了倒数第二层？这是经过了实验验证的，目前并没有明确的理论支持。DDC 方法的作者在文章中提到，他们经过多次实验，在不同的层进行了尝试，最终得出结论，在分类器前一层加入自适应可以达到最好的效果。

这也是与我们的认知相符的。通常来说，分类器前一层即特征，在特征上加入自适应正是迁移学习要完成的工作。清华大学的学者 2015 年提出深度适配网络（Deep Adaptation Networks, DAN）[Long et al., 2015]。该方法同时加入

了三个自适应层（分类器前三层）对特征进行约束，并且采用了多核 MMD 度量（MK-MMD）[Gretton et al., 2012b]（多核的 MMD 在 6.2 节中有过相关介绍）。

9.3.2 条件、联合与动态分布自适应

与非深度迁移学习中的概率分布适配方法一脉相承，近几年，基于条件、联合与动态分布自适应的方法也被一一提出，在端到端的深度网络中，取得了更好的效果。

笔者 2016 年攻读博士学位之时曾提出的分层迁移方法 STL（Stratified Transfer Learning）[Wang et al., 2018a] 实现了条件分布适配的非深度迁移方法。后来，笔者及团队扩展了该方法，提出**深度子领域迁移网络 DSAN**（Deep Subdomain Adaptation Network）[Zhu et al., 2020b]，通过基于概率进行类别匹配的软标签机制展开更灵活的深度迁移。DSAN 方法提出一种局部 MMD 距离（Local MMD）：

$$\hat{d}_{\mathcal{H}}(p,q)=\frac{1}{C}\sum_{c=1}^{C}\left\|\sum_{\boldsymbol{x}_i^{\mathrm{s}}\in\mathcal{D}_{\mathrm{s}}} w_i^{\mathrm{s}c}\phi\left(\boldsymbol{x}_i^{\mathrm{s}}\right)-\sum_{\boldsymbol{x}_j^{\mathrm{t}}\in\mathcal{D}_{\mathrm{t}}} w_j^{\mathrm{t}c}\phi\left(\boldsymbol{x}_j^{\mathrm{t}}\right)\right\|_{\mathcal{H}}^2, \tag{9.3.2}$$

其中的 $\boldsymbol{w}$ 可以被称为类别自适应权重。实际上，$\boldsymbol{w}$ 的定义是非常灵活的，此部分很容易扩展。例如，使用多个相近的类来定义子领域。权重 $\boldsymbol{w}$ 的定义如下：

$$w_i^c=\frac{y_{ic}}{\sum_{(\boldsymbol{x}_j,y_j)\in\mathcal{D}} y_{jc}}. \tag{9.3.3}$$

这里，源域数据使用真实标签，而目标域数据使用网络预测的概率分布。LMMD 的展开式如下：

$$\begin{aligned}\hat{d}_l(p,q)=\tfrac{1}{C}\textstyle\sum_{c=1}^{C}\Big[&\textstyle\sum_{i=1}^{n_{\mathrm{s}}}\sum_{j=1}^{n_n} w_i^{\mathrm{s}c}w_j^{\mathrm{s}c}k\left(\boldsymbol{z}_i^{\mathrm{s}l},\boldsymbol{z}_j^{\mathrm{s}l}\right)\\ &+\textstyle\sum_{i=1}^{n_{\mathrm{t}}}\sum_{j=1}^{n_{\mathrm{t}}} w_i^{\mathrm{t}c}w_j^{\mathrm{t}c}k\left(\boldsymbol{z}_i^{\mathrm{t}l},\boldsymbol{z}_j^{\mathrm{t}l}\right)-2\sum_{i-1}^{n_{\mathrm{s}}}\sum_{j=1}^{n_i} w_i^{\mathrm{s}c}w_j^{\mathrm{t}c}k\left(\boldsymbol{z}_i^{\mathrm{s}l},\boldsymbol{z}_j^{\mathrm{t}l}\right)\Big]\end{aligned} \tag{9.3.4}$$

DSAN 的整体网络结构如图 9.4 所示。网络采用端到端的方式优化如下损失：

$$\min_f \frac{1}{n_{\mathrm{s}}}\sum_{i=1}^{n_{\mathrm{s}}} J\left(f\left(\boldsymbol{x}_i^{\mathrm{s}}\right),y_i^{\mathrm{s}}\right)+\lambda\sum_{l\in L}\hat{d}_l(p,q). \tag{9.3.5}$$

DSAN 方法实现简单，效果出众，在众多数据集上有着不错的表现。

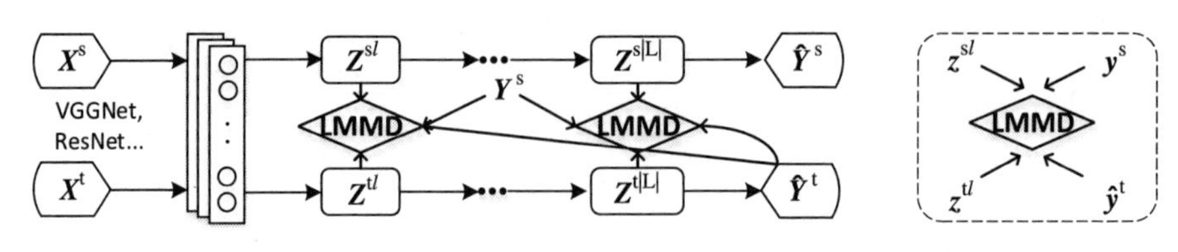

图 9.4 深度子领域迁移网络 DSAN

另一方面，研究者提出了 JAN 方法（Joint Adaptation Network）[Long et al., 2017]，利用多层网络的张量积，定义了联合概率分布在 RKHS 中的嵌入表达。2020 年，笔者团队基于先前提出的**动态分布自适应方法 MEDA** [Wang et al., 2018b]，提出了**深度动态分布自适应网络 DDAN**（Deep Dynamic Adaptation Network）[Wang et al., 2020]，将传统方法扩展到深度学习情景中，取得了有竞争力的效果。DDAN 方法的结构如图 9.5 所示。显然，DDAN 与 DDC 和 JAN 等方法均采取了相同的网络结构信息，通过在特征层嵌入动态适配单元，在不显著增加网络计算开销的基础上，提高了深度迁移学习的效果。

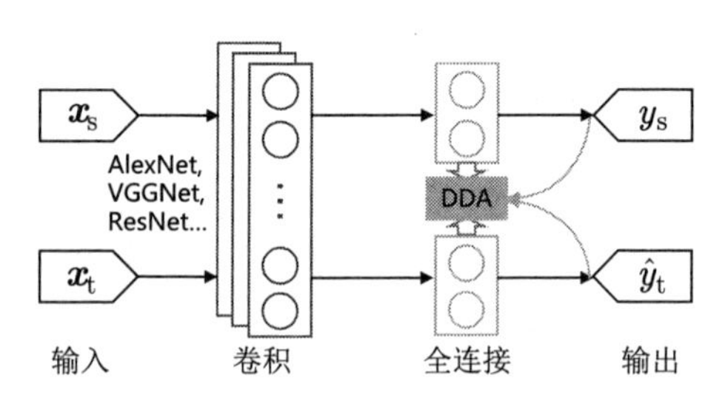

图 9.5 深度动态分布自适应网络 DDAN

9.4 结构自适应的深度迁移学习方法

数据分布的自适应方法通过显式或隐式的方式来减小源域和目标域的数据分布差异，这是一种较为通用的做法，尤其在深度学习中，这类方法大行其道。我们不禁要思考：在深度网络中，难道只有这一种方法做迁移学习吗？

诚然，深度网络可以作为传统方法天然的扩展，但是，深度网络也有其自身的特点。本节将从深度网络的结构方面介绍结构自适应的深度迁移学习方法，换一种视角，如果网络的结构本身就能很好地处理源域和目标域的分布差异，那岂不是比额外的距离度量更为简单易用？

9.4.1 批归一化

批归一化（Batch Normalization, BN）[Ioffe and Szegedy, 2015] 已经被广泛用于深度网络中。BN 在深度网络的每一层里，将输入数据进行归一化，使其变化为 0 均值和 1 方差。这样做的好处是减小一个批次内的数据之间的分布差异，同时可以大大加快网络的收敛速度。

我们令 μ, σ^2 分别表示均值和方差，对于一个批次的数据 $\mathcal{B} = \{(\boldsymbol{x}_i, y_i)\}_{i=1}^m$，BN 的目标是将每一个样本都归一化成如下的形式：

$$\widehat{x}^{(j)} = \frac{x^{(j)} - \mu^{(j)}}{\sqrt{\sigma^2(j) + \epsilon}}, \quad y^{(j)} = \gamma^{(j)}\widehat{x}^{(j)} + \beta^{(j)}, \tag{9.4.1}$$

其中 j 表示通道的下标，ϵ 是一极小值，防止计算爆炸。均值和方差被计算为

$$\mu^{(j)} = \frac{1}{m}\sum_{i=1}^{m} x_i^{(j)}, \quad \sigma^2(j) = \frac{1}{m}\sum_{i=1}^{m}\left(x_i^{(j)} - \mu^{(j)}\right)^2, \tag{9.4.2}$$

其中的 $\beta^{(j)}$ 和 $\gamma^{(j)}$ 是网络可学习的参数。

通过 BN 操作，训练数据可以获得内在的稳定分布，无形中大大减小了彼此之间的分布差异。BN 已成为许多深度学习工具包的默认工具，可以直接调用。

9.4.2 批归一化用于迁移学习

批归一化是针对通用的任务所构建的操作。对于迁移学习任务，BN 并没有能力进行额外的处理。为使得 BN 更适应于迁移学习任务，北京大学的 Haoyang Li 和图森科技的 Naiyan Wang 等人提出了**自适应的批归一化**（Adaptive Batch Normalization, AdaBN）[Li et al., 2018d]。AdaBN 将 BN 扩展到了领域自适应问题中，通过简单有效的统计特征（均值和方差）扩展，实现了高效的迁移学习。AdaBN 的思想相当简单：首先在源域数据上用 BN 操作；然后，在新的领域数据，如目标域上，将网络的 BN 统计量重新计算一遍。AdaBN 相当于在不同的领域均对数据进行了归一化操作，大大减小了数据分布差异，取得了很好的效果。

意大利罗马的学者 Carlucci 等提出了一个自动领域对齐层（Automatic Domain Alignment Layers, AutoDIAL）的方法，[Maria Carlucci et al., 2017] 在思想上与 AdaBN 异曲同工，它通过一个权重系数 α 来控制对齐的效果。

通过巧妙地设计网络结构中的归一化层、dropout 操作、pooling 操作等，均可以达到迁移学习的目的。例如，发表于 2020 年 CVPR 的 *Batch-Nuclear Norm*（BNM）[Cui et al., 2020] 就通过理论推导和分析，发现类别预测的判别性与多样性同时指向批量响应矩阵的核范数，这样可以最大化批量核范数来提高迁移问题中目标域的性能。

9.4.3 基于多表示学习的迁移网络结构

除了巧妙地设计归一化层，研究者们还探索了其他类型的迁移学习网络结构。发表于 2019 年的工作**多表示迁移网络**（Multi-representation Adaptation Network, MRAN）[Zhu et al., 2019b] 就指出：大多数领域自适应的方法使用单一的结构将两个领域的数据提取到同一个特征空间，在这个特征空间下使用不同方式（对抗、MMD 等）衡量两个领域分布的差异，最小化这个分布的差异实现分布对齐（详情请参照我们之前介绍的系列方法）。但是单一结构提取的特征表示通常只能包含部分信息。举个简单的例子，原始图像如图 9.6(a) 所示，通过单一结构提取的特征表示可能仅包含部分信息，比如图 9.6(b) 饱和度，图 9.6(c) 亮度，图 9.6(d) 色调。

(a)原始图像

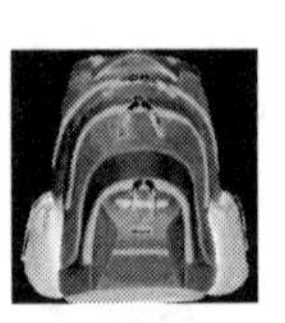
(b)饱和度

(c)亮度

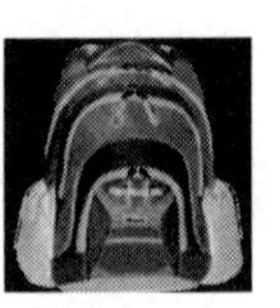
(d)色调

图 9.6 图像的不同特征

从图像中提取的特征通常只包含原始图像的部分信息，所以只在单一结构提取的特征上做特征对齐也只能关注到部分信息。为了更全面地表示原始数据，需要提取多种表示。因此这篇文章提出了多表示的领域自适应，使用一种混合结构，将原始图像提取到不同的特征空间（多种表示），在不同的特征空间分别进行特征对齐。

多表示领域自适应是一种通用的结构，可以使用不同的方法进行特征对齐。[Zhu et al., 2019b] 中使用 CMMD （Center MMD）进行特征对齐，研究者可根据自己的问题设定，灵活修改这一结构。

该方法如图 9.7 所示，框架很简单，通过多个子结构将特征映射到多个特征空间，在多个特征空间中分别进行特征对齐。这里多个子结构可以是不同的结构。

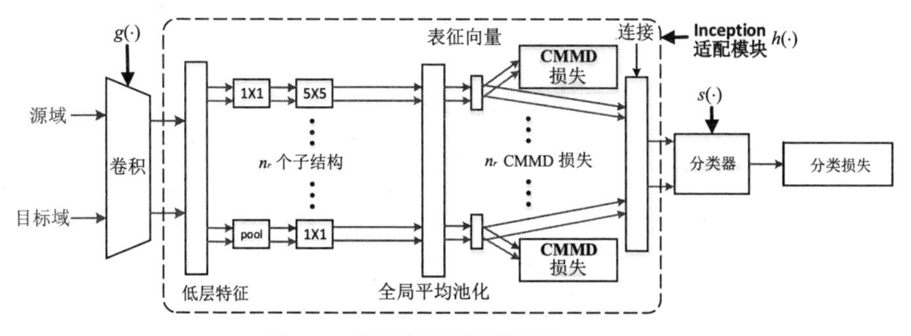

图 9.7　多表示的迁移网络结构 MRAN

CMMD 损失与我们在 6.2 节介绍的类间 MMD 距离计算方式一致：

$$\hat{d}_{\mathcal{H}}(\boldsymbol{X}_{\mathrm{s}},\boldsymbol{X}_{\mathrm{t}})=\frac{1}{C}\sum_{c=1}^{C}\left\|\frac{1}{n_{\mathrm{s}}^{(c)}}\sum_{\boldsymbol{x}_i^{\mathrm{s},(c)}\in\mathcal{D}_{\mathrm{s}}^{(c)}}\phi(\boldsymbol{x}_i^{\mathrm{s},(c)})-\frac{1}{n_{\mathrm{t}}^{(c)}}\sum_{\boldsymbol{x}_j^{\mathrm{t},(c)}\in\mathcal{D}_{\mathrm{t}}^{(c)}}\phi(\boldsymbol{x}_j^{\mathrm{t},(c)})\right\|_{\mathcal{H}}^{2}. \tag{9.4.3}$$

最后的损失函数包含两个部分：一个是分类的损失（交叉熵），另一个是不同表示下的 CMMD 损失之和。可以看到优化目标相比于大多数迁移学习的方法来说是非常简单的，可扩展性也是很强的（CMMD 损失可以替换为任意自适应损失）。

近年来大多数领域自适应的方法都在改进自适应损失函数，比如使用不同的度量函数来衡量分布差异，改进对抗损失等等，很少探索有什么结构是适合迁移的，MRAN 以及本章之前介绍的各种归一化方法提供了一种简单但有效的思路——多表示领域自适应，可以和大多数现有的领域自适应方法结合。期待未来有更多类似的方法可以扩展，取得更好的效果。

9.5　知识蒸馏

知识蒸馏（Knowledge Distillation, KD）是图灵奖获得者、深度学习三巨头之一 Geoferry Hinton [Hinton et al., 2015] 在 2014 年提出的用于知识迁移和深度模型压缩的研究领域。知识蒸馏的原理如图 9.8 所示。其核心观点是，一个训练好的复杂模型（教师网络）中蕴含的知识可以被“提纯（蒸馏）”到另一个小模型中。小模型拥有比大模型更简单的网络结构，同时其预测效果也与大模型相近。因此，知识蒸馏也可以被视为一种模型压缩技术。

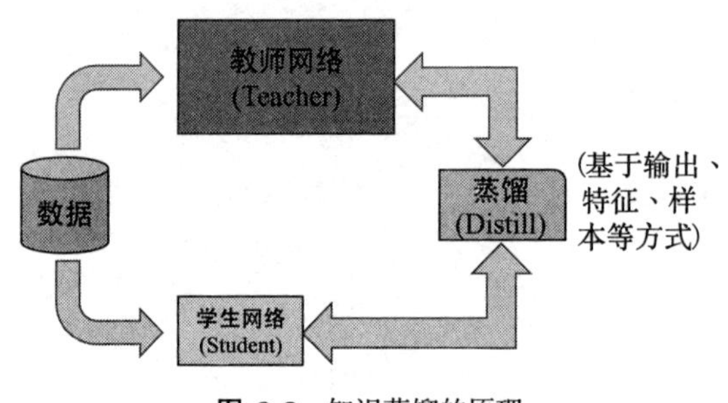

图 9.8 知识蒸馏的原理

知识蒸馏要求首先训练好复杂的教师网络模型，然后训练学生模型，使其预测无限接近教师模型。令 p 和 q 分别表示学生网络和教师网络的预测，则知识蒸馏的学习目标为

$$\mathcal{L}_{\text{distill}} = \mathcal{L}(y, p) + \lambda \mathcal{L}(p, q), \tag{9.5.1}$$

其中 y 是真实样本的标签，$\mathcal{L}(\cdot,\cdot)$ 为损失函数，例如交叉熵。式中第一项表示学生网络的训练误差，第二项则表示学生网络与教师网络输出的接近程度。

直接将网络的输出（即 softmax 后的概率）作为评价标准可能会使得网络的信息由于 softmax 的存在变得难以传递。因此，Hinton 团队提出了带有温度（Temperature）的 softmax 函数：

$$q_i = \frac{\exp(z_i/T)}{\sum_j \exp(z_j/T)}, \tag{9.5.2}$$

其中 z_i 为网络的 logit 输出，T 为温度变量。当 $T=1$ 时，上式等价于原始的 softmax 函数，加入温度 T 使网络的输出结果更为平滑。

知识蒸馏方法的思想简单却非常有效，因此已被广泛地应用于各种任务中。近几年来，许多学者对知识蒸馏进行了不同程度的研究和应用，使其可以被应用于机器翻译 [Zhou et al., 2020a]、自然语言处理 [Hu et al., 2016]、图神经网络 [Yang et al., 2020b]、多任务学习 [Kundu et al., 2019]，以及零次学习（Zero-shot Learning）[Nayak et al., 2019] 等。相关研究成果非常丰富，感兴趣的读者可以追踪相关的综述文章 [Gou et al., 2020]。

9.6 上手实践

我们仍然以 PyTorch 为例，实现深度网络的自适应。具体而言，我们实现经典的 DDC（Deep Domain Confusion）[Tzeng et al., 2014] 方法和 DCORAL（Deep CORAL）[Sun and Saenko, 2016] 方法。完整代码请见这里[1]。

此网络实现的核心是：如何正确计算 DDC 中的 MMD 损失、以及 DCORAL 中的 CORAL 损失，并且与神经网络进行集成。初学者难免有一些困惑：如何输入源域和目标域、如何判断？我们认为此部分应该是深度迁移学习的基础代码，读者应该努力地学习并理解。

9.6.1 网络结构

首先要定义好网络的架构，其应该是来自于已有的网络结构，如 AlexNet 和 ResNet。但不同的是，由于要进行深度迁移适配，因此，输出层要和微调一样，和目标的类别数相同。另外，由于要进行距离的计算，需要加一个瓶颈（bottleneck）层，用来将最高维的特征进行降维，然后进行距离计算。当然，瓶颈层不加亦可。

我们的网络结构如下所示：

深度迁移网络代码实现

```
1  import torch.nn as nn
2  from Coral import CORAL
3  import mmd
4  import backbone
5
6
7  class Transfer_Net(nn.Module):
8      def __init__(self, num_class, base_net='resnet50', transfer_loss='mmd',
           use_bottleneck=True, bottleneck_width=256, width=1024):
9          super(Transfer_Net, self).__init__()
10         self.base_network = backbone.network_dict[base_net]()
11         self.use_bottleneck = use_bottleneck
12         self.transfer_loss = transfer_loss
13         bottleneck_list = [nn.Linear(self.base_network.output_num(
```

1　请见链接 9-1。

```
14          ), bottleneck_width), nn.BatchNorm1d(bottleneck_width), nn.ReLU(), nn
                .Dropout(0.5)]
15          self.bottleneck_layer = nn.Sequential(*bottleneck_list)
16          classifier_layer_list = [nn.Linear(self.base_network.output_num(),
                width), nn.ReLU(), nn.Dropout(0.5),
17                                   nn.Linear(width, num_class)]
18          self.classifier_layer = nn.Sequential(*classifier_layer_list)
19
20          self.bottleneck_layer[0].weight.data.normal_(0, 0.005)
21          self.bottleneck_layer[0].bias.data.fill_(0.1)
22          for i in range(2):
23              self.classifier_layer[i * 3].weight.data.normal_(0, 0.01)
24              self.classifier_layer[i * 3].bias.data.fill_(0.0)
25
26      def forward(self, source, target):
27          source = self.base_network(source)
28          target = self.base_network(target)
29          source_clf = self.classifier_layer(source)
30          if self.use_bottleneck:
31              source = self.bottleneck_layer(source)
32              target = self.bottleneck_layer(target)
33          transfer_loss = self.adapt_loss(source, target, self.transfer_loss)
34          return source_clf, transfer_loss
35
36      def predict(self, x):
37          features = self.base_network(x)
38          clf = self.classifier_layer(features)
39          return clf
40
41      def adapt_loss(self, X, Y, adapt_loss):
42          """Compute adaptation loss, currently we support mmd and coral
43
44          Arguments:
45              X {tensor} -- source matrix
46              Y {tensor} -- target matrix
47              adapt_loss {string} -- loss type, 'mmd' or 'coral'. You can add
                    your own loss
48
49          Returns:
```

```
50            [tensor] -- adaptation loss tensor
51        """
52        if adapt_loss == 'mmd':
53            mmd_loss = mmd.MMD_loss()
54            loss = mmd_loss(X, Y)
55        elif adapt_loss == 'coral':
56            loss = CORAL(X, Y)
57        else:
58            loss = 0
59        return loss
```

其中 Transfer Net 是整个网络的模型定义。它接受的参数有：

- num class: 目标域类别数
- base net: 主干网络，例如 ResNet 等，也可以是自己定义的网络结构
- Transfer loss: 迁移的损失，比如 MMD 和 CORAL，也可以是自己定义的损失
- use bottleneck: 是否使用 bottleneck
- bottleneck width: bottleneck 的宽度
- width: 分类器层的 width

其中的 MMD 和 CORAL 是自己实现的两个 loss，MMD 对应 DDC 方法，CORAL 对应 DCORAL 方法。

9.6.2　损失

我们以经典的 MMD 损失为例列出 MMD 的代码。CORAL 的代码可以在 GitHub 中找到。

MMD 代码实现

```
1  import torch
2  import torch.nn as nn
3  
4  class MMD_loss(nn.Module):
5      def __init__(self, kernel_type='rbf', kernel_mul=2.0, kernel_num=5):
6          super(MMD_loss, self).__init__()
7          self.kernel_num = kernel_num
```

```
8         self.kernel_mul = kernel_mul
9         self.fix_sigma = None
10        self.kernel_type = kernel_type
11
12    def guassian_kernel(self, source, target, kernel_mul=2.0, kernel_num=5,
          fix_sigma=None):
13        n_samples = int(source.size()[0]) + int(target.size()[0])
14        total = torch.cat([source, target], dim=0)
15        total0 = total.unsqueeze(0).expand(
16            int(total.size(0)), int(total.size(0)), int(total.size(1)))
17        total1 = total.unsqueeze(1).expand(
18            int(total.size(0)), int(total.size(0)), int(total.size(1)))
19        L2_distance = ((total0-total1)**2).sum(2)
20        if fix_sigma:
21            bandwidth = fix_sigma
22        else:
23            bandwidth = torch.sum(L2_distance.data) / (n_samples**2-n_samples
                  )
24        bandwidth /= kernel_mul ** (kernel_num // 2)
25        bandwidth_list = [bandwidth * (kernel_mul**i)
26                          for i in range(kernel_num)]
27        kernel_val = [torch.exp(-L2_distance / bandwidth_temp)
28                      for bandwidth_temp in bandwidth_list]
29        return sum(kernel_val)
30
31    def linear_mmd2(self, f_of_X, f_of_Y):
32        loss = 0.0
33        delta = f_of_X.float().mean(0) - f_of_Y.float().mean(0)
34        loss = delta.dot(delta.T)
35        return loss
36    def forward(self, source, target):
37        if self.kernel_type == 'linear':
38            return self.linear_mmd2(source, target)
39        elif self.kernel_type == 'rbf':
40            batch_size = int(source.size()[0])
41            kernels = self.guassian_kernel(
42                source, target, kernel_mul=self.kernel_mul, kernel_num=self.
                      kernel_num, fix_sigma=self.fix_sigma)
43            XX = torch.mean(kernels[:batch_size, :batch_size])
```

```
44          YY = torch.mean(kernels[batch_size:, batch_size:])
45          XY = torch.mean(kernels[:batch_size, batch_size:])
46          YX = torch.mean(kernels[batch_size:, :batch_size])
47          loss = torch.mean(XX + YY - XY - YX)
48          return loss
```

9.6.3 训练

训练时，我们一次输入一个批次的源域和目标域数据。为了方便，我们使用 PyTorch 自带的 dataloader。

深度迁移网络代码实现

```
1  def train(source_loader, target_train_loader, target_test_loader, model,
       optimizer):
2      len_source_loader = len(source_loader)
3      len_target_loader = len(target_train_loader)
4      best_acc = 0
5      stop = 0
6      for e in range(args.n_epoch):
7          stop += 1
8          train_loss_clf = utils.AverageMeter()
9          train_loss_transfer = utils.AverageMeter()
10         train_loss_total = utils.AverageMeter()
11         model.train()
12         iter_source, iter_target = iter(source_loader), iter(
               target_train_loader)
13         n_batch = min(len_source_loader, len_target_loader)
14         criterion = torch.nn.CrossEntropyLoss()
15         for _ in range(n_batch):
16             data_source, label_source = iter_source.next()
17             data_target, _ = iter_target.next()
18             data_source, label_source = data_source.to(
19                 DEVICE), label_source.to(DEVICE)
20             data_target = data_target.to(DEVICE)
21
22             optimizer.zero_grad()
23             label_source_pred, transfer_loss = model(data_source, data_target
                   )
```

```
24                clf_loss = criterion(label_source_pred, label_source)
25                loss = clf_loss + args.lamb * transfer_loss
26                loss.backward()
27                optimizer.step()
28                train_loss_clf.update(clf_loss.item())
29                train_loss_transfer.update(transfer_loss.item())
30                train_loss_total.update(loss.item())
31            # Test
32            acc = test(model, target_test_loader)
33            log.append([train_loss_clf.avg, train_loss_transfer.avg,
                  train_loss_total.avg])
34            np_log = np.array(log, dtype=float)
35            np.savetxt('train_log.csv', np_log, delimiter=',', fmt='%.6f')
36            print(f'Epoch: [{e:2d}/{args.n_epoch}], cls_loss: {train_loss_clf.avg
                  :.4f}, transfer_loss: {train_loss_transfer.avg:.4f}, total_Loss:
                  {train_loss_total.avg:.4f}, acc: {acc:.4f}')
37            if best_acc < acc:
38                best_acc = acc
39                stop = 0
40            if stop >= args.early_stop:
41                break
42        print(f'Transfer result: {best_acc:.4f}')
```

9.6.4 测试

测试时输入模型和数据的 dataloader，返回测试的精度。代码如下。

深度迁移网络的测试代码

```
1  def test(model, target_test_loader):
2      model.eval()
3      test_loss = utils.AverageMeter()
4      correct = 0
5      criterion = torch.nn.CrossEntropyLoss()
6      len_target_dataset = len(target_test_loader.dataset)
7      with torch.no_grad():
8          for data, target in target_test_loader:
9              data, target = data.to(DEVICE), target.to(DEVICE)
10             s_output = model.predict(data)
11             loss = criterion(s_output, target)
```

```
12            test_loss.update(loss.item())
13            pred = torch.max(s_output, 1)[1]
14            correct += torch.sum(pred == target)
15    acc = 100. * correct / len_target_dataset
16    return acc
```

图 9.9 展示了网络运行 DDC 方法（MMD 损失）进行迁移学习的运行图。图 9.10 则展示了网络在经过若干次迭代并加入早停机制（Early-stop）后的迁移结果图。我们可以看到，在 Office-31 数据集的 amazon 到 webcam 的迁移任务上，DDC 方法取得了 78.8% 的结果，好于上一章由预训练方法取得的 72.8%，这说明在网络中加入 MMD 差异后可以取得比单纯预训练更好的结果。同时，随着训练的进行，MMD 损失也有着变小的趋势，其具体的数值则依赖于实验操作中的超参数设定。

```
Src: amazon, Tar: webcam
Epoch: [ 0/100], cls_Loss: 3.3465, transfer_loss: 0.1615, total_Loss: 4.9615, acc: 16.1006
Epoch: [ 1/100], cls_Loss: 2.7719, transfer_loss: 0.1620, total_Loss: 4.3917, acc: 29.9371
Epoch: [ 2/100], cls_Loss: 1.7704, transfer_loss: 0.1601, total_Loss: 3.3714, acc: 49.9371
Epoch: [ 3/100], cls_Loss: 1.2054, transfer_loss: 0.1613, total_Loss: 2.8187, acc: 60.3774
Epoch: [ 4/100], cls_Loss: 1.0181, transfer_loss: 0.1607, total_Loss: 2.6254, acc: 65.0314
Epoch: [ 5/100], cls_Loss: 0.7714, transfer_loss: 0.1605, total_Loss: 2.3767, acc: 73.4591
Epoch: [ 6/100], cls_Loss: 0.6895, transfer_loss: 0.1605, total_Loss: 2.2941, acc: 69.9371
Epoch: [ 7/100], cls_Loss: 0.6345, transfer_loss: 0.1610, total_Loss: 2.2440, acc: 77.7358
Epoch: [ 8/100], cls_Loss: 0.5317, transfer_loss: 0.1625, total_Loss: 2.1565, acc: 74.5912
Epoch: [ 9/100], cls_Loss: 0.4989, transfer_loss: 0.1605, total_Loss: 2.1035, acc: 73.2075
Epoch: [10/100], cls_Loss: 0.4256, transfer_loss: 0.1612, total_Loss: 2.0373, acc: 75.5975
Epoch: [11/100], cls_Loss: 0.4251, transfer_loss: 0.1615, total_Loss: 2.0398, acc: 72.0755
Epoch: [12/100], cls_Loss: 0.3817, transfer_loss: 0.1609, total_Loss: 1.9905, acc: 73.4591
Epoch: [13/100], cls_Loss: 0.3410, transfer_loss: 0.1617, total_Loss: 1.9575, acc: 70.5660
Epoch: [14/100], cls_Loss: 0.3223, transfer_loss: 0.1613, total_Loss: 1.9349, acc: 75.3459
```

图 9.9 深度迁移学习（DDC）的运行

```
Epoch: [38/100], cls_Loss: 0.0586, transfer_loss: 0.1607, total_Loss: 1.6659, acc: 76.1006
Epoch: [39/100], cls_Loss: 0.0374, transfer_loss: 0.1616, total_Loss: 1.6529, acc: 76.2264
Transfer result: 78.8679
```

图 9.10 加入早停机制后的深度迁移学习（DDC）的结果

9.7 小结

本章介绍了深度学习用于迁移学习的一些通用方法，从数据分布自适应、结构自适应等方面进行了阐述。由于篇幅和时间所限，以及深度学习方法的层出不穷，我们未介绍所有新出现的研究工作，仅介绍了其中最具代表性的几种方法，请读者持续关注最新发表的研究成果。

至此，迁移学习几大重要的研究领域我们均已一一介绍。为方便读者对比理解，我们在表 9.1 中列出这些领域的关键信息。有关领域泛化的内容将在第 12 章介绍。

表 9.1　迁移学习中一些流行的研究领域对比

研究领域	源域	目标域	数据分布	输出空间
预训练–微调	不要求数据，只要求模型	有	不同	一般不同
知识蒸馏	不要求数据，只要求模型	有	不同	一般不同
领域自适应	有数据	有	不同	一般相同
多任务学习	有数据	无	相同	一般不同
领域泛化	有数据	无	不同	一般相同

10 对抗迁移学习

生成对抗网络 GAN（Generative Adversarial Networks）[Goodfellow et al., 2014] 是目前人工智能领域最炙手可热的概念之一，被深度学习领军人物 Yann Lecun 评为近年来最令人欣喜的成就，由此发展而来的对抗网络，成为提升网络性能的利器。本章介绍深度对抗网络用于解决迁移学习问题方面的基本思路以及代表性研究成果。

本章内容的组织安排如下。10.1 节介绍生成对抗网络的基本知识，10.2 节分析了利用生成对抗网络进行迁移学习的可行性，10.3 节介绍基于数据分布自适应的对抗迁移方法，10.4 节介绍基于信息解耦的对抗迁移方法，10.5 节介绍基于数据生成的对抗迁移方法，10.6 节提供了本章的上手实践代码，最后，10.7 节对本章内容进行了总结。

10.1 生成对抗网络

GAN 受到自博弈论中的二人零和博弈（Two-player game）思想的启发而提出。它一共包括两个部分：一部分为生成网络（Generative Network），此部分负责生成尽可能以假乱真的样本，这部分称为生成器（Generator）；另一部分为判别网络（Discriminative Network），此部分负责判断样本是真实的还是由生成器生成的，这部分称为判别器（Discriminator）。生成器和判别器互相博弈，就完成了对抗训练。

图 10.1 简单表示了生成对抗网络的基本情况。

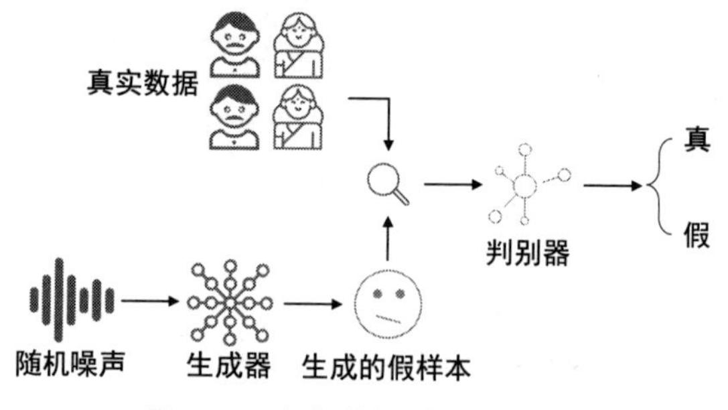

图 10.1　生成对抗网络的基本情况

GAN 的目标函数可以被表示为

$$\min_G \max_D \mathbb{E}_{x \sim p_{\text{data}}}(\log(D(x)) + \mathbb{E}_{z \sim p_{\text{noise}}} \log(1 - D(G(z))), \tag{10.1.1}$$

其中，D 为判别器，G 为生成器，p_{data} 表示真实数据的分布，p_{noise} 表示噪声的分布，一般为高斯分布。

在训练 GAN 时，我们通常采用最大最小交替优化的策略。一方面，最小化特征提取器的损失，使其可以生成更为逼真的样本；另一方面，最大化判别器的损失，使其无法判断给定的样本来自真实数据还是生成的数据。

10.2　对抗迁移学习基本思路

生成对抗网络已得到了广泛的应用。那么，如何借助 GAN 的思想进行迁移学习呢？

让我们回到 GAN 的问题设定中来。一个最原始的 GAN 至少包括以下四个部分：

1. 真实数据：充当真实样本；
2. 随机噪声：服从某个分布（一般是高斯分布）的噪声数据，充当被生成的数据的原始样本；
3. 生成器：用于接受噪声数据，生成图像；
4. 判别器：用于接受真实数据和生成的数据，判断二者真假。

为了把 GAN 结合到迁移学习中，需要重新思考迁移学习问题的本质。源域和目标域之间存在一定的数据分布差异，因此产生了分布适配的问题，也就是说，如果找到一种合适的度量方式，能够自适应地度量两个领域的数据分布差异，并将其减小，则可以完成我们的迁移任务。

回到之前的公式 (4.3.1)，我们已经知道，可以将迁移正则化项 $R(\cdot,\cdot)$ 形式化为两个领域之间的分布距离 Distance$(\cdot,\cdot)$。此时，这个距离函数是预先被定义好的，例如 MMD 距离、余弦相似度等；另一种方式则是将其形式化为一种可以被学习到的度量 Metric$(\cdot,\cdot)$，使得模型能够自动地从数据中学习到这个度量，而不用去显式地指定其函数形式。

利用上面的思路，本章将 GAN 引入迁移学习中，利用 GAN 的思想来自动地学习源域和目标域的**隐式**度量函数。具体而言，我们将 GAN 中的判别器对应于 Metric$(\cdot,\cdot)$ 函数。由于判别器对应于一个神经网络，因此，其可以充当此角色。将 GAN 引入迁移学习中时，GAN 的几个重要组件与迁移学习的对应关系如表 10.1 所示。

表 10.1 GAN 与迁移学习的概念对应关系

生成对抗网络	迁移学习
真实样本	源域
随机噪声	目标域
生成器	特征提取器
判别器	分布度量函数

显然，我们需要将 GAN 中的真实样本和随机噪声，分别对应于迁移学习中的源域和目标域。这是因为真实样本往往具有自己的标签，与源域的性质相似；而随机噪声往往杂乱无章且无标签，因此可以对应于目标域。生成器本身可以完成特征提取，但是迁移学习本身并不专注于数据生成，因此，可以将生成器对应于特征提取器。

与深度网络自适应迁移方法类似，深度对抗网络的损失也由两部分构成：网络训练的损失 $\mathcal{L}_{\mathrm{c}}$ 和领域判别损失 $\mathcal{L}_{\mathrm{adv}}$：

$$\mathcal{L}=\mathcal{L}_{\mathrm{c}}(\mathcal{D}_{\mathrm{s}})+\lambda\mathcal{L}_{\mathrm{adv}}(\mathcal{D}_{\mathrm{s}},\mathcal{D}_{\mathrm{t}}). \tag{10.2.1}$$

10.3 数据分布自适应的对抗迁移方法

Yaroslav Ganin 等人 [Ganin et al., 2016, Ganin and Lempitsky, 2015] 首 先

在神经网络的训练中加入了对抗机制，作者将他们的网络称为**领域对抗网络**（Domain-Adversarial Neural Network，DANN）。DANN 直接利用了生成对抗网络的特点，在训练过程中，使得特征提取器与领域判别器相互对抗训练，以此学习领域不变的特征。DANN 的结构如图 10.2 所示。

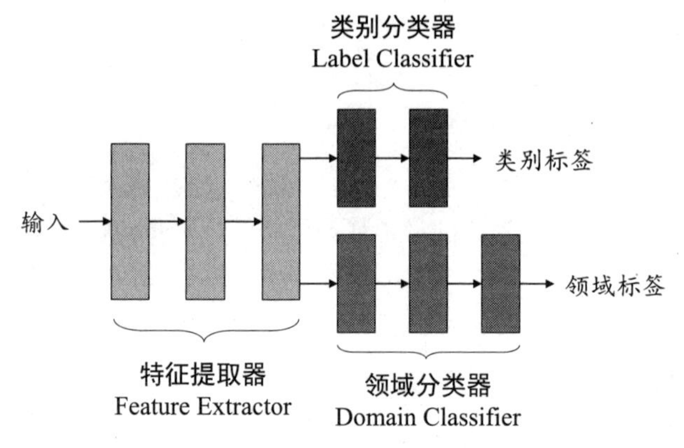

图 10.2 领域对抗网络 DANN 的结构

DANN 由以下三个部分构成，这与前面介绍的 GAN 与迁移学习的对应关系一致：

- 特征提取器 $G_f(\theta_f)$，用于接受源域或目标域的数据，进行特征提取；
- 分类器 $G_y(\theta_y)$，用于接收提取好的特征进行任务分类（也可以用于其他类型的下游任务）；
- 领域判别器 $G_d(\theta_d)$，用于判断输入特征来自源域还是目标域。

对应于 GAN 的训练目标，DANN 首先通过最小化分类损失与特征提取器的损失来优化特征提取器 G_f 和分类器 G_y 的参数 θ_f 和 θ_y：

$$\left(\hat{\theta}_f, \hat{\theta}_y\right) = \underset{\theta_f, \theta_y}{\arg\min}\, E\left(\theta_f, \theta_y, \theta_d\right), \tag{10.3.1}$$

然后，DANN 通过最大化领域判别器 G_d 的损失来优化其参数 θ_d：

$$\left(\hat{\theta}_d\right) = \underset{\theta_d}{\arg\max}\, E\left(\theta_f, \theta_y, \theta_d\right). \tag{10.3.2}$$

与 GAN 的训练类似，两个步骤交替进行，直到网络收敛。

为了实现上的方便，作者引入一种**梯度反转层**（Gradient Reversal Layer, GRL）到网络的反向传播中。在前向传播时，GRL 是一个恒等映射（Identity

Map）：

$$R_{\lambda}(\boldsymbol{x})=\boldsymbol{x}. \tag{10.3.3}$$

在反向传播时，通过乘以一个负单位（单位矩阵 $\boldsymbol{I}$），将梯度进行反转：

$$\frac{\mathrm{d}R_{\lambda}}{\mathrm{d}\boldsymbol{x}}=-\lambda\boldsymbol{I}. \tag{10.3.4}$$

由此，上述两个训练过程可以被合并到一个目标函数中：

$$E\left(\theta_{f},\theta_{y'},\theta_{d}\right)=\sum_{\boldsymbol{x}_{i}\in\mathcal{D}_{\mathrm{s}}}L_{y}\left(G_{y}\left(G_{f}\left(\boldsymbol{x}_{i}\right)\right),y_{i}\right)-\lambda\sum_{\boldsymbol{x}_{i}\in D_{\mathrm{s}}\cup\mathcal{D}_{\mathrm{t}}}L_{d}\left(G_{d}\left(G_{f}\left(\boldsymbol{x}_{i}\right)\right),d_{i}\right), \tag{10.3.5}$$

其中 L_y 为分类损失，L_d 为判别器损失，d_i 为领域的标签：当数据来自源域时，$d_i=0$；否则 $d_i=1$。

上面式子的表达形式，再一次完美对应了第 4 章介绍的迁移学习统一表征形式。在 DANN 中，对抗网络被用作隐式距离度量来度量源域和目标域的分布相似性。

从数据分布自适应的角度来看 DANN，便会发现，DANN 可以被视为边缘分布自适应的对抗方法。这是因为判别器接收源域和目标域的整体特征，这等价于直接优化 $P_{\mathrm{s}}(\boldsymbol{x})$ 和 $P_{\mathrm{t}}(\boldsymbol{x})$ 的分布差异。这么看来，DANN 是不是更容易理解了？

既然可以适配边缘分布，那么条件分布当然也可以用对抗网络进行适配。于是，[Zhu et al., 2020b] 提出了一种条件概率自适应的深度网络，可以进行细粒度的特征学习，取得了比 DANN 更好的效果。

我们继续探索在对抗网络中进行数据分布自适应的方法。中科院计算所的 Yu 等人在 [Yu et al., 2019a] 中将动态分布自适应的概念应用到了对抗网络中，通过实验，证明了对抗网络中同样存在边缘分布和条件分布不匹配的问题。[Yu et al., 2019a] 提出一个**动态对抗适配网络**（Dynamic Adversarial Adaptation Networks, DAAN）来解决对抗网络中的动态分布适配问题，取得了更好的效果。图 10.3 展示了 DAAN 的架构。其中的 ω 便是动态分布自适应方法中的核心：自适应因子。该因子用于动态地衡量迁移过程中边缘分布和条件分布的重要性。

基于生成对抗网络进行数据分布自适应的方法在近几年得到了广泛的应用和发展。例如，加州大学伯克利分校的 Tzeng 等人在 2017 年发表于计

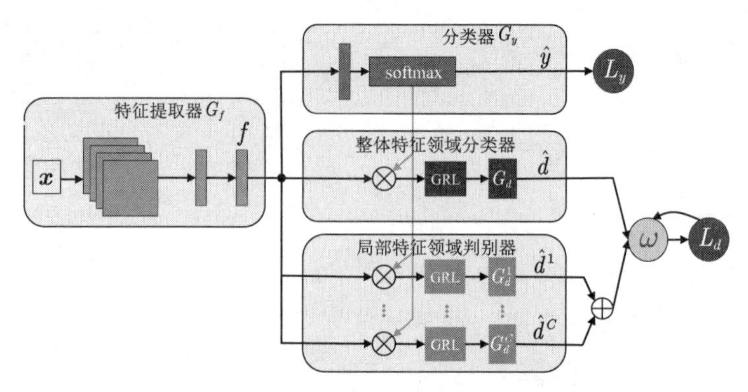

图 10.3 动态对抗适配网络 DAAN 结构示意 [Yu et al., 2019a]

算机视觉顶级会议 CVPR 上的文章提出了一个更为通用的用于对抗迁移的框架，叫做对抗判别自适应（Adversarial Discriminative Domain Adaptation, ADDA）[Tzeng et al., 2017]。ADDA 是一个通用的框架，现有的很多方法都可看成 ADDA 的特例。上海交通大学的研究者们用 Wasserstein GAN 进行迁移学习 [Shen et al., 2018a]，Liu 等人提出了 Coupled GAN 用于迁移学习 [Liu and Tuzel, 2016]。

10.4 基于信息解耦的对抗迁移方法

生成对抗网络除了可以进行概率分布自适应任务，还可以学习其他的信息。本节介绍利用对抗网络进行迁移学习的另一类方法：基于信息解耦的方法。解耦通常的含义是，对复杂的特征表示分类，使得我们可以清楚了解特征的构成、作用等。

来自 Google Brain 的 Bousmalis 等人提出**领域分离网络**（Domain Separation Networks, DSN）[Bousmalis et al., 2016] 来进行迁移过程中的特征解耦。DSN 认为，源域和目标域都由两部分构成：公共部分和私有部分。公共部分可以学习通用的特征，这些特征是领域无关的；私有部分则可以用来学习保持各个领域独立的特征。DSN 的损失函数如下：

$$\mathcal{L} = \mathcal{L}_{\text{task}} + \alpha\mathcal{L}_{\text{recon}} + \beta\mathcal{L}_{\text{difference}} + \gamma\mathcal{L}_{\text{similarity}}, \tag{10.4.1}$$

其中，除网络的常规训练损失 $\mathcal{L}_{\text{task}}$ 外，其他损失的含义如下：

- $\mathcal{L}_{\text{recon}}$：重构损失，确保私有部分仍然对学习目标有作用；

- $\mathcal{L}_{\text{difference}}$: 公共部分与私有部分的差异损失；
- $\mathcal{L}_{\text{similarity}}$: 源域和目标域公共部分的相似性损失。

图 10.4 是 DSN 方法的示意图。通过解耦的方式进行学习，DSN 能够学习到更多领域公共的特征，保证了迁移的成功进行；同时，也可以利用领域特有的特征，进一步加强特定任务上的学习效果。

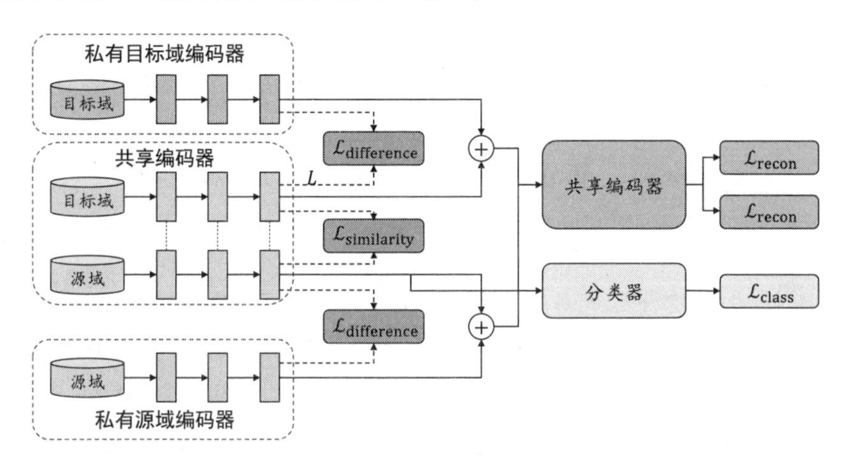

图 10.4 DSN 方法示意

10.5 基于数据生成的对抗迁移方法

让我们回到生成对抗网络的“初心”：生成以假乱真的数据。生成高质量训练数据带来的直接好处是训练数据的扩增，这使模型能学习到更多的表征和知识。那么，一个很自然的想法就是将数据生成的思想融入迁移学习过程。

为了使用对抗网络生成的数据进行迁移学习，首先要对生成数据的作用有一番认识。生成的数据在迁移学习中扮演什么角色？为什么要使用生成的数据来帮助迁移学习？

由于 GAN 在生成数据时，数据的标签（类别）并不是必要的，因此，对于迁移学习任务，不论是有充足标记的源域数据，还是没有或几乎没有标签的目标域数据，GAN 都可以有用武之地。故生成数据对迁移学习的第一个作用与其本质相同：扩展训练数据。同时，生成数据的过程也是一个数据相似度度量的过程。在这个过程中，也有可能对源域和目标域的概率分布差异进行优化，提高迁移学习的效果。即：数据生成不是对抗迁移学习的目的，其最终目的是要达到更好的迁移学习效果。

在图像领域，一个与数据生成密切相关的研究领域是图像翻译，感兴趣的读者可以查看相关文章。

为了对生成数据的概率分布差异进行匹配，[Zhu et al., 2017] 提出了著名的 CycleGAN，首先将源域的数据通过一个映射转换到目标域，再通过另一个映射，将被映射到目标域的源域数据再次映射回源域空间。此过程通过度量源域数据与被映射回的源域数据之间的差异来进行训练。我们用 F 和 G 分别表示源域到目标域、目标域到源域的映射函数，则 CycleGAN 的训练目标可以被表示为

$$L_{\text{cyc}} = \mathbb{E}_{x \sim p_{\text{data}}(x)}\left[\|F(G(x)) - x\|_1\right] + \mathbb{E}_{y \sim p_{\text{data}}(y)}\left[\|G(F(y)) - y\|_1\right]. \quad (10.5.1)$$

其他研究者也在从事 GAN 相关的迁移学习研究。例如 CoGAN [Liu and Tuzel, 2016] 和 DiscoGAN [Kim et al., 2017b]。[Bousmalis et al., 2017] 提出一种像素到像素的迁移框架 PixelDA，学习到了细粒度的图像翻译模型。此类生成模型的工作还有很多，不再一一讨论。总结来看，这种通过数据生成的方式也可以被用来进行迁移学习。

除直接的数据生成外，另一些工作也考虑将数据生成与迁移学习过程直接结合。[Sankaranarayanan et al., 2018] 提出一种通过生成数据进行领域自适应的方法（Generate to Adapt），利用生成数据和源域、目标数据通过对抗训练学习领域不变的特征。[Xu et al., 2020] 则提出将混淆（Mixup）这一数据增强的手段融入迁移学习中，学习源域和目标域数据的通用特征。

基于数据生成的对抗迁移方法通常在计算机视觉中有广泛的应用。GAN 在计算机视觉之外的应用也一直是研究的热点。期待这一领域在未来能有更丰富的工作。

10.6 上手实践

本节简单实现通过对抗网络进行迁移学习的过程。具体而言，我们对经典的 DANN 方法 [Ganin and Lempitsky, 2015] 进行实现。

由于 DANN 方法可以被视为隐式分布差异度量的一种方法，因此，对比前面介绍过的 DDC、DAN 等采用 MMD 这种显式度量的深度方法，实现 DANN

的关键是将之前实现过的 MMD 分布度量置换为领域判别器，然后进行高效的训练。本章的对抗方法其实可以看成深度数据分布自适应方法的推广，共享同样的训练代码。

10.6.1　领域判别器

首先对领域判别器进行实现。领域判别器的作用是输入特征，判断它们是属于源域还是目标域，因此是一个非常简单的分类网络，实现如下：

领域判别器的实现

```
1  class Discriminator(nn.Module):
2      def __init__(self, input_dim=256, hidden_dim=256):
3          super(Discriminator, self).__init__()
4          self.input_dim = input_dim
5          self.hidden_dim = hidden_dim
6          self.dis1 = nn.Linear(input_dim, hidden_dim)
7          self.dis2 = nn.Linear(hidden_dim, 1)
8
9      def forward(self, x):
10         x = F.relu(self.dis1(x))
11         x = self.dis2(x)
12         x = torch.sigmoid(x)
13         return x
```

10.6.2　分布差异计算

领域判别器计算领域差异的部分实现如下：

领域判别器损失计算

```
1  def adv(source, target, input_dim=256, hidden_dim=512):
2      domain_loss = nn.BCELoss()
3      adv_net = Discriminator(input_dim, hidden_dim).cuda()
4      domain_src = torch.ones(len(source)).cuda()
5      domain_tar = torch.zeros(len(target)).cuda()
6      domain_src, domain_tar = domain_src.view(domain_src.shape[0], 1),
           domain_tar.view(domain_tar.shape[0], 1)
7      reverse_src = ReverseLayerF.apply(source, 1)
8      reverse_tar = ReverseLayerF.apply(target, 1)
```

```
9       pred_src = adv_net(reverse_src)
10      pred_tar = adv_net(reverse_tar)
11      loss_s, loss_t = domain_loss(pred_src, domain_src), domain_loss(pred_tar,
            domain_tar)
12      loss = loss_s + loss_t
13      return loss
```

上述代码的核心是将源域数据的标签初始化为 0，目标域数据的标签初始化为 1，作为训练判别器的真实标签（Groundtruth）。然后，通过计算源域数据和目标域数据分别与其领域标签的交叉熵损失，生成最后的领域判别器损失用于反向传播。

10.6.3 梯度反转层

这里一个特殊的地方是反转层（Reverse Layer），也就是之前介绍过的梯度反转层的实现。梯度反转层的作用是在计算时自动将此层的梯度进行反转，从而使得 GAN 的训练变得更为简单。梯度反转层的实现如下：

梯度反转层的实现

```
1  import torch.nn.functional as F
2  from torch.autograd import Function
3
4  class ReverseLayerF(Function):
5
6      @staticmethod
7      def forward(ctx, x, alpha):
8          ctx.alpha = alpha
9          return x.view_as(x)
10
11     @staticmethod
12     def backward(ctx, grad_output):
13         output = grad_output.neg() * ctx.alpha
14         return output, None
```

通过上述实现，在训练时，DANN 可以与 DDC、DCORAL 方法共享同样的代码。其唯一的区别在于将之前方法的迁移损失置换为上述的领域判别器损失，因此不再讨论此训练过程。完整的训练代码在这里[1]。结果与上一章类似，

1 请见链接 10-2。

DANN 在 Office-31 数据集的 amazon 到 webcam 的迁移任务上取得了约 82.0% 的精度，领先于 DDC 的 78.8%，说明了基于对抗进行迁移学习的有效性。

10.7　小结

本章介绍了基于对抗网络的迁移学习方法的基本思路和代表方法。相比于单纯的深度迁移方法，对抗迁移无疑可以学习到更为领域无关的特征，因此基于对抗的迁移方法也在近几年大行其道。对抗的机制为我们提供了另一种度量数据分布差异的方式，在此基础上发展而来的数据生成、信息解耦等新类型的迁移方法值得更深入的研究。

11 迁移学习热门研究问题

除本书大部分章节描述的领域自适应问题之外，迁移学习领域还存在着大量其他的热门研究问题。本章尝试介绍其中部分热门问题，抛砖引玉，希望对读者研究类似问题或提出新问题有所启发。

图 11.1 展示了在数据和模型两个层面下迁移学习存在的一些问题及可行的解决方案。具体而言，在数据方面，迁移学习面临数据非均衡性、多样性、安全性三大问题；在模型方面，迁移学习面临可解释性、少人工干预、在线更新三大要求。值得注意的是，除这些热门问题及对应的解决方案之外，迁移学习领域还存在其他的问题与解决方案，读者可根据遇到的问题灵活变通。

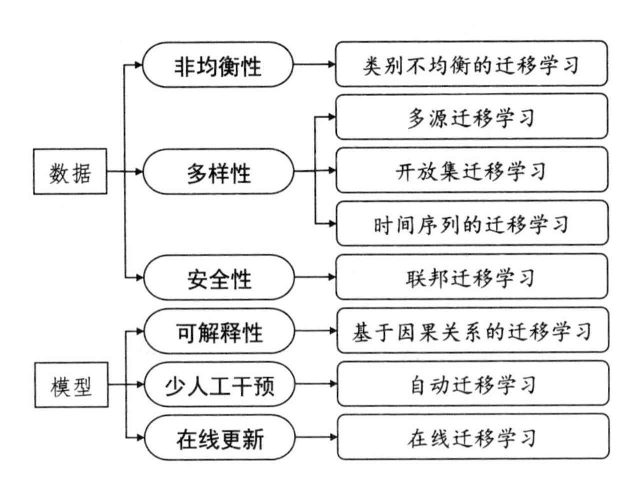

图 11.1 本章介绍的迁移学习热门问题概览

这些问题与对应的组织安排如下：11.1 节介绍类别不均衡的迁移学习，11.2 节介绍多源迁移学习，11.3 节介绍开放集迁移学习，11.4 节介绍用于时间序列的迁移学习，11.5 节介绍联邦迁移学习，11.6 节介绍基于因果关系的迁移学习，11.7 节介绍自动迁移学习，11.8 节介绍在线迁移学习。

11.1 类别不均衡的迁移学习

类别的非均衡性是普适计算环境动态变化性的一个重要体现。许多应用中都存在着类别非均衡性问题。例如，在图 11.2(a) 所示的跌倒检测应用中（跌倒检测是一个二分类任务），当跌倒和非跌倒的样本所占比例分别为 90% 和 10% 时（方便起见，分别称之为大类和小类），传统的分类模型会倾向于学习大类数据中蕴含的信息，而忽略小类样本的重要性。简而言之，当训练数据中不同类别的样本所占的比例存在较大悬殊时，分类模型的效果会受到很大的影响，这使得模型严重不平衡，在小类数据上的分类能力被削弱。同时，非均衡的分类也是机器学习中的一个重要问题，许多相关工作 [Chawla et al., 2002, Sun et al., 2007, Liu et al., 2008, He and Garcia, 2009, Tang et al., 2009, Sun et al., 2009, Li et al., 2011, Ganganwar, 2012, Kriminger et al., 2012, Huang et al., 2016a] 均在这一问题上进行了广泛的研究。

此问题在迁移学习中同样存在。来自佛罗里达大西洋大学的研究者们通过在不均衡数据上的实验，证明了当类别非均衡性增大时，迁移学习算法的精度会受到很大影响 [Weiss and Khoshgoftaar, 2016]。由于迁移学习强调从若干个不同数据分布的领域中学习知识，而类别分布是领域数据分布的一种重要体现，因此，类别非均衡性问题在迁移学习中变得更为重要。例如，在图 11.2(b) 中，源域和目标域均包含两个类别的、服从不同概率分布的数据。图中的蓝色类别（两柱状图中右侧类别）在源域中所占比例要大大低于其在目标域中所占比例。红色类别（两柱状图中左侧类别）则服从相反的规律。此时，如果从源域中迁移知识到目标域，由于源域中蓝色类别所占比例太小，则很可能由于源域知识不足而发生负迁移 [Pan and Yang, 2010]，即使用迁移的效果反而未超过不使用迁移的效果。实际中有诸多类似的场景，如在跌倒检测、室内定位、文本分类等应用中，极易出现某一类别所占比例过大的现象。

近年来一些工作注意到了类别不均衡的迁移学习。Al-Stouhi 等人 [Al-Halah et al., 2016] 利用迁移学习来帮助类别不均衡数据进行学习，但是其关注点并不是解决迁移学习中的不均衡问题。Weiss 等人 [Weiss and Khoshgoftaar, 2016] 通过在若干个流行的迁移方法上针对不均衡数据进行实验，证明了当类

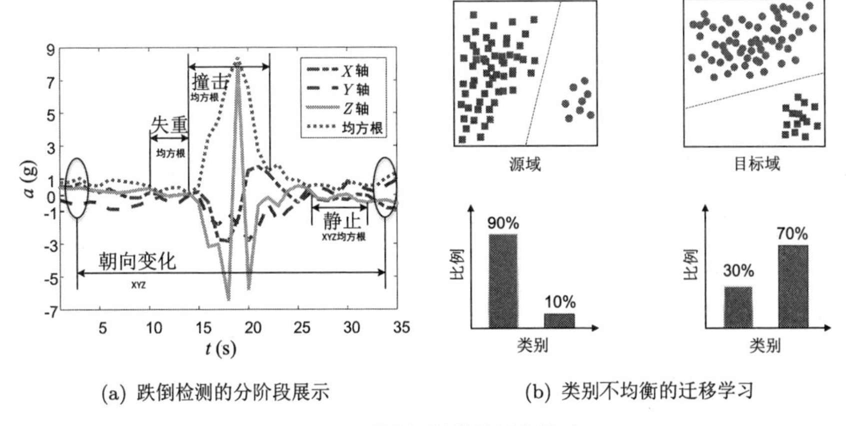

(a) 跌倒检测的分阶段展示　　(b) 类别不均衡的迁移学习

图 11.2　类别不均衡的迁移学习

别不均衡性增大时，迁移学习算法的表现会越来越差。但是作者并未给出解决思路。滑铁卢大学的研究者提出的方法 [Huang et al., 2007] 学习特定样本的权重；东京理工大学 [Ando and Huang, 2017] 提出了一种深度的过采样框架，是一种基于实例的方法；多重集特征学习（Multiset Feature Learning, MFL）由武汉大学的研究者 [Wu et al., 2017a] 提出，用以学习判别式特征；哈尔滨工业大学 [Yan et al., 2017] 使用加权平均最大差异来构建目标域的源引用集，然后使用了深度神经网络；哈尔滨工业大学 [Yan et al., 2017] 考虑到了将源域和目标域的条件分布差异进行最小化；[Hsiao et al., 2016] 侧重于解决有标签情况下的不均衡分类问题。

笔者及团队在 2017 年提出了**基于类别适配的平衡迁移方法 BDA**（Balanced Distribution Adaptation）[Wang et al., 2017a] 进行类别不均衡的迁移学习。BDA 的核心思想是，在可再生核希尔伯特空间（Reproducing Kernel Hilbert Space, RKHS）中减小源域和目标域的概率分布差异，同时最大化数据的散度。在此过程中，BDA 根据迁移特征变换的效果，动态重构两个领域中每个类别所占的比例，然后使用分类期望最大化（Classification EM）算法来高效地求解相应的迁移学习模型。

BDA 从 TCA [Pan et al., 2011] 方法中得到启发，也采用了 MMD 距离作为分布度量差异。其核心优化目标如下（参照 6.2 节）：

$$\sum_{c=1}^{C} \beta_c \operatorname{tr}(\boldsymbol{A}^{\mathrm{T}} \boldsymbol{X}_c \boldsymbol{M} \boldsymbol{X}^{\mathrm{T}} \boldsymbol{A}), \tag{11.1.1}$$

其中 $\boldsymbol{A}$ 表示特征变换矩阵，β_c 表示两个领域的**类别先验比**：

$$\beta_c = \frac{P_{\mathrm{t}}(y_{\mathrm{t}} = c; \theta)}{P_{\mathrm{s}}(y_{\mathrm{s}} = c; \theta)}. \tag{11.1.2}$$

与 TCA 类似，在求解 BDA 时，我们将上述类别先验比 β_c 代入，构建了相应的 MMD 矩阵：

$$(\boldsymbol{M}_c)_{ij} = \begin{cases} \frac{1}{(N_{\mathrm{s}}^{(c)})^2}, & \boldsymbol{x}_i, \boldsymbol{x}_j \in \mathcal{D}_{\mathrm{s}}^{(c)} \\ \frac{1}{(N_{\mathrm{t}}^{(c)})^2}, & \boldsymbol{x}_i, \boldsymbol{x}_j \in \mathcal{D}_{\mathrm{t}}^{(c)} \\ -\frac{\beta_c}{N_{\mathrm{s}}^{(c)} N_{\mathrm{t}}^{(c)}}, & \begin{cases} \boldsymbol{x}_i \in \mathcal{D}_{\mathrm{s}}^{(c)}, \boldsymbol{x}_j \in \mathcal{D}_{\mathrm{t}}^{(c)} \\ \boldsymbol{x}_i \in \mathcal{D}_{\mathrm{t}}^{(c)}, \boldsymbol{x}_j \in \mathcal{D}_{\mathrm{s}}^{(c)} \end{cases} \\ 0, & \text{otherwise} \end{cases} \tag{11.1.3}$$

BDA 方法实现简单，但是效果出众，解决了迁移学习领域少有人关注的类别不均衡问题。BDA 在图像分类、跌倒检测、字符识别等非均衡性类别任务中，均取得了很好的效果，更多细节请参考 [Wang et al., 2017a]。我们也希望今后能够有更多的研究工作关注不均衡问题，取得更好的效果。

11.2 多源迁移学习

本书的主要部分介绍的迁移学习模式均为从一个源域迁移知识到另一个源域；即使有多个源域，我们也常常会进行源域选择（参照本书 3.1 节），以选择出与目标域性质最相似、分布最接近的数据领域完成迁移。一个非常直接的扩展是：若有多个源域，即使每个源域与目标域均有不同程度的相似度，则仍然可以被用来进行知识迁移。现实生活中可用的源域也并非只有一个，这也就出现了**多源迁移学习**的问题。与此对应，我们可以将前面介绍的迁移方法称为单源迁移。

例如，在构建 ImageNet 数据集时，设计者往往从不同渠道获取图片。单源迁移常用的数据集 Office-31 包含 3 个领域，Office-Home 包含 4 个领域，但是单源迁移往往只从中分别选择一个源域和一个目标域。实际上，我们可以利用除目标域之外的所有领域进行知识迁移，因此多源迁移更符合真实场景。

单源迁移通常只考虑两个领域之间领域偏移（Domain shift）的问题，而多源迁移需要考虑多个领域之间领域偏移的问题，如图 11.3 所示，可以看到多源迁移场景的数据分布更为复杂，简单地将不同领域的数据合并成一个领域并不能取得最优的效果，反而由于不同领域数据之间的差异性，可能会导致负迁移。因此，多源迁移也是一个更具挑战性的方向。

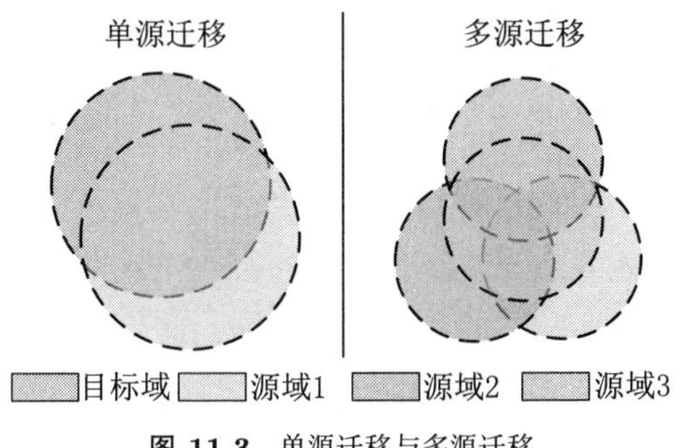

图 11.3 单源迁移与多源迁移

多源迁移从理论上是否可行？本书 4.5 节介绍了单源迁移学习的理论保证（什么样的误差范围，我们才认为知识可以迁移），类似地，多源迁移也有理论支持。Crammer 等人 [Crammer et al., 2008] 提出了多源迁移的期望损失的边界条件，给多源迁移奠定了理论基础。Mansour 等人 [Mansour et al., 2009] 证明了一个理想的目标假设（Hypothesis）可以表示为多个源域假设的加权分布。

在介绍具体的多源迁移的方法之前，先简单介绍一下多源迁移的问题定义。给定由 N 个源域构成的源域集合 $\mathcal{D} = \{\mathcal{D}_i\}_{i=1}^{N}$，其中每个源域 $\mathcal{D}_i = \{(\boldsymbol{x}_j^i, y_j^i)\}_{j=1}^{N_i}$，一个目标域 $\mathcal{D}_{\mathrm{t}} = \{\mathcal{D}_{\mathrm{t}}^{\mathrm{l}} \cup \mathcal{D}_{\mathrm{t}}^{\mathrm{u}}\}$，其中 $\mathcal{D}_{\mathrm{t}}^{\mathrm{l}}$ 和 $\mathcal{D}_{\mathrm{t}}^{\mathrm{u}}$ 分别表示有标签和无标签的目标域数据，$\mathcal{D}_{\mathrm{t}}^{\mathrm{l}} = \{\boldsymbol{x}_j^{\mathrm{l}}, y_j^{\mathrm{l}}\}_{j=1}^{N_{\mathrm{l}}}, \mathcal{D}_{\mathrm{t}}^{\mathrm{u}} = \{\boldsymbol{x}_j^{\mathrm{u}}\}_{j=1}^{N_{\mathrm{u}}}$。$N_{\mathrm{l}}, N_{\mathrm{u}}$ 分别表示目标域有标签和无标签数据的数量。按照目标域是否有标签数据的比例来划分，多源迁移可以被分为半监督多源迁移学习 [Schweikert et al., 2009] 和无监督多源迁移学习 [Zhu et al., 2019a]。多源迁移学习旨在使用这 N 个源域来帮助目标域任务进行学习。当 $N = 1$ 时，多源迁移退化为单源迁移的场景。

传统的多源迁移学习方法大致可以分为基于特征的方法和组合分类器的方法。这两种方法的基本思路如下。

基于特征的方法改变多个领域的特征表示，使之更好地表示多个领域的公共特征。换言之，这类方法希望使得多个源域和目标域的特征空间尽量接近。为达到这个效果，可以做以下两个方面的尝试：（1）移除源域中和目标域特征分布差异较大的样本，或者根据相似度给源域样本加权 [Sun et al., 2011]；（2）通过映射函数将不同领域数据映射到同一个特征空间，最小化不同领域特征间的差异，达到拉近特征分布的效果 [Duan et al., 2009]。

组合分类器方法则在多个源域和目标域分别训练出分类器，根据不同源域和目标域的相似度，将多个分类器组合起来。Schweikert [Schweikert et al., 2009] 使用一种简单的组合方法，给每个源域分类器相同的权重。Sun 和 Shi [Sun and Shi, 2013] 基于贝叶斯学习法设计了一种给源域分类器加权的方法。

近年来，深度学习吸引了大量研究者的注意，不少研究者提出了基于深度学习的多源迁移算法。Zhao [Zhao et al., 2018] 提出了多源域对抗网络（Multi-domain Adversarial Network, MDAN），通过多个领域判别器分别对齐每个源域和目标域特征的分布。Xu [Xu et al., 2018] 提出了深度鸡尾酒网络（Deep Cocktail Network，DCTN），针对每个源域和目标域都用一个单独的领域判别器和一个分类器。领域判别器用于对齐特征分布，分类器输出预测的概率分布。DCTN 基于领域判别器的输出，还设计了一种多个分类器投票的方法。Peng [Peng et al., 2019] 提出了一种 $\mathrm{M^3SDA}$ 的方法，不仅考虑源域和目标域之间的对齐，同时还对齐不同源域的特征分布。上述的深度多源迁移方法尝试将所有源域和目标域数据映射到同一个特征空间，在同一个特征空间中对齐不同领域的特征分布。Zhu 等人 [Zhu et al., 2019a] 认为单源迁移通过特征对齐的手段无法完全消除领域分布差异的影响，那么在多源迁移中，在同一个特征空间尝试消除所有领域间的分布差异是更困难的。因此，Zhu 等人 [Zhu et al., 2019a] 提出了一种新的框架 MFSAN，将不同源域提取到不同特征空间，在不同特征空间分别对齐源域和目标域的特征分布，并且提出了一种一致性正则化项，可以约束多个分类器对同一个样本的输出，使得它们更加接近。

综上，多源迁移的整体框架可以表示为

$$\mathcal{L}_{\mathrm{cls}} + \mathcal{L}_{\mathrm{da}} + \mathcal{L}_{\mathrm{reg}}, \tag{11.2.1}$$

其中 $\mathcal{L}_{\mathrm{cls}}$ 表示分类损失，$\mathcal{L}_{\mathrm{da}}$ 表示自适应损失，其需要考虑源域和目标域的特征对齐，以及不同源域之间的特征对齐。$\mathcal{L}_{\mathrm{reg}}$ 表示正则化项，对多个分类器或者特征提取器做进一步限制，比如一致性正则化项 [Zhu et al., 2019a]。

毫无疑问，多个源域包含的可以迁移的知识通常比单个源域更丰富，同时，研究表明多源迁移比单源迁移能达到更好的效果。现在迁移学习算法通常面临效果不够好，无法达到落地要求的问题，利用多个源域可以提升迁移的效果，或许是迁移学习落地的一条可行之路。研究者在进行多源迁移时，要特别注意多源知识带来的不确定性以及由于领域知识的冲突可能带来的负迁移影响。

11.3　开放集迁移学习

本节介绍近几年兴起的热门研究领域：开放集迁移学习。

现有的迁移学习针对的都是一个“封闭”的任务。具体而言，源域和目标域中包含的类别是完全一样的：源域有几类，目标域就有几类。显然，这只是理想状态下的迁移学习场景。在真正的环境中，源域和目标域往往只会共享部分类的信息，甚至源域和目标域之间完全不存在公共类别。我们将源域和目标域的类别完全相同的场景称为**封闭集**（Closed Set），源域和目标域共享一部分类别的场景称为**开放集**（Open Set），源域和目标域完全不共享任何类别的场景，称为**全开放集**（Full-open Set）。很显然，由封闭集到开放集，再到全开放集，问题逐渐由简单到复杂，针对的场景也越来越复杂。

图 11.4 简要描述了上述介绍的三种场景。

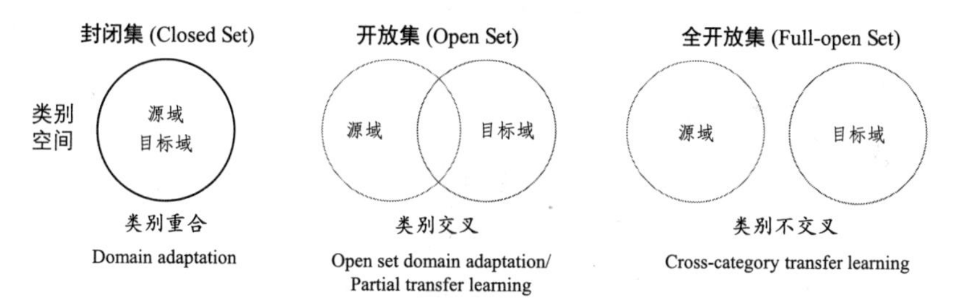

图 11.4　从全封闭集到全开放集的迁移学习类别空间示意

由于这些场景主要关注源域和目标域的类别空间，而通常假定其特征空间一致（显然特征空间不一致是此问题的另一种扩展形式，我们在这里不作讲解）。因此，我们以类别空间 $\mathcal{Y}_{\mathrm{s}}$ 和 $\mathcal{Y}_{\mathrm{t}}$ 的关系来描述这三种场景：

- 封闭集：$\mathcal{Y}_{\mathrm{s}} = \mathcal{Y}_{\mathrm{t}}$。
- 开放集：$\mathcal{Y}_{\mathrm{s}} \neq \mathcal{Y}_{\mathrm{t}}$，且 $\mathcal{Y}_{\mathrm{s}} \cap \mathcal{Y}_{\mathrm{t}} \neq \emptyset$。其中 $\emptyset$ 表示空集。
- 全开放集：$\mathcal{Y}_{\mathrm{s}} \neq \mathcal{Y}_{\mathrm{t}}$，且 $\mathcal{Y}_{\mathrm{s}} \cap \mathcal{Y}_{\mathrm{t}} = \emptyset$。

现有的工作对于开放集的定义尚未完全统一。例如，我们采用的定义与 [Panareda Busto and Gall, 2017] 的一致，[Saito et al., 2018b] 提出了开放集的概念，但并未允许在源域中有与目标域类别不一致的样本可被访问。开放集迁移学习的核心是确定源域和目标域类别的对应关系。由于源域和目标域仅共享一部分类别，因此，如何利用这些公共类别的相似性来确定源域中与目标域最相似的那些样本和类别便成为一个难点。[Panareda Busto and Gall, 2017] 提出利用离群点检测的方法来排除源域中与目标域类别不同的样本，[Saito et al., 2018b] 用类别概率来表示权重。[Fang et al., 2019] 从理论和算法上均给出了一些证明。

相关工作还有很多，不可能一一列举。毫无疑问，未来的迁移学习应当是全开放的场景，这也在激励着研究者们不断朝着这个目标迈进。

11.4 时间序列的迁移学习

本书的绝大部分篇幅都在描述迁移学习算法，因此假定任务均为图像分类，然而实际应用中并非只有图像这一种数据类型，实际的任务也并非只有分类。本节介绍时间序列数据上的迁移学习方法，特别地，我们将介绍迁移学习如何应用于时间序列的回归任务。由于此类研究目前还较少，因此，未来有很高的研究和应用价值。

时间序列（Time Series）在日常生活中有着广泛的应用，例如，天气预测 [Vincent and Thome, 2019]、健康数据分析 [Lai et al., 2018]，以及交通情况预测 [Choi et al., 2016] 等实际问题均需要对时间序列进行建模。所谓时间序列，指的是按照时间、空间或其他定义好的顺序形成的一条序列数据。由于时间的连续性，不难想象，时间序列数据会随着时间动态变化。特别地，时间序列的一些统计信息（例如均值、方差等）会随着时间动态变化。统计学通常将此类时间序列称为*非平稳时间序列*（Non-stationary Time Series）。为解决此问题，传统方法通常基于马尔可夫假设来建模，即时间序列上的每个观测仅依赖于它的前一时刻的观测。依据此假设，隐马尔可夫模型、动态贝叶斯网络、卡尔曼滤波法，以及其他统计模型如自回归移动平均模型（Autoregressive Integrated Moving Average Model, ARIMA）等都在时间序列预测上取得了良好的效果。最近几年随着深度学习的兴起，基于循环神经网络（Recurrent Neural Networks, RNN）的方法取得了比之前这些方法更好的效果。与其相比，RNN 对时间序列的时间规律不做显式的假设，依靠强大的神经网络，RNN 能自动发现并建模序列中高阶非线性的关系，并且能实现长时间的预测。因此，RNN 系列方法在解决时间序列建模上十分有效。

我们首先对时间序列预测问题进行形式化定义。给定一个长度为 N 的时间序列 $\mathcal{D}=\{\boldsymbol{x}_i,\boldsymbol{y}_i\}_{i=1}^N$，其中 $\boldsymbol{x}_i=(\boldsymbol{x}_i^1,\cdots,\boldsymbol{x}_i^n)\in\mathbb{R}^{p\times n}$ 为其中一个长度为 n、维度为 p 的样本，且 $\boldsymbol{y}_i=(y_i^1,\cdots,y_i^d)$ 为其 d 维数据标签。显然，在普通的单值预测问题中 $d=1$。我们的目标是学习一个预测模型 $\mathcal{M}$，使其在数据 $\hat{\boldsymbol{x}}=\{\boldsymbol{x}_i\}_{i=N+1}^{\leqslant N+\tau}$ 上进行 τ 步预测，以求得预测标签 $\hat{\boldsymbol{y}}_i=(\hat{\boldsymbol{y}}_i^1,\cdots,\hat{\boldsymbol{y}}_d)\in\mathbb{R}^{d\times\tau}$。

那么，时间序列中存在迁移学习问题吗？迁移学习如何应用于时间序列建模？

先回答第一个问题：时间序列中存在迁移学习问题吗？

我们注意到，非平稳时间序列的最大特性便是其动态变化的统计特征。故而，其数据分布也在动态变化着。在这种情形下，RNN 模型尽管能够捕获一些局部的时间相关性，但是对于一个预测问题而言，对测试数据一无所知。此问题与传统的图像分类等问题并不相同：试想，时间序列建模要求我们预测未来（例如根据最近一周的天气预测未来的天气），因此未来的数据是不可知的；而在图像分类时，我们可以获取测试数据的图片。因此，此问题与第 12 章介绍的领域泛化问题非常相似。RNN 在面对未知的数据分布时，很可能会发生模型漂移（Model shift）现象。因此，对时间序列进行迁移学习的主要任务就是构建一个时间无关（Temporally-invariant）的模型用于未知数据和任务。

此问题无法直接应用本书介绍的迁移方法。首先，时间序列的数据分布具有连续性。由于每个时刻的数据分布都在改变，因此需要找到一种方法将连续的分布差异变成离散的、可计算的分布差异，同时又能最大限度地捕获整个时间序列的分布特性，以便最大化后续的迁移效果。其次，即使上一步骤能够完成，现有的迁移方法均为基于卷积神经网络的分类问题而设计，也无法直接用于 RNN 模型。由于上述两个挑战的存在，我们需要研究特别的算法来完成时间序列的迁移学习。

我们先简要回顾已有的时间序列建模方法的大致思路。这些方法包括基于距离的方法 [Orsenigo and Vercellis, 2010, Górecki and Luczak, 2015]，基于特征变换的方法 [Schäfer, 2015]，以及基于集成学习的方法 [Lines and Bagnall, 2014, Bagnall et al., 2015]。基于距离的方法通常直接利用某种相似度度量作用于原始数据上，基于特征变换的方法则期望能从数据中提取某些对时间不变的特征，基于集成学习的方法则通过多个分类器的集成来取得更好效果。这些方法均基于手动的特征提取或数据表征。基于 RNN 的方法则利用注意力机制 [Choi et al., 2016, Lai et al., 2018, Qin et al., 2017] 或张量分解 [Sen et al., 2019] 等方法来捕获时间相关性。另一类方法则将深度学习与状态空间模型（State Space Model）进行结合 [Rangapuram et al., 2018, Salinas et al., 2020]。另外，一些方法 [Salinas et al., 2020, Vincent and Thome, 2019] 使用了序列到序列（Sequence to Sequence）模型进行多步预测。这些方法尽管取得了很好的效果，但均未从数据分布角度对时间序列进行建模，因此在面对未知数据时很有可能发生模型漂移的问题。

第二个问题：迁移学习如何应用于时间序列建模?

笔者及团队提出了针对时间序列进行建模的 **AdaRNN 方法**（Adaptive RNNs）[Du et al., 2020b]。AdaRNN 方法首先将时间序列中分布动态改变的现象定义为**时序分布漂移**（Temporal Covariate Shift, TCS）问题，并提出有效的方法来解决此问题。TCS 现象如图 11.5 所示。AdaRNN 方法为研究时间序列建模提供了一个全新的数据分布的视角。

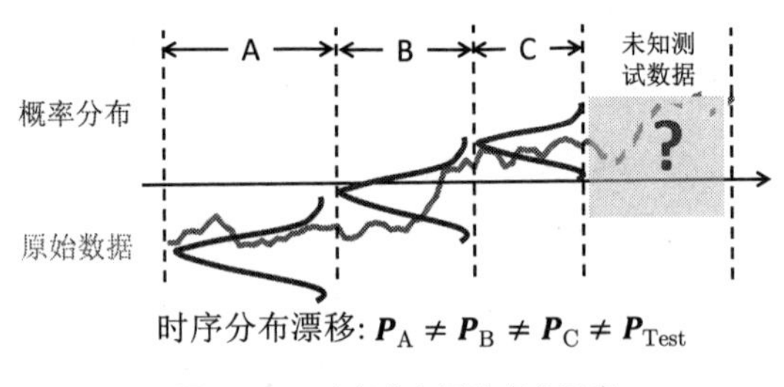

图 11.5 时序分布漂移现象示意

定义 5 时序分布漂移（Temporal Covariate Shift） 给定一个由 K 段组合成的时间序列 $\mathcal{D} = \{\mathcal{D}_1, \cdots, \mathcal{D}_K\}$，其中每一段 $\mathcal{D}_j = \{\boldsymbol{x}_j, \boldsymbol{y}_j\}_{j=N_j}^{N_j+1}$，时间序列总长度为 $N = \sum_{j=1}^{K} N_j$，并且规定 $N_0 = 0$。当 $P(\mathcal{D}_i) \neq P(\mathcal{D}_j), \forall 1 \leqslant i \neq j \leqslant K$ 时，则发生时序分布漂移现象。

为解决时序分布漂移问题，AdaRNN 方法设计了如图 11.6 所示的两个重要步骤：

1. 时序相似性量化（Temporal Similarity Quantization, TSQ）将时间序列中连续的数据分布情形进行量化，以将其分为 K 段分布最不相似的序列。其假设是如果模型能够减小此 K 段最不相似的序列的分布差异，则模型将具有最强的泛化能力。因此对于未知的数据预测效果会更好。

2. 时序分布匹配（Temporal Distribution Matching, TDM）为上述 K 段时间序列构建迁移学习模型以学习一个具有时序不变性的模型。

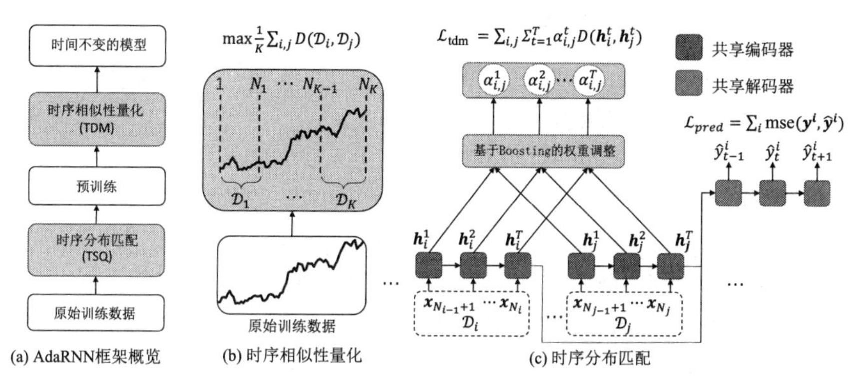

图 11.6　AdaRNN 方法框架及步骤

为将时间序列切分为 K 段最不相似的序列（对应于下式中的求最大值操作、同时使得 K 最小），时序相似性量化方法将此问题表征为一个优化问题：

$$
\begin{gathered}
\max_{0<K\leqslant K_0} \max_{N_1,\cdots,N_K} \frac{1}{K} \sum_{1\leqslant i\neq j\leqslant K} D(\mathcal{D}_i, \mathcal{D}_j) \\
\text{s.t. } \forall i,\ \Delta_1 < N_i < \Delta_2; \sum_{i=1}^{K} N_i = N,
\end{gathered}
\tag{11.4.1}
$$

其中 D 是相似度度量函数，Δ_1，Δ_2 和 K_0 是为了避免无意义的解而预先定义好的参数。上述优化问题可以用动态规划算法（Dynamic Programming）高效求解。

得到 K 段最不相似的序列后，时序分布匹配方法设计了一种类似于领域泛化的方法学习得到最优的模型参数 $\theta^\star$。特别地，为了在迁移过程中不损失时序相关性，AdaRNN 方法提出要动态度量 RNN 单元中每个时间状态的重要性，将其用 α 表示。此时，迁移过程中每个时间状态对整个训练过程的重要性可被动态地进行学习。该学习过程表示为

$$
\theta^\star, \alpha^\star = \arg\min_{\theta,\alpha} \mathcal{L}_{\text{pred}}(\theta) + \lambda \sum_{1\leqslant i,j\leqslant K} \mathcal{L}_{\text{tdm}}(\boldsymbol{H}_i, \boldsymbol{H}_j; \alpha_{i,j}, \theta), \tag{11.4.2}
$$

其中 $\mathcal{L}_{\text{tdm}}(\boldsymbol{H}_i, \boldsymbol{H}_j)$ 为 K 段序列中任意两段的分布差异：

$$
\mathcal{L}_{\text{tdm}}(\boldsymbol{H}_i, \boldsymbol{H}_j) = \sum_{t=1}^{T} \alpha_{i,j}^t D(\boldsymbol{h}_i^t, \boldsymbol{h}_j^t). \tag{11.4.3}
$$

之后，时序分布匹配方法提出了基于 Boosting 的方法来学习模型参数，不再赘述。

时间序列是日常生活中重要的数据类型。期待未来会有更多的研究工作开发出更好的算法将时间序列的迁移学习做得更好。

11.5 联邦迁移学习

11.5.1 联邦学习

人工智能在最近一两年是一个炙手可热的词汇。在图像分类、语音识别、文本分析、计算机视觉、自然语言处理、自动驾驶等方面，大量的人工智能和机器学习模型确实让生活变得更加方便快捷。从技术上讲，目前绝大多数的 AI，其实都是基于统计学的一些机器学习方法。而机器学习的核心，则是强调让算法能够自动地根据给定的数据来学习模型。到目前为止，这套方案运行完美，只要有足够的权限访问数据，几乎可以预见到，在不远的将来，我们将全面实现 AI 化。

然而，欧盟在 2018 年颁布了《一般数据保护条例》(*General Data Protection Regulation*，简称为 GDPR)。该条例是近 30 年来数据保护立法的最大变动，旨在加强对欧盟境内居民的个人数据和隐私保护。条例强调，机器学习模型必须具有可解释性，而且收集用户数据的行为，必须公开、透明。随后，美国、中国等国家纷纷出台相应的数据保护法案，保护公民数据隐私不泄露。随着人们越来越看重数据隐私，衍生出了一个问题：如果没有权限获取足够的用户数据，企业如何进行建模?

很自然地，我们想到可以用迁移学习。比如，A 公司有一些自己用户的数据，那么就可以和 B 公司的数据一起协同建模。然而，由于隐私法案的保护，使得两家公司的数据彼此不互通。这个情形可以用图 11.7 来形象地解释：理想很丰满，现实却很骨感。各个公司就好比一个个数据的孤岛，由于隐私法案的限定，在人工智能的汪洋大海中，茕茕孑立，形影相吊。

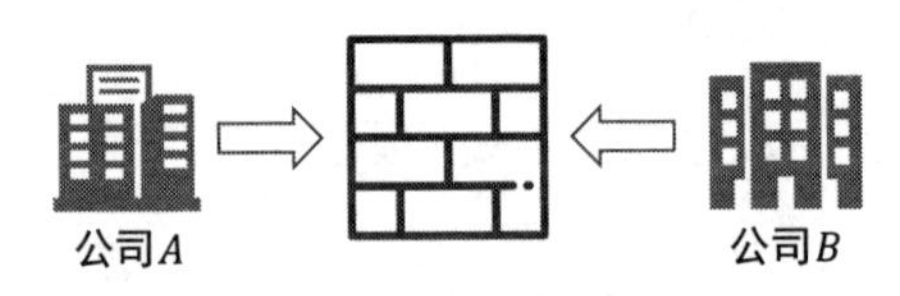

图 11.7 公司 A 和公司 B 的数据无法实现共享

为了应对数据隐私的挑战，Google 在 2017 年的一篇论文里进行了去中心化的推荐系统建模研究。其核心是，手机在本地进行模型训练，然后仅将模型更新的部分加密上传到云端，并与其他用户的数据进行整合。后来，这个概念演变为了**联邦学习**（Federated Learning）。

杨强教授及其团队在 2019 年出版了第一本联邦学习的专著 [Yang et al., 2019]，对联邦学习领域的基础理论、方法和应用等做了全面的介绍。与此同时，最近的一些综述文章 [Lim et al., 2020, Kairouz et al., 2019] 也从不同侧面对联邦学习进行了介绍。与 Google 的面向个人数据做联邦（ToC）不同，微众银行的联邦学习是面向机构数据（ToB）的。

联邦学习认为，目前各个企业数据之间的关系就像不同的国家一样：它们各自有自己的体系，但是无法很好地完成统一建模。联邦学习则将它们管辖在“一个国家、一个联邦政府”之下，将不同的企业看成这个国家里的“州”。这样，彼此之间都可以获得模型效果的提升。因此，联邦学习的核心是：各个企业的自有数据在不出本地的情况下能够实现跨企业的联合模型训练。

一些研究者也提出了 CryptoDL 深度学习框架、可扩展的加密深度方法、针对于逻辑回归方法的隐私保护等，第四范式和香港科技大学团队提出了基于差分隐私的迁移学习方法 [Guo et al., 2018]。但是，它们或只能针对于特定模型，或无法处理不同分布数据，均存在一定的弊端。假设我们有 A 和 B 两个企业的数据，当 A 和 B 处于同一样本维度、不同特征维度时，我们可以用联邦学习；当 A 和 B 处于同一特征维度、不同样本维度时，我们就可以用迁移学习；二者的结合点是：不同样本、不同特征维度。具体地，可以扩展已有的机器学习方法，使之具有联邦的能力。比如，首先将不同企业、不同来源的数据训练各自的模型，再将模型数据加密，使之不能直接传输以免泄露用户隐私；然后，在这个基础上，对这些模型进行联合训练，最后得出最优的模型，再返回给各个企业。

联邦学习使得不同企业之间第一次有了可以跨领域挖掘用户价值的手段。比如中国移动，它有着海量的用户通话信息，但是，缺少用户的购买记录和事物喜好等关键信息，这使它无法更加有针对性地推销自己的产品。另一方面，一个大型的连锁超市，比如家乐福，它存有大量的用户购买信息，但是更精准的商品推荐需要用户的行为轨迹，这些轨迹是家乐福所无法获取的；而中国移动通过基站定位等手段可以获取。我们能不能应用联邦迁移学习的思想，在不泄露用户隐私的前提下，将中国移动和家乐福的数据进行联邦学习，从而提高二者产品的竞争力？

11.5.2 联邦迁移学习

微众银行 AI 团队最近提出了**联邦迁移学习**（Federated Transfer Learning, FTL）的概念。FTL 将联邦学习的概念加以推广，强调在任何数据分布、任何实体上，均可以协同建模学习。

杨强教授及其团队在 2019 年出版了第一本联邦学习的专著 [Yang et al., 2019]，对联邦学习领域的基础理论、方法、应用等做了全面的介绍。与此同时，最近的一些综述文章 [Lim et al., 2020, Kairouz et al., 2019] 也从不同侧面对联邦学习做了介绍。

从字面意思上看，FTL 和迁移学习及多任务学习具有很强的相关性。它们的区别是：

多任务学习和 FTL 都注重多个任务的协同学习，最终目标都是要把所有的模型变得更强。但是，多任务学习强调不同任务之间可以共享训练数据，破坏了隐私规则；而 FTL 则可以在不共享隐私数据的情况下，进行协同训练。

迁移学习注重知识从源域到目标域的单向迁移。而这种单向的知识迁移，往往伴有一定的信息损失：因为我们通常只会关注迁移学习在目标域上的效果，而忽略了在源域上的效果。FTL 则从目标上就很好地考虑到了这一点：多个任务之间协同工作。

当然，迁移学习和多任务学习都可以解决模型和数据漂移的问题，这一点在 FTL 中也得到了继承。

好了，现在有了学习的基本思路，我们就可以将已有的机器学习方法，如决策树、森林、深度模型等，扩展到 FTL 的框架中了。例如，[Liu et al., 2018c] 提出了基于树模型的安全联邦学习系统。其他研究者分别提出了隐私保护模式下的异构联邦迁移学习系统 [Gao et al., 2019]、高效联邦迁移学习系统 [Sharma et al., 2019]，以及基于联邦迁移学习的 EEG 应用 [Ju et al., 2020] 等等。笔者博士期间与团队一起提出了一个用于可穿戴健康监护的联邦迁移学习系统 FedHealth [Chen et al., 2020]，如图 11.8 所示。FedHealth 将联邦学习技术与迁移学习技术相结合，并应用于可穿戴健康监护，在帕金森病人的日常监护上起到了关键作用。

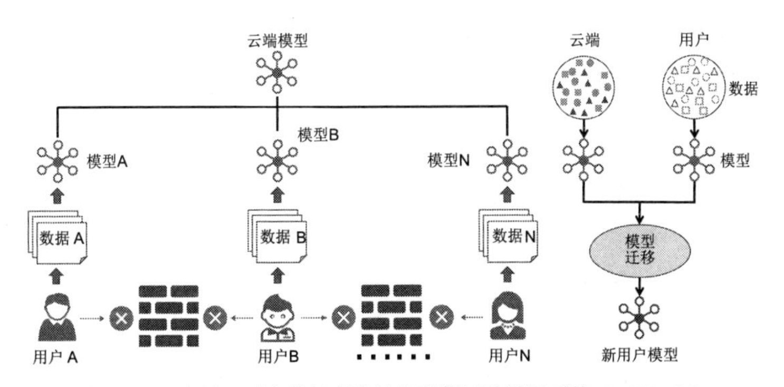

图 11.8　应用于可穿戴健康监护的联邦迁移学习系统 FedHealth

还有一个问题：涉及隐私保护，谁来监管？数据放在哪里？

答案指向了另一个炙手可热的领域：区块链。为了构建可信的联邦迁移学习系统，各个企业应当在遵循法律法规的基础上，按照各参与方理解一致的共识机制，构建基于区块链的运营组织。区块链使信息的存储变得去中心化，避免了信息的泄露和伪造。

联邦迁移学习是一种新的学习模式。我们以 FTL 的思想为基础，打造 FTL 的生态系统。

从社会需求来看，FTL 迎合了人们对于隐私保护的要求，使隐私数据变得更安全，这也是我们所喜闻乐见的。

因此，那些非常看重数据隐私保护的企业可以用 FTL 来打造联邦学习联盟。比如金融业和银行业，就可以以 FTL 框架为武器，打造多个企业之间的“联盟”。大家在不泄露隐私的条件下，实现彼此模型的正向生长，更好地为客户服务。

11.6　基于因果关系的迁移学习

迁移学习需要依赖于不同领域之间的共性的假设。近年来，有一系列工作考虑基于**因果关系**（Causal Relation）开展领域间共性的假设和建模。本节将介绍因果关系的一些基本概念及其在迁移学习中的应用。

11.6.1　什么是因果关系

人们可能会对什么是因果关系有自己的理解。在因果推理（Causal Inference）和因果发现（Causal Discovery）等专门研究因果关系的领域，两个变量有因果关系被定义为，对因变量进行干预（Intervention）会改变果变量，但对果变量进行干预不会改变因变量 [Pearl, 2009, Peters et al., 2017]。此处所说的对系统中的一个变量进行干预是指，通过对当下所考虑的系统以外的机制（Mechanism）的利用，或者改变所考虑系统以外的变量来改变此变量。一个系统被干预后，其中变量的联合分布会发生变化。

可以通过如下的例子 [Peters et al., 2017] 来理解这个定义。通过观察全球各个城市的海拔和平均温度的数据，人们可以知道这两个变量之间的一个观测相关性（Observational Correlation）：更高的海拔会伴随着更低的平均温度。但是这两者之间是否有因果关系呢？为此，可以考虑（假想）对海拔和平均温度进行干预。例如，可以想象通过在一个城市中燃烧一个巨大的火炉来对平均温度进行干预（这个过程是通过在海拔–平均温度这个系统以外的变量和过程来实现的，所以是一个干预）。但是物理世界会告诉人们，这个升温的干预并不会自动地让这个城市的海拔变低。另一方面，可以想象通过在城市地底使用一个巨大的举重机来对城市海拔进行干预（这个过程也是通过系统外的机制实现的），而物理世界会告诉人们，这个提升海拔的干预会让城市的平均气温降低。因此，海拔是平均温度的一个因。这与人们的直觉是相符的。

另一个有趣的例子是，人们发现，国民巧克力消费量和诺贝尔奖获奖数具有正相关性。但如果我们考虑通过强行让一个国家出台极端的巧克力消费优惠政策来干预巧克力消费量，社会规律会告诉人们，这个国家并不会有更多的诺贝尔奖获奖数，而如果通过强行让诺贝尔奖评奖委员会每年都给这个国家颁发此奖，社会规律会告诉人们，这个国家的巧克力消费量也并不会增加。因此这两个变量之间并不存在一个因果关系。这也与人们的直觉相符。至于这两个变量之间为什么会有一个观测相关性，可以认为是一个国家的综合国力导致了国民巧克力消费量和诺贝尔奖获奖数的正相关性。一个比较高的巧克力消费量会让人推断（Infer）出这个国家的综合国力比较强，进而有更多的获奖数。这种两个变量之间没有直接因果性但是因为一个未被观测到的同因量（Confounder）的存在而具有的相关性称为虚伪相关性（Spurious Correlation）[1]。另外，上述推断的过程也并不是一个因果的关系，推断的结果也依赖于数据生成的环境或领域。例如，如果巧克力消费量是通过干预得到的，那原本的推断结果就不再成立，而这个被干预的环境或领域中的推断规律也不

1 链接 11-1 列出了更多虚伪相关性的实例。

再相同。

通过这些例子，我们可以有两点观察：

（1）因果关系包含了比观测数据（Observational Data）更多的信息 [Pearl, 2009, Pearl et al., 2009, Peters et al., 2017]。无论是海拔导致（Cause）平均温度，还是平均温度导致海拔，都可以解释观测数据中“更高的海拔会伴随着更低的平均温度”的这个规律。而且，我们还需要物理世界或人类社会等所展现出来的自然规律提供额外的信息来告诉我们，当干预出现时会出现什么现象，才能判断出两个变量之间是否具有因果性以及因果关系的方向。另一方面，从数学形式的角度来说，我们可以把 x 导致 y 这个因果关系用它们联合分布的拆解形式（或称因子化形式，Factorization）$P(x,y) = P(x)P(y|x)$ 来表示，其中 $P(y|x)$ 就描述了这个因果关系的机制。而观测数据只包含了联合分布 $P(x,y)$ 的信息，却无法确定这个联合分布是要按 $P(x)P(y|x)$ 拆解还是按 $P(y)P(x|y)$ 拆解还是不应拆解，因为这三种情况都可以表达联合分布 $P(x,y)$。因果关系则可以进一步确定出这三种情况中的一种。

（2）因果关系体现了一定的自然规律或变量生成机制，例如海拔决定温度的物理规律，以及综合国力决定消费水平和教育科研水平的社会规律。可以想见，这些规律和机制各自描述了不同的自然过程或变量生成过程，因而这些规律和机制具有自治性（Autonomy）和模块性（Modularity），进而它们之间是独立的、互不影响的。这就是*独立机制原则*（Principle of Independent Mechanism）[Schölkopf et al., 2012, Peters et al., 2017, Schölkopf, 2019]。特别地，不同机制之间不会彼此“通知”对方自己的状态，对一个变量或机制的干预不会影响到别的机制。例如，对海拔和温度的干预都不会影响“海拔升高温度降低”这样一个机制，以及对巧克力消费量（或诺贝尔奖获奖数）的干预不会影响综合国力决定诺贝尔奖获奖数（或巧克力消费量）的机制。

11.6.2　因果关系与迁移学习

对于一个机器学习任务，如果不考虑环境和领域会发生变化，即使用机器学习系统的环境和训练它的环境为所关心的变量给出一样的联合分布（即独立同分布假设成立），那么我们就不需要考虑因果关系这一比观测相关性（即联合分布所体现的规律）更加细节的关系。例如，在没有干预的情况下，观测到一个国家的巧克力消费量很高之后，还是可以推断出这个国家倾向于产生更多的诺贝尔奖获得者。这种情况下，考虑虚伪相关性对于预测等任务还是有帮助的。

但如果环境和领域发生了变化，那么因果关系就能派上用场了。它给出了比联合分布更多的信息。我们可以认为环境和领域发生的变化是来源于系统外的变量或机制带来的干预，而因果关系的独立机制原则意味着，没有被干预的因果机制仍然保持不变。我们称这种不变性为因果不变性（Causal Invariance）。如果我们知道一个系统中的因果关系及干预方式，那么就可以利用没有被干预的因果机制的不变性在两个环境或领域之间架起桥梁。

利用直接观测的变量之间的因果关系

Schölkopf 等人 [Schölkopf et al., 2011, Schölkopf et al., 2012] 首先提出了独立机制原则和因果不变性，并基于此指出对于由变量 x 预测变量 y 的任务，它们之间不同的因果关系假设对应着不同的迁移学习场景。对于由 x 导致 y 的情况，可认为 $P(y|x)$ 在领域之间没有发生变化，而领域间的变化来自于 $P(x)$ 的变化 [$P(y)$ 发生的变化也可归结为 $P(x)$ 的变化]。这对应着迁移学习中的自变量漂移（Covariate Shift）[1]的情况。类似地，在 y 导致 x 的情况下，$P(x|y)$ 是不变的，对应着目标漂移（Target Shift）的情况。他们在加性噪声模型（additive noise model）的假设下提出了各种情况下的一些算法。另外，他们也提出在一般预测任务中根据预测任务的方向和因果关系的方向之间的关系，将这两种情况下的任务分别称为因果学习（Causal Learning）和逆因果学习（Anticausal Learning），并分析了这对于半监督学习（Semi-supervised Learning）的意义。Zhang 等人 [Zhang et al., 2013] 使用核函数嵌入的方法解决了目标漂移的任务，并考虑了更一般的情况，即允许 $P(x|y)$ 按照位置–尺度变换（Location-scale Transformation）的形式发生改变的情况，即条件漂移（Conditional Shift）及广义目标漂移（Generalized Target Shift）的情况。Gong 等人 [Gong et al., 2016, Gong et al., 2018] 进一步考虑了只有 x 的部分分量对应的 $P(x|y)$ 按照位置–尺度变换而改变，以及 $P(x|y)$ 按照一般的函数形式变化的情况。Rojas-Carulla 等人 [Rojas-Carulla et al., 2018] 考虑只有 x 的部分分量对 y 有因果关系，即自变量漂移只对部分分量成立的情况。他们在领域泛化及多任务学习两种任务下提出了找出并利用具有因果关系的分量的方法。由于其他分量对 y 的关系在新的领域中可以与训练领域中的关系任意地

1 "Covariate" 在这里指与目标变量 y 有共变关系的变量，即 x，此处可称为自变量。

不同，他们提出只用有因果关系的分量进行预测。对于将这个做法拓展到领域自适应的任务，由于此时通常只有一个有标注数据的领域，找出具有因果关系的分量会更难，需要使用不同的方法，并且需要依赖一些假设。Bahadori 等人 [Bahadori et al., 2017] 利用一个预训练好的预测因果作用（Causal Effect）的模型，并在训练由 x 预测 y 的模型中加大具有更大因果作用的 x 的分量的权重。Shen 等人 [Shen et al., 2018b] 则考虑在训练时对各个数据样本加权，使得使用加权后的数据算得的一个分量与其他分量的统计相关性能够反映此变量对其他变量的平均因果作用。这两个方法都需要线性模型，不过它们也被拓展到了非线性的情况 [Bahadori et al., 2017, He et al., 2019b]，方法是学习一个与 y 具有线性关系的表示。Magliacane 等人 [Magliacane et al., 2018] 使用了一个称为联合因果推断（Joint causal inference）的方法来寻找具有因果关系的变量分量。

学习并利用具有因果关系的隐式表示

对于传感器类数据，例如图像或语音，直接拿到的数据中各分量之间不太可能存在因果关系，而因果关系更有可能存在于具有一定语义含义的抽象的幕后因素（Latent factor）[Lopez-Paz et al., 2017, Besserve et al., 2018, Kilbertus et al., 2018] 的层面上。举例来说，干预图片中的一个像素，例如通过破坏照相机中图片传感器对应的感光单元，并不会改变其他像素。干预成像时的物体形状颜色、背景、光照条件等抽象的因素，图像就会发生改变，而按如上方式干预图片中的一个像素则不会影响这些幕后的因素。为考虑这些幕后因素，需要在模型中引入隐变量（Latent variable）来为这些因素建模。而学到的隐变量则提供了数据的一个隐含表示（Latent representation）。

基于领域不变表示的方法

基于领域不变表示（Domain-invariant representation）的迁移学习方法考虑学到一个边缘分布在各领域上都一样的表示，并在这样的表示空间上建立一个分类器或预测器。这样的表示可认为是在一定程度上学到的各领域之间的共性，并基于此共性进行迁移。这类方法已在第 4 章介绍。它们在各种实际问题中都取得了很好的效果[1]。

1 近年来，也有一些文章 [Johansson et al., 2019, Zhao et al., 2019, Chuang et al., 2020] 提出并分析了这类方法的一些问题。

近年来也有一类工作不通过边缘分布的领域不变性来定义领域不变的表示及挖掘领域间的共性，而是通过在表示空间（或称隐空间）上的分类器或预测器的领域不变性来表示。这个学习目标被 Arjovsky 等人 [Arjovsky et al., 2019] 提出。他们称之为不变风险最小化（Invariant Risk Minimization），并在领域泛化任务下提出了一个可行的优化目标函数。

由 11.6.2 节所提及的例子，我们可以认为，表示幕后因素的隐变量是观测数据的“因”，所以由观测数据得到隐变量的过程是一个推断（Inference）过程。注意到这类方法在不同领域中使用了同样的表示抽取器 [Representation Extractor，即从观测数据映射到（可以是概率式地）隐含表示的模型]，它们也隐含地假设了推断过程在各领域中是一样的。因此可称它们为基于推断不变性（Inference-invariance）的方法。

基于因果不变性的方法

虽然基于推断不变性的方法也是为了学到能够表示作为观测数据的“因”的隐变量 z，但它们是基于推断规律的不变性而做的迁移。而我们在 11.6.1 节中提到，推断的过程不一定具有因果性，它还有可能随领域的变化而变化。因此，也有一些方法考虑基于因果关系的不变性做迁移。由于具有因果性的过程是由隐变量生成观测数据 x 和 y，所以这类模型通常是生成式模型（Generative Model）。由因果不变性原则，可以认为数据的生成过程 $p(x, y|z)$ 是不随领域而变的，而领域间的不同来源于隐变量的边缘分布 $p(z)$ 的不同。在贝叶斯建模的看法下，这个分布通常被称作先验（分布）[Prior （distribution）]。

Teshima 等人 [Teshima et al., 2020] 利用生成机制的因果不变性处理小样本有监督领域自适应（Few-shot supervised domain adaptation）问题（需要多个源域）。他们在多个源域上学到不变的生成机制，再用目标域中少量的样本调整先验以得到目标域上的预测规则[1]。Cai 等人 [Cai et al., 2019] 及 Ilse 等人 [Ilse et al., 2020] 假设的因果关系如图 11.9（左）所示。他们将隐变量分成两类：一类表示由领域 d 导致的幕后因素 z_d（例如背景，颜色，风格），一类表示由标注 y 导致的幕后因素 z_y（例如形状）。这种区分可以更好地体现分别由领域变化和标注类别对 x 产生的影响，进而便于泛化到新的领域上。但他们也假设 d 和 y 及 z_d 和 z_y（在联合分布中）是独立的，这限制了在一般数据集上

1 他们假设生成机制是一个确定性双射，在这种情况下因果不变性意味着推断不变性。

的应用。Atzmon 等人 [Atzmon et al., 2020] 对此做了一些改进，认为领域的变化来自于标注 y 及其他属性（Attribute）（可由图中 d 表示；例如颜色）的联合分布的变化，并在其中考虑了两者之间的相关性。不过这些方法没有为新的领域调整先验，因而在新的领域中仍然给出跟训练领域上相同的预测规则。

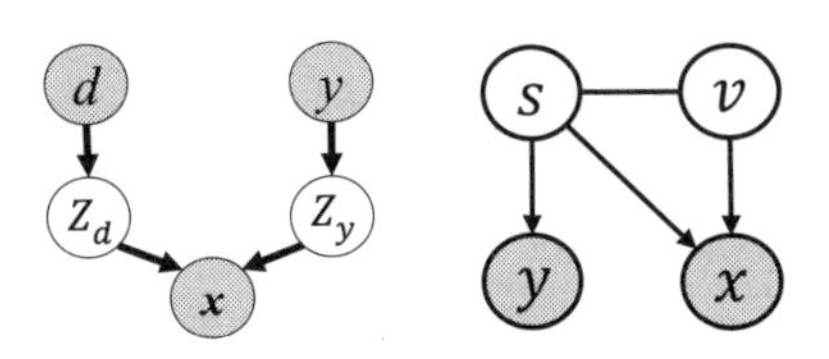

图 11.9　两种不同的因果关系。左：Cai，右：Liu

图 11.9（左）是 Cai 等人 [Cai et al., 2019]、Ilse 等人 [Ilse et al., 2020] 及 Atzmon 等人 [Atzmon et al., 2020] 所假设的生成数据的因果关系，其中 d 表示领域（或标注以外的其他属性），而 z_d 和 z_y 分别表示领域 d 和标注 y 的语义的幕后因素。图 11.9（右）是 Liu 等人 [Liu et al., 2020] 和 Sun 等人 [Sun et al., 2020] 所假设的生成数据生成的因果关系，其中 s 和 v 分别表示导致标注 y 的语义因素和对 y 没有因果关系的变化因素，黑色有向边表示不变的因果关系，黑色无向边表示领域特定的先验分布（允许 s 和 v 有统计相关性）。

在最近的工作中，笔者所在团队中的 Liu 等人 [Liu et al., 2020] 为新的领域调整先验，并由生成机制的因果不变性得到在新领域上的推断和预测规则。他们考虑了概率性的生成机制，而推断和预测规则是由贝叶斯公式所给出的后验（分布）[Posterior （distribution）] 推得的，因此先验的变化会给出与训练领域上不同的推断和预测规则。针对零样本泛化（Zero-shot Generalization）和领域自适应任务（其中只有一个训练领域），他们提出分别使用一个独立的、因而信息量更少的先验，以及利用新领域上的无监督数据去学习的方式调整先验。他们所考虑的生成数据的因果关系 [图 11.9（右）] 也稍有不同。其中的隐变量被分为表示标注 y 的语义因素 s（Semantic factor）（例如形状）和对 y 没有因果关系的变化因素 v（Variation factor）（例如背景，颜色），因此图中只有 s 指向 y。这个区分可由因果关系的定义来验证：通过改变被拍摄的物体的方式干预物体形状 s 会改变其标注 y，但通过在另一个环境下拍摄同样的物体的方式干预背景 v 并不会改变物体形状 s 进而不会改变标注 y。与图 11.9（左）的不同之处是 s 与 y 的因果关系的方向。如果 y 表示类别的干净的真值，那么两者都可被解释（取决于认为数据是由给定的类别生成的，还是类别是从数据或其幕后因素标注出来的）；但如果 y 表示一个标注过程的结果，那么 s 导致 y 会更合理一些，因为通过为标注过程加入噪声的方式干预 y 并不会改变形状等语义因素 s。他们证明了在适当条件下，语义因素 s 是可以从单个训练领域中识别出来的，并且给出了零样本泛化误差的界以及领域自适应中迁移成功的保证。Sun 等人 [Sun et al., 2020] 将这个模型和方法拓展到领域泛化任务上，并显式地建模了先验随领域变化的规律。在这种多个训练领域的情况下，s 和 v 都可以从训练数据中识别出来。

11.7 自动迁移学习

尽管已有的迁移学习方法均取得了长足的进步，将它们应用到普适的计算环境中仍然是极其困难的：现存的迁移学习方法已有很多，在一个新应用中，到底应该采用哪个方法？并且，已有的工作通常建立在各自假设的基础上，面临着泛化能力弱的问题。例如，被广泛使用的最大均值差异 MMD 距离 [Pan et al., 2011, Tzeng et al., 2014, Long et al., 2015, Wang et al., 2018b] 在面对高维数据时的处理能力不足；而 Jensen-Shannon 差异在面对模型坍缩问题时也并不鲁棒。

事实上，这类问题可以通过多个模型反复实验和调参来解决，因此其过程通常既冗长又繁复。这样的调参过程在实际应用中昂贵费时。另外，在迁移学习问题中，目标域数据往往没有或只有极少量的有标注数据，这使得暴力搜索调参变得不可行。

近年来，自动机器学习方法（Automated Machine Learning，AutoML）[Yao et al., 2018] 取得了长足的进步。AutoML 可以在不需要人工干预的情况下自动地为机器学习任务构建最适合的模型，因此不需要人工的模型选择和超参数调整。然而，目前尚未有针对迁移学习任务的 AutoML 方法，因此，现有的 AutoML 方法无法处理领域数据分布不同的情况。意大利罗马的学者 Carlucci 等提出了一个自动领域对齐层（Automatic DomaIn Alignment Layers, AutoDIAL）的方法 [Maria Carlucci et al., 2017]。然而，AutoDIAL 仍然没显式地减小源域和目标域的数据分布差异。

最近 [Wei et al., 2018] 提出的学习迁移（Learning to Transfer, L2T）旨在从众多已有的迁移学习任务中学习迁移成功的量化“经验”。这样，在面对新问题时，模型就可以从历史经验中总结出适用于绝大多数任务的学习方法。

因此，类比于自动机器学习，**自动迁移学习**应运而生，如图 11.10 所示。自动迁移学习旨在针对给定的源域和目标域数据，自动降低它们的数据分布差异，学习好的跨领域特征表达。

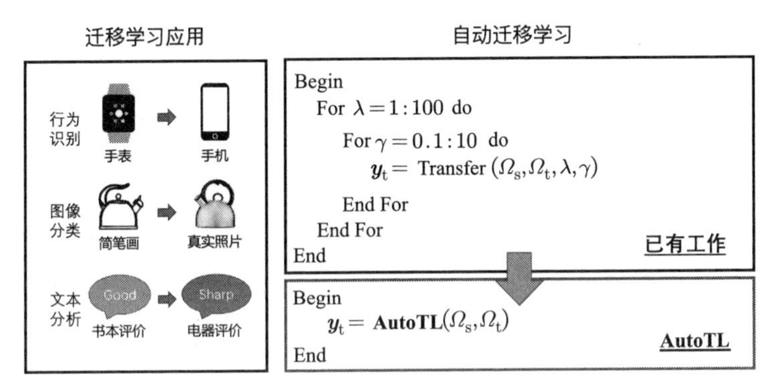

图 11.10　自动迁移学习示意

实现自动迁移学习的一种方式是直接学习特征变换函数来减小源域和目标域的数据分布差异。笔者及中科院计算所团队提出一种名为 Learning to Match（L2M）[Yu et al., 2020, Wang et al., 2021a] 的学习框架来解决此问题。L2M 框架的核心是一个能够自动学习分布差异匹配的元网络（meta-network）。此网络接受源域和目标域的特征数据，输出二者的数据分布差异。L2M 采用一种“学会学习（learning to learn）”的思想对主干网络和元网络进行优化。

L2M 的结构和计算过程如图 11.11 所示。其主要由主干网络 f_ϕ、分类网络 G_y、匹配特征生成器，以及元网络 g_θ 构成。尽管分类网络 G_y 中也含有待学习参数，但是通常我们用 ϕ 来统一表示两部分的参数集合，而特征 f_ϕ 也是学习的重点。匹配特征生成器用来生成可供元网络 g_θ 使用的特征来最小化源域和目标域的数据分布差异。

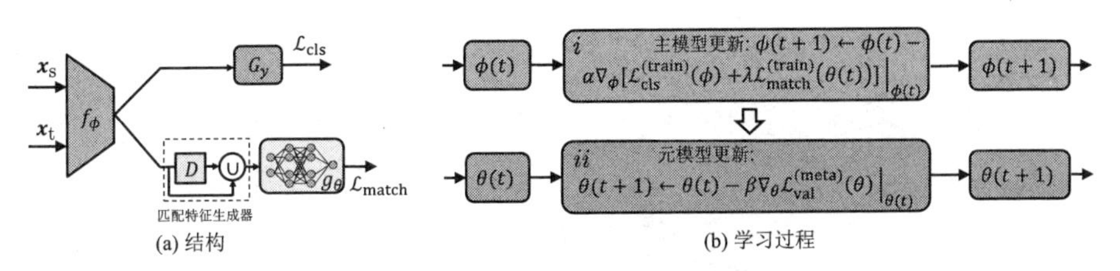

图 11.11　L2M 的结构和计算过程

分别用 ϕ,θ 来表示主干网络和元网络的待学习参数，则 L2M 的学习目标为

$$\begin{aligned}\theta^{\star}(\phi) &:= \arg\min_{\theta} \mathcal{L}_{\text{match}}(\phi;\theta),\\ \phi^{\star} &:= \arg\min_{\phi} \mathcal{L}_{\text{cls}}(\phi) + \lambda\mathcal{L}_{\text{match}}(\phi;\theta^{\star}(\phi)).\end{aligned} \tag{11.7.1}$$

其中的 $\mathcal{L}_{\text{match}}$ 为分布差异损失，$\mathcal{L}_{\text{cls}}$ 为在源域数据上的分类损失。

然而，上述优化目标的学习过程依然十分困难。由于我们只有源域和目标域的数据，而目标域数据没有标记，这使得我们无法计算 $\mathcal{L}_{\text{match}}$。并且，应该输入什么特征才能使 $\mathcal{L}_{\text{match}}$ 准确计算分布差异呢？同时，在同样的数据上优化两个超参数 ϕ,θ 会不可避免地使网络陷入过拟合和局部最优。因此，上述框架依然需要细致地求解，体现在以下三个方面：

1. 数据方面。由于我们只有源域和目标域的数据，而目标域数据没有标记，这使得无法直接计算 $\mathcal{L}_{\text{match}}$。
2. 应该输入什么特征才能使分布适配网络 g_θ 准确计算分布差异呢？
3. 我们只有一份源域和目标域的数据，又不可能像元学习那样每次都有不同的数据用于学习。那么，在同样的数据上优化两个超参数 ϕ,θ 会不可避免地使网络陷入过拟合和局部最优，给网络的求解带来了困难。

首先，由于目标域没有标记，因此，我们使用目标域数据的伪标签来进行分布匹配，伪标签通常由主干网络在目标域上的预测直接生成。由于在迭代过程中，伪标签的精度逐渐增加，因此，其可以被很好地用来学习分布匹配。这种方法也被广泛应用于已有工作 [Wang et al., 2018c, Yu et al., 2019a, Wang et al., 2020] 中。我们用 $\mathcal{D}_{\text{meta}} = \{\boldsymbol{x}_j^t\}_{j=1}^{m\times C} \sim P_t(\boldsymbol{x},\hat{y})$ 来表示 C 个类、每个类 m 个样本的特征匹配元数据，$\hat{y}$ 则表示其伪标签。这种方法在 2020 年可能要换个更时髦的名字：*自监督学习* [Jing and Tian, 2020]。所谓自监督，指的就是完全不依赖任何外部的标签而自我学习的过程。L2M 在学习过程中也没有用到外部标签。这种基于伪标签的学习方法也是自监督学习的一种简单应用。

其次，学习分布适配网络的过程也是一个子网络优化的过程。为此，我们提出了一种匹配特征生成器，它控制给分布适配网络输入的不同特征，以便更好地学习。匹配特征生成器可以生成两大类特征以求解分布差异：*任务无关特征与人工定义的特征*。任务无关特征主要包括网络的特征嵌入（Network Embedding）和逻辑数（Logits）。这些特征往往是大多数网络所具有的特征。

另一方面，人工定义的特征则包括 MMD 距离和对抗学习的距离。这些特征在已有工作中得到了广泛的应用。因此，L2M 可以接受这些特征进行自动迁移学习。

有了匹配特征和元数据，L2M 可以开始优化过程，如图 11.11 所示。由于优化过程也是一个难点，因此我们不在此阐述。感兴趣的读者可以参考相关的论文学习。

L2M 可以被看成诸多已有方法的更一般化版本。这些工作倾向于利用不同的先验去逼近联合分布 $\mathcal{L}_{\text{match}}$：

- 如果令 $\mathcal{L}_{\text{match}} = d(\mathcal{D}_{\text{s}}, \mathcal{D}_{\text{t}})$，其中 d 代表预定义距离度量方法，比如 MMD 和 KL 散度，可以得到一种显式的分布适配；
- 如果令 $\mathcal{L}_{\text{match}} = \mathbb{D}(\mathcal{D}_{\text{s}}, \mathcal{D}_{\text{t}})$，其中 $\mathbb{D}$ 代表对抗判别器（DANN），则可以得到一种隐式的分布适配。

L2M 方法的实验证明，在完全不依赖任何先验的情况下，其在大多数公开数据集上的迁移效果已领先当前众多流行的迁移方法。这说明了自动迁移学习与自动机器学习一样有着广泛的应用前景。以 L2M 为例，其匹配特征生成器在面对不同任务时可以采用更多的特征加强学习；L2M 摆脱了当前迁移学习领域对自定义距离的依赖，使得网络自发学习迁移成为了可能。期待今后有更多自动迁移学习的工作问世。

11.8　在线迁移学习

本书在 1.4 节介绍迁移学习的不同分类方法时曾介绍过离线（Offline）与在线（Online）迁移学习的场景。本书的绝大部分内容均属于离线方式，即模型以离线的方式进行训练。具体而言，在离线方式下，源域和目标域数据在训练开始前都是已经给出的，然后通过一些迁移学习算法进行模型的训练。这也是许多机器学习算法的训练方式。

而在线方式则有所不同：在真实的应用场景中，数据往往是以在线的方式一点一点源源不断到来的。更一般的，源域数据可以被提前收集好，而目标域上的数据在特定情形下无法全部收集到，只能以流的方式（Stream）传输。例如，快手和抖音等短视频应用均需要根据用户的选择实时推荐用户感兴趣的视频；哔哩哔哩等弹幕网站也需要实时对用户的弹幕或评论进行情感分析；自动驾驶需要时刻应对变化的环境等。现实世界往往不停变化而训练数据无法提前收集，这就需要模型能够在流式数据上具有较好的适应和迁移能力。

这种场景就是**在线迁移学习**（Online Transfer Learning, OTL）。在线迁移学习和机器学习中的在线学习（Online Learning）[Hoi et al., 2018] 场景密切相关。二者的相同点都是训练数据是源源不断到来的；不同点在于在线学习考虑的是一个数据领域上的数据动态变化，而在线迁移学习是在存在源域和目标域两个域数据的情况下考量目标域数据的分布变化。

与离线迁移相比，针对在线迁移学习相关的研究工作目前还相对较少。Steven Hoi 等人于 ICML 2010 上发表了在线迁移学习的第一篇工作论文，对在线迁移学习进行了全面定义 [Zhao and Hoi, 2010]。假设存在一个提前收集好的源域 $D_{\mathrm{s}} = \{(\boldsymbol{x}_i^{\mathrm{s}}, y_i^{\mathrm{s}})\}_{i=1}^{N_{\mathrm{s}}}$ 和在源域上学习出的分类 f_{s}（作者假设源域和目标域上的分类器均为线性模型），其中源域分类器为 $f_{\mathrm{s}} = \mathrm{sign}(\boldsymbol{v}^{\mathrm{T}}\boldsymbol{x})$，$\boldsymbol{v}$ 为待学习权重。源域分类器可以通过一些已有的在线学习算法（例如 PA 算法 [Crammer et al., 2006] 等）或传统的机器学习算法（例如 SVM 等）进行学习。为了和目标域分类器形式统一，作者采用 PA 算法 [Crammer et al., 2006] 进行源域分类器的学习。在目标域上，存在一个以在线方式到来的目标域样本 $D_{\mathrm{t}} = \{(\boldsymbol{x}_t, y_t) | t = 1, 2, \cdots, T\}$，其中 t 为时刻，T 为时刻总数。在线迁移学习的目标是学习一个目标域上的分类器 f，使得对于时刻 t 的样本 $\boldsymbol{x}_t$，分类器的输出为 $f(\boldsymbol{x}_t) = \mathrm{sign}(\boldsymbol{w}_t^{\mathrm{T}}\boldsymbol{x}_t)$，其中 $\boldsymbol{w}$ 为待学习权重。

为了从源域中迁移知识到目标域中，OTL 方法基于集成学习策略来有效地组合两个分类器。作者引入了两个权重参数 $\alpha_{1,t}$ 和 $\alpha_{2,t}$。在 t 时刻对目标域上的样本 $\boldsymbol{x}_t$，预测其标签为

$$\hat{y}_t = \mathrm{sign}(\alpha_{1,t}\Pi(\boldsymbol{v}^{\mathrm{T}}\boldsymbol{x}_t) + \alpha_{2,t}\Pi(\boldsymbol{w}_t{}^{\mathrm{T}}\boldsymbol{x}_t)), \tag{11.8.1}$$

其中 $\Pi(z) = \max(0, \min(1, \frac{z+1}{2}))$。在模型学习之前，初始化权重为 $\alpha_{1,1} = \alpha_{2,1} = \frac{1}{2}$。在模型学习过程中，除了更新目标域分类器参数 $\boldsymbol{w}_{t+1}$，也更新这两个预测函数的权重:

$$\alpha_{1,t+1} = \frac{\alpha_{1,t}s_t(\boldsymbol{v})}{\alpha_{1,t}s_t(\boldsymbol{v}) + \alpha_{2,t}s_t(\boldsymbol{w}_t)}, \alpha_{2,t+1} = \frac{\alpha_{1,t}s_t(\boldsymbol{w}_t)}{\alpha_{1,t}s_t(\boldsymbol{v}) + \alpha_{2,t}s_t(\boldsymbol{w}_t)}, \tag{11.8.2}$$

其中 $s_t(\boldsymbol{u}) = \exp\{-\eta l^*(\Pi(\boldsymbol{u}^{\mathrm{T}}\boldsymbol{x}_t), \Pi(y_t))\}$，并且 $l^*(z, y) = (z-y)^2$ 是损失函数。对于目标域分类器，作者采用经典的在线学习算法——PA 算法 [Crammer et al., 2006] 进行目标域分类器的更新: 对于样本 $\boldsymbol{x}_t$, 其预测损失

为 $l_t = [1 - y_t \boldsymbol{w}_t{}^{\mathrm{T}} \boldsymbol{x}_t]_+$, 如果 $l_t > 0$, 则更新模型参数，更新的表达式为

$$\boldsymbol{w}_{t+1} = \boldsymbol{w}_t + \tau_t y_t \boldsymbol{x}_t, \tau_t = \min\{C, l_t/||\boldsymbol{x}_t||^2\}, \tag{11.8.3}$$

其中 C 是需要输入的超参数。除了在同构场景下的学习算法，[Zhao and Hoi, 2010] 还设计在异构场景下的模型学习算法并且进行了算法的理论分析。

Wu 等人讨论了多个源域的情形 [Wu et al., 2017b]，以带权分类器集成的方式构建最终的分类器。此外还有一些研究关注在线迁移学习在一些领域的应用，包括在线特征选择 [Wang et al., 2013]、物体追踪 [Gao et al., 2012]、强化迁移学习 [Zhan and Taylor, 2015]、图文检索 [Yan et al., 2016] 和概念漂移 [McKay et al., 2019] 等。

之前的方法关注于如何从源域中迁移知识到目标域中，而在迁移学习中，能否顺利迁移的一个很重要的因素是两个域之间的分布差异。在迁移学习中，通常假设源域数据来自分布 $P(\boldsymbol{x}, y)$，目标域数据来自分布 $Q(\boldsymbol{x}, y)$，并且 $P(\boldsymbol{x}, y) \neq Q(\boldsymbol{x}, y)$。根据经典的迁移学习理论 [Ben-David et al., 2010] 可知，两个域之间的分布差异越小，模型在目标域上的泛化性能越好。而之前的方法并没有关注域之间的分布差异。针对这个问题，[Du et al., 2020a] 提出一个在线迁移学习算法，在降低在线分布差异的同时，进行模型的学习。考虑多个源域的场景，假设有 n 个源域数据 $D_{\mathrm{s}_1}, D_{\mathrm{s}_2}, \cdots, D_{\mathrm{s}_n}$，其中第 i 个源域为 $D_{\mathrm{s}_i} = \{(\boldsymbol{x}_j, y_j)\}_{j=1}^{n_{\mathrm{s}_i}}$。在目标域上，作者假设存在两种数据，第一种是可以提前收集好的无标注数据 $D_{\mathrm{t}}^u = \{\boldsymbol{x}_i\}_{i=1}^{n_{\mathrm{t}}^u}$，另一种是以在线的形式到来的有标签数据 $D_{\mathrm{t}}^l = \{(\boldsymbol{x}_j, y_j)\}_{j=1}^{T}$。和文献 [Zhao and Hoi, 2010] 不同，作者在本方法中考虑多分类问题，记类别总数为 K。该算法的目标是在学习目标域分类器的同时，学习多个映射矩阵 $\boldsymbol{A}_i, i = 1, 2, \cdots, n$，通过这些映射矩阵将源域和目标域的数据映射到新空间下，降低两个域之间的分布差异。

该算法分为离线和在线两阶段。在离线阶段，为了给这些映射矩阵获得一个好的初始化，作者采用联合分布自适应算法，将其学习出的映射矩阵作为初始化映射矩阵。联合分布自适应的学习是在离线阶段进行的，其以源域数据和目标域无标注数据作为输入。在获得初始映射矩阵后，作者将源域数据映射到相应的新空间下，映射之后的数据为 $\boldsymbol{X}_{\mathrm{s}_i}^p = \boldsymbol{A}_i \boldsymbol{X}_{\mathrm{s}_i}$。基于映射之后的数据，作者采用多类 PA 算法 [Crammer et al., 2006] 在源域数据上学习出 n 个源域分类器 $f_{\mathrm{s}_i}, i = 1, 2, \cdots, n$。

在在线阶段 t 时刻，收到的样本为 $\boldsymbol{x}_t$, 首先通过在离线阶段学习的映射矩

阵将样本映射到相应新空间下，对于第 i 个映射矩阵，映射之后的目标域数据为 $\boldsymbol{x}_t^{p_i} = \boldsymbol{A}_i x_t$。和文献 [Zhao and Hoi, 2010] 中的方法不同，本方法是在映射后的多个空间上分别进行目标域分类器的学习，因此在目标域上存在 n 个分类器 $f_{t_i}, i = 1, 2, \cdots, n$。作者基于集成的方式从源域中迁移知识，记第 i 个源域分类器的权重为 u_i, 第 i 个目标域分类器的权重为 v_i。对于该样本的预测输出为

$$\boldsymbol{F}_t = \sum_{i=1}^{n}(u_i f_{s_i}^t(\boldsymbol{x}_t^{p_i}) + v_i f_{t_i}^t(\boldsymbol{x}_t^{p_i})), \hat{y}_t = \arg\max_k \boldsymbol{F}_t^k, \tag{11.8.4}$$

其中 $\boldsymbol{F}_t$ 是一个 K 维的向量，$\boldsymbol{F}_t^k$ 表示在第 k 维上的输出。作者同样通过预测误差进行权重的更新，并且采用多类 PA 算法 [Crammer et al., 2006] 进行目标域模型的更新。

除此之外，[Du et al., 2020a] 还提出以在线的方式更新映射矩阵，从而可以进一步降低两个域之间的差异。实验效果表明，在考虑数据分布差异后，可以显著提升模型的迁移效果。

在线迁移学习有很强的应用需求，期待未来有更多的研究工作。

第三部分

扩展与探索

12 领域泛化

本书所描述的绝大多数迁移学习方法均是以领域自适应为研究背景而展开的。本章介绍与领域自适应非常相关的一个领域：领域泛化（Domain generalization）。我们首先给出领域泛化问题的通用定义，并详细介绍其与领域自适应问题的相同点和不同点（12.1 节），然后分别从数据分布自适应（12.2 节）、解耦（12.3 节）、集成模型（12.4 节）、数据生成（12.5 节）、以及元学习方法（12.6 节）等角度介绍相关的研究工作，最后，12.7 节对本章内容进行总结。

12.1 领域泛化问题

12.1.1 背景

与传统机器学习假设训练和测试数据均来自相同的数据分布的假设不同，迁移学习假设它们可以来自不同的数据分布。迁移学习的核心就是要通过减小源域和目标域之间的分布差异，进而利用源域信息完成目标域的学习。因此，领域自适应问题的设定与迁移学习的出发点非常契合，故而本书的绝大部分均采用这一问题设定来描述迁移学习方法。不过要提醒读者的是，迁移学习并非只有领域自适应这一个问题，这也是我们在第 1 章的绪论中就较为全面地从各个角度介绍迁移学习研究领域（请参照 1.4 节）的原因。

本章介绍迁移学习中的另一个概念：**领域泛化**（Domain Generalization, DG）。与领域自适应问题强调适配源域和目标域之间的数据分布相比，领域泛化更强调由源域学习到的模型可以泛化到任意新出现的领域中。也就是说，领域泛化可以直观理解为自适应问题的推广。领域自适应问题一般至少有一个给定的目标域 [有一些新场景可设定多个目标域，如多智能体领域自适应（Multi-target Domain Adaptation）等]，而领域泛化问题则放宽了这一限制，重点强调模型对任意*未知*（Unseen）的目标域有着一定的学习能力。所以从问题设定上来看，领域泛化无疑有着比领域自适应更为吸引人的背景和宏大目标。

此问题并非空穴来风，生活中有很多常见的例子都满足领域泛化的问题背景。例如，在一些医学领域的特定场景中，由于操作的昂贵性和危险性，我们不可能收集到所有领域的医学数据；在老人的跌倒检测中，真实环境中老人的跌倒数据十分稀缺，更谈不上去收集各种环境和各种人的跌倒数据用于模型训练。这些真实应用都驱动我们在领域泛化问题上进行研究，以开发出具有强大泛化能力的机器学习模型。

领域泛化的场景设定如图 12.1 所示。在该问题中，为了学习有足够泛化能力的模型，我们通常假定训练数据由来自多个不同数据分布的领域构成（也可以称之为多源域），而这些数据是我们仅有的训练数据。与领域自适应问题给定至少一个目标域不同，领域泛化不给出目标域，因此图中我们将之称为*未知的、训练过程中不可见的测试数据*（Unseen Test Data）。领域泛化的目标就是要综合利用这些训练的领域数据学习一个对未知测试数据具有强泛化能力的模型。笔者及团队在 2021 年撰写了领域泛化的首篇综述文章 [Wang et al., 2021b]，对该问题进行了全面的理论、方法和应用的分析总结。

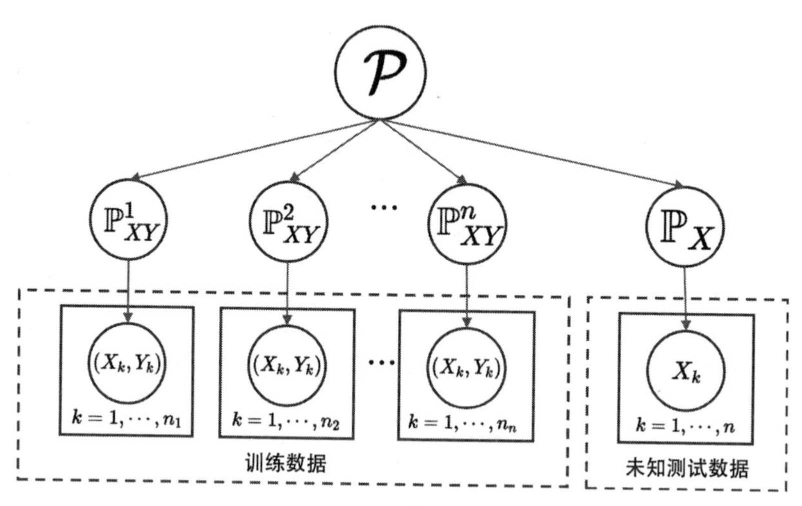

图 12.1 领域泛化场景设定示意

12.1.2 问题定义

领域泛化问题的形式化定义 [Blanchard et al., 2011]：

训练数据 $\mathcal{S}$ 来自 N 个具有不同但相似的数据分布的领域：$\mathcal{S} = \{\mathcal{S}_i\}_{i=1}^{N}$。为方便描述，我们假定每个领域均含有 M 个样本。其中，每个领域 $\mathcal{S}_i = \{(\boldsymbol{x}_j, y_j)\}_{j=1}^{M}$，$(\boldsymbol{x}_j, y_j) \sim P_i(\boldsymbol{x}, y)$ 表示每个领域数据均服从自己的数据分布 P_i。领域泛化要求从这 N 个领域中学习一个模型 $f : \boldsymbol{x} \rightarrow \mathbb{R}$，使得 f 在由这 N 个领域构建的测试数据 $\mathcal{S}_{\mathrm{t}} = \{(\boldsymbol{x}_i)\}_{i=1}^{N_{\mathrm{t}}}$ 上的预测误差达到最小，即令 $\frac{1}{N_{\mathrm{t}}} \sum_{i=1}^{N_{\mathrm{t}}} \ell(f(\boldsymbol{x}_i), y_i)$ 取得最小值。值得注意的是，由于领域泛化问题不像领域自适应问题一样有目标域，因此，其测试数据 $\mathcal{S}_{\mathrm{t}}$ 由已有的 N 个训练领域进行抽样构建。

参照上述领域泛化问题的形式化定义，对比领域自适应的问题定义，二者的不同点也更加清晰。

明确了问题定义之后，我们便可以着手设计领域泛化问题的解决方案了。一个最直接也是最简单的基础模型应当是：将所有领域的数据合为一处进行训练，以便学习到一个在所有数据上训练过的模型 f。这可以通过优化下面的目标函数来实现：

$$f^{\star} = \arg\min_{f} \frac{1}{MN} \sum_{j=1}^{MN} \ell(f(\boldsymbol{x}_j), y_j), \tag{12.1.1}$$

其中 $\ell(\cdot, \cdot)$ 表示特定的损失函数，例如交叉熵损失。

另一个简单而直接的基础模型则与之相反：分别在每个数据领域 $\mathcal{S}_i$ 上训练一个领域特异性模型 f_i，然后取这些特异性模型的投票结果（如平均值）作为在测试数据上的预测。这可以通过优化下面的目标函数来实现：

$$f_i^{\star} = \arg\min_{f} \frac{1}{M} \sum_{j=1}^{M} \ell(f(\boldsymbol{x}_j), y_j), \quad \forall i \in \{1, 2, \cdots, N\}, \tag{12.1.2}$$

这些模型在测试数据上的预测可以被表示为

$$\hat{y}_j = \mathrm{Vote}[f_i(\boldsymbol{x}_j)], \tag{12.1.3}$$

其中的 Vote 表示投票操作，例如较为常用的求取结果的算数平均数。Vote 函数也可以由模型通过数据进行学习，我们称此种方法为基于集成思想的领域泛化方法，将在 12.4 节介绍。

上述两种基准方法通常在领域泛化的实验中被当成基线模型来对比，以凸显领域泛化方法的有效性。那么，为什么上述两种模型无法满足真实环境的需求？

显然，由于训练数据包含了来自不同分布的若干个领域的数据，因此，我们在这些数据上训练时，需要考虑它们彼此的分布差异，才能最大限度地利用这些领域的信息学习到强泛化能力的模型。另一方面，由于测试数据未知，这使得我们不仅需要考虑现有的数据，还需要考虑如何利用现有数据来生成可用的训练数据（可以将此类比于数据增强）。最后，上述领域特异性模型在训练时，也并未考虑不同领域的知识共享。综上，开发特定的领域泛化方法是有必要的。

12.1.3 常用方法

领域泛化虽然与领域自适应是不同的问题，但是我们已经多次强调过，领域自适应的很多方法都具有一般性。因此，我们参照领域自适应问题，将领域泛化问题的解决思路归纳为以下几种：

1. **基于数据分布自适应的领域泛化方法**。此方法直接承接于领域自适应，目的是显式或隐式地减小若干个源域的数据分布差异，学习一个领域无关的模型，更好地适用于新的数据。
2. **基于解耦的领域泛化方法**。此方法将特征或模型权重进行解耦，将其表征为领域共有部分和领域私有部分，寻求找到新数据的一般表征形式。
3. **基于集成模型的领域泛化方法**。此方法将若干个源域视为数据分布的基（Basis），任何相似的数据分布，均可以由这些源域进行一些特定组合而生成。因此问题转化为如何学习每个基的特点以及如何组合它们。
4. **基于数据生成的领域泛化方法**。此方法非常直接：数据决定模型的上限，要想使得现有的数据能学习到具有强大泛化能力的模型，为何不尽可能地生成一些训练数据，使得这些数据能代表更多的数据分布？
5. **基于元学习的领域泛化方法**。此方法借鉴元学习的思想，从多个领域的训练数据中构造大量任务，然后采用与元学习类似的方法来学习，最终得到一个泛化能力较强的模型。

后续章节将分别介绍这些方法的基本思路和代表工作。在这里要提醒读者，我们并不像之前一样，单独列出深度方法以供讨论，而是在介绍每种方法时，概括地介绍传统方法和深度方法。值得注意的是，领域泛化与领域自适应相比，其发展历程较短，因此相关工作和方法较少，但仍然是一个蓬勃发展的领域。

12.2　基于数据分布自适应的方法

本节介绍基于数据分布自适应的领域泛化方法。与基于数据分布自适应的领域自适应方法类似，此类方法的学习目标也是将多个源域之间的数据分布差异在特定的特征空间中进行缩小，使学习得到的模型能够有强大的泛化能力。

12.2.1　领域无关成分分析 DICA

在领域自适应问题中，迁移成分分析 TCA 方法是经典的数据分布自适应方法。TCA 方法的学习目标是找到一个特征变换使得源域和目标域的数据分布差异达到最小，这通过最小化它们的最大均值差异 MMD 来实现。在领域泛化问题中，与 TCA 类似，**领域无关成分分析**（Domain-Invariant Component Analysis, DICA）[Muandet et al., 2013] 是其中的经典方法。

DICA 的学习目标也是通过寻找一个特征变换，使得在这个变换空间中，所有数据之间的分布差异最小。特别地，DICA 将这种数据分布差异称为分布的方差（Distributional Variance）。DICA 将这种分布方差定义为

$$\mathbb{V}_{\mathcal{H}}(\mathcal{P}) := \frac{1}{N}\operatorname{tr}(\boldsymbol{\Sigma}) = \frac{1}{N}\operatorname{tr}(\boldsymbol{G}) - \frac{1}{N^2}\sum_{i,j=1}^{N} G_{ij}, \tag{12.2.1}$$

其中，N 表示所有领域的数据个数。$\boldsymbol{\Sigma}$ 是概率分布 $\mathcal{P}$ 的协方差操作符，被定义为

$$\boldsymbol{\Sigma} := \boldsymbol{G} - \mathbf{1}_N\boldsymbol{G} - \boldsymbol{G}\mathbf{1}_N + \mathbf{1}_N\boldsymbol{G}\mathbf{1}_N, \tag{12.2.2}$$

其中，$\mathbf{1}_N$ 表示长度为 N 的全 1 矩阵，矩阵 $\boldsymbol{G}$ 是表示样本内积的格拉姆矩阵（Gram matrix）：

$$\boldsymbol{G}_{ij} := \left\langle \mu_{\mathbb{P}_i}, \mu_{\mathbb{P}_j} \right\rangle_{\mathcal{H}} = \iint k(x,z)\mathrm{d}\mathbb{P}_i(x)\mathrm{d}\mathbb{P}_j(z). \tag{12.2.3}$$

格拉姆矩阵中的 $\mu_{\mathbb{P}_i}$ 表示数据分布在 RKHS 中的嵌入，$k(\cdot,\cdot)$ 则表示一个核函数。

与 TCA 类似，为了计算公式 (12.2.1) 中的分布方差 $\mathbb{V}_{\mathcal{H}}(\mathcal{P})$，DICA 将其经验估计表示为

$$\widehat{\mathbb{V}}_{\mathcal{H}} = \frac{1}{N}\operatorname{tr}(\widehat{\boldsymbol{\Sigma}}) = \operatorname{tr}(\boldsymbol{KQ}), \tag{12.2.4}$$

其中的 $\boldsymbol{K}$ 和 $\boldsymbol{Q}$ 分别是核矩阵和分布差异因子，这也与 TCA 非常相似：

$$\boldsymbol{K} = \begin{pmatrix} K_{1,1} & \cdots & K_{1,N} \\ \vdots & \ddots & \vdots \\ K_{N,1} & \cdots & K_{N,N} \end{pmatrix} \in \mathbb{R}^{n\times n}, \tag{12.2.5}$$

$$\boldsymbol{Q} = \begin{pmatrix} Q_{1,1} & \cdots & Q_{1,N} \\ \vdots & \ddots & \vdots \\ Q_{N,1} & \cdots & Q_{N,N} \end{pmatrix} \in \mathbb{R}^{n\times n}. \tag{12.2.6}$$

有了这些表示，我们便可寻求一个特征变换矩阵 $\boldsymbol{B}$，使得经过 $\boldsymbol{B}$ 变换后，样本之间的分布方差最小。这可以被表示为

$$\min \operatorname{tr}\left(\boldsymbol{B}^{\mathrm{T}}\boldsymbol{KQKB}\right). \tag{12.2.7}$$

除了寻求最小的分布方差，DICA 还要尽可能地保留样本之间的一些结构信息，这可以通过额外的特征变换来实现。我们不再赘述具体细节，感兴趣的读者可以参考 DICA 的原文 [Muandet et al., 2013]。将两个优化目标进行整合后，用 ϵ 对输出进行一些光滑操作，则 DICA 的最终优化目标是

$$\max_{\boldsymbol{B}} \frac{\frac{1}{n}\operatorname{tr}\left(\boldsymbol{B}^{\mathrm{T}}\boldsymbol{L}\left(\boldsymbol{L}+n\varepsilon\boldsymbol{I}_n\right)^{-1}\boldsymbol{K}^2\boldsymbol{B}\right)}{\operatorname{tr}\left(\boldsymbol{B}^{\mathrm{T}}\boldsymbol{KQKB}+\boldsymbol{BKB}\right)}. \tag{12.2.8}$$

读者如果记得之前的内容，就会很容易地联想到，上式的目标与之前介绍过的 TCA、BDA、MEDA 等统一形式的数据分布自适应方法的优化目标 [公式 (6.2.16)] 非常类似，解法也非常类似，同样通过拉格朗日方法来求得最优解。拉格朗日函数可以被表示为

$$\begin{aligned}\mathcal{L} =& \frac{1}{n}\operatorname{tr}\left(\boldsymbol{B}^{\mathrm{T}}\boldsymbol{L}\left(\boldsymbol{L}+n\varepsilon\boldsymbol{I}_n\right)^{-1}\boldsymbol{K}^2\boldsymbol{B}\right) \\ &-\operatorname{tr}\left(\left(\boldsymbol{B}^{\mathrm{T}}\boldsymbol{KQKB}+\boldsymbol{BKB}-\boldsymbol{I}_m\right)\boldsymbol{\Gamma}\right)\end{aligned}, \tag{12.2.9}$$

其中 $\boldsymbol{\Gamma}$ 表示拉格朗日乘子。求上式的导数并将其置 0，我们可以得到如下的特征值分解问题：

$$\frac{1}{n}\boldsymbol{L}\left(\boldsymbol{L}+n\varepsilon\boldsymbol{I}_n\right)^{-1}\boldsymbol{K}^2\boldsymbol{B} = (\boldsymbol{KQK}+\boldsymbol{K})\boldsymbol{B\Gamma}. \tag{12.2.10}$$

将上述问题求解后，得到的 $\boldsymbol{B}$ 矩阵便是 DICA 学习的目标。

我们可以简单地将 DICA 称为领域泛化问题的 TCA 方法，因为这个思想具有很强的通用性。从另一个角度来看，DICA 可以看成最小化边缘分布。所以很自然地，有学者提出要在领域泛化问题中最小化条件概率分布差异的 CIDG 方法（Conditional-invariant Domain Generalization）[Li et al., 2018b]，以及模仿 Fisher 判别分析来最小化同类和同领域的差异、最大化不同类不同领域差异的 SCA 方法（Scatter Component Analysis）[Ghifary et al., 2017]。文献 [Erfani et al., 2016] 通过把每个领域、每个类别都投影到一个椭圆，并将其作为领域的信息进行分布差异最小化。[Hu et al., 2019b] 提出了利用核学习和 Fisher 判别分析的领域泛化方法，并提供了一些理论证明。

12.2.2　深度数据分布自适应

很多领域泛化方法可以很自然地扩展到深度学习领域。例如，[Li et al., 2018c] 基于深度对抗网络提出 CIAN 方法（Conditional-invariant Adversarial Network），该方法在对抗网络中对领域泛化进行了进一步的推导和分析，取得了比传统方法更好的效果。

在 2015 年发表的多任务自动编码机 MTAE（Multi-task Autoencoder）[Ghifary et al., 2015] 中，研究者们已经开始尝试在深度学习中利用自动编码机进行领域泛化。MTAE 方法的核心是利用共享的编码器（Encoder）重构每个领域中的每个样本，然后再将其分别恢复为每个领域的样本。由于共享了编码器，MTAE 便可学习到所有样本的通用特征，这从结构上大大减小了数据分布的差异。MTAE 的结构如图 12.2 所示。

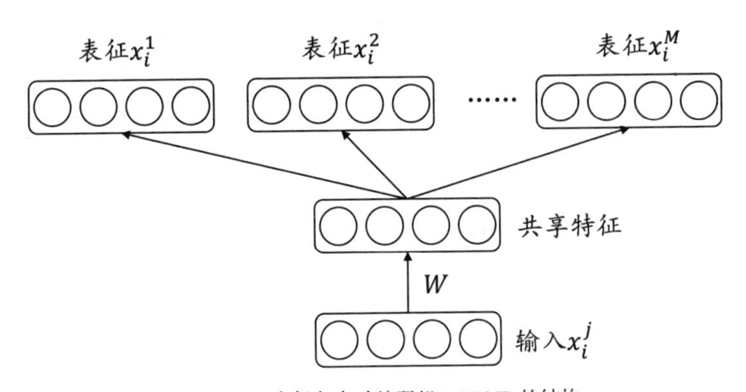

图 12.2　多任务自动编码机 MTAE 的结构

MTAE 的训练方式与传统的自动编码机类似。其前向传播可以被表示为

$$\begin{aligned} \boldsymbol{h}_i &= \sigma_{\text{enc}}\left(\boldsymbol{W}^{\mathrm{T}}\overline{\boldsymbol{x}}_i\right) \\ f_{\boldsymbol{\Theta}^{(l)}}\left(\overline{\boldsymbol{x}}_i\right) &= \sigma_{\text{dec}}\left(\boldsymbol{V}^{(l)\mathrm{T}}\boldsymbol{h}_i\right), \end{aligned} \tag{12.2.11}$$

其中 $\boldsymbol{\Theta}^{(l)} = \left\{\boldsymbol{W}, \boldsymbol{V}^{(l)}\right\}$ 表示网络可学习参数，$\boldsymbol{W}$ 为共享的编码器参数，$\boldsymbol{V}^{(l)}, l = 1, 2, \cdots, N$ 则为 N 个领域特异的解码器参数。MTAE 对每个源域数据的优化目标为

$$J\left(\boldsymbol{\Theta}^{(l)}\right) = \frac{1}{N_i}\sum_{j=1}^{N_i}\mathcal{L}\left(f_{\boldsymbol{\Theta}^{(l)}}\left(\overline{\boldsymbol{x}}_j\right), \overline{\boldsymbol{x}}_j^l\right). \tag{12.2.12}$$

显而易见，MTAE 方法基于强大的多任务学习提供了一个非常通用的框架，其思想可以用来完成领域泛化的任务。在之后的工作中，南洋理工大学的 Li 等人提出除多任务学习之外，应该显式地最小化领域之间的分布差异。为此，作者提出了 MMD-AAE 方法，基于最大均值差异和对抗自动编码机来进行领域泛化 [Li et al., 2018b]。MMD-AAE 方法接收 N 个领域数据作为输入，再将其输入共享的特征提取层（编码器）中，然后被分别解码为各自的领域，这一步就是之前我们介绍过的 MTAE 方法。不同点是，MMD-AAE 显式优化每两个领域在编码器表征下的 MMD 距离来约束其分布差异。另外，为了使网络能学习到更鲁棒的特征，该方法还引入了对抗数据，构建一个额外的判别器使得网络学习到的特征更加鲁棒。

MMD-AAE 的优化目标非常直接，通过类似于 GAN 的训练方式，用 min-max 的方式进行优化：

$$\min\max \mathcal{L}_{\text{ae}} + \lambda_1\mathcal{L}_{\text{mmd}} + \lambda_2\mathcal{L}_{\text{gan}}, \tag{12.2.13}$$

其中 $\mathcal{L}_{\text{ae}}$ 是自动编码器的损失，$\mathcal{L}_{\text{mmd}}$ 是 MMD 损失，$\mathcal{L}_{\text{gan}}$ 是对抗损失。

其他的研究者也在深度方法上继续探索领域泛化问题。下一节我们将介绍基于解耦的领域泛化方法。

12.3 基于解耦的方法

值得注意的是，除了数据分布的角度，我们也可以换个视角看待领域泛化问题：**解耦**（Disentanglement）。解耦通常的含义是，将复杂的特征表示进行分类，使得我们可以对特征的构成、作用等了解得一清二楚。例如，

[Ilse et al., 2019] 提出了领域无关的变分自动编码器（Domain-invariant Variational Autoencoder, DIVA）方法，基于变分自动编码器（Variational Autoencoder, VAE）的思想，把数据进行三种解耦表示：领域信息 z_{d}，类别信息 z_y，以及其他信息 z_x。然后根据 VAE 进行数据重构与 KL 距离最小化。此框架也可以加入一些无标记的数据进一步增强方法的效果。

回顾已有工作，发表于 ECCV 2012 的文献介绍了 UndoBias 方法 [Khosla et al., 2012]，其基于 SVM 模型来完成领域泛化。众所周知，SVM 是一种最大间隔的线性模型，其核心在于学习线性变换的权重 $\boldsymbol{w}$。因此，UndoBias 方法假设我们可以在众多的训练数据中学习一个通用的权重 $\boldsymbol{w}_0$，并同时对每个领域数据都学习一个领域特殊的权重偏置 $\boldsymbol{\Delta}_i$，则模型在第 i 个领域数据上的权重 $\boldsymbol{w}_i$ 可被表示为

$$\boldsymbol{w}_i = \boldsymbol{w}_0 + \boldsymbol{\Delta}_i. \tag{12.3.1}$$

接着，通过在所有训练数据上利用最大间隔分类学习上述权重的组合关系，我们便可以得出一个解耦的模型：

$$\min \frac{1}{2}\|\boldsymbol{w}_0\|^2 + \frac{\lambda}{2}\sum_{i=1}^{n}\|\boldsymbol{\Delta}_i\|^2 + \text{Constraints}, \tag{12.3.2}$$

其中的 Constraints 表示 SVM 模型的其他约束条件，这里不单独讨论。

后续的一些工作在不同层面上与 UndoBias 方法具有相似的出发点。[Niu et al., 2015, Xu et al., 2014] 提出利用多视角学习（Multi-view learning）的方式来看待领域泛化问题，并且采用了减少计算量的低秩 SVM （Low-rank SVM）方法。[Ding and Fu, 2017] 将网络分成两类：领域无关（Domain-invariant）和领域相关（Domain-specific）网络，二者联合学习。[Li et al., 2017a] 采用了 Tucker 分解来减少计算量。[Fang et al., 2013] 提出学习一个无偏置的度量准则，使之可以应用于任意的数据领域。

在其他工作中，[Truong et al., 2019a] 提出将其环境定义为一个由训练数据学习得到的混合高斯分布。首先针对每个类，学习它的嵌入表达（Embedding）。然后，将类间距离最大化，使得其学习到每个类的分布信息。最后，根据当前的类别信息，对每个类别，生成与当前最不相似的数据，达到泛化的目的。[Shao et al., 2019] 提出了特征提取加对抗学习的方法。[Zunino et al., 2020] 从可解释性切入，解耦不是通过网络来学习，而是通过人工对比不同领域数据的热力图进行特征发现。

12.4 基于集成模型的方法

本小节介绍基于集成模型的领域泛化方法。与数据分布自适应的方法不同，基于集成模型的方法没有显式地处理数据分布差异，而是通过设计网络结构和训练方式，学习新数据与多个源域数据的表征关系，进而达到泛化的目的。

正如本章开始提到的，我们可以针对每个数据领域都训练一个该领域的模型 f_i，则任意一个样本均可以被视为现有的 N 个领域模型的集成表征。也就是说，我们认为给定的 N 个数据领域可以近似构成表示所有数据领域的基向量（类比线性代数中的基向量），则任意的数据均可以由现有的基向量以一定的组合形式进行表示。这种方法的核心是学习如何进行集成。

很直接的方式是将任一训练结果当成现有 N 个 f_i 模型的线性组合，由此产生一些直接相关的工作。[Mancini et al., 2018] 提出一种非常直接的基于动态加权的方法。首先对每个领域建立一个网络，特征部分是共享的，只有分类器部分是领域特有的（N 个领域对应于 N 个分类器网络）。整体预测结果可以看成是多个领域上的网络叠加:

$$f = \sum_{i=1}^{N} w_i f_i(\boldsymbol{x}), \tag{12.4.1}$$

其中的领域权重 w_i 由另一个网络学习而来。

学习权重的网络被称为领域分类网络，主要学习训练数据来自哪个领域。训练的损失由两部分构成：

$$\mathcal{L} = \mathcal{L}_c + \lambda \mathcal{L}_{\text{domain}}, \tag{12.4.2}$$

其中的 $\mathcal{L}_{\text{domain}}$ 为领域分类网络的损失，由交叉熵进行计算。$\mathcal{L}_c$ 则为正常样本分类的损失，其预测值由上述加权公式给出。

[He et al., 2018] 针对物体检测提出领域注意力模型（Domain-Attention model）。

集成模型的思想和实现简单直接，在领域泛化问题上效果显著。文献 [D'Innocente and Caputo, 2018] 提出用一个领域特异的层叠加（layer-aggregation）操作来加强集成的作用。

12.5　基于数据生成的方法

本节介绍另一种流行的领域泛化方法：基于数据生成的方法。这种方法的假设是，我们可以由当前的训练数据自发地按照一定规则去生成另外的训练数据，新生成的数据配合原有的训练数据，可以大大提高训练出的模型的泛化能力。此类方法的核心是如何设计数据生成的思路。此类方法是深度学习的常用方法，即使在普通深度学习中，也能大大增强模型的泛化能力。整体来看，我们将数据生成方法分为两大类：领域随机生成和对抗数据生成方法。

12.5.1　领域随机法

领域随机法（Domain Randomization）是一种数据生成的简单有效手段。其目的是为了在训练过程中，通过有限的训练数据尽可能去模拟复杂多变的新数据、新环境，以此使得模型可以对不同的环境和数据具有强鲁棒性。领域随机法主要通过如下的变换来生成数据（常用于图像数据中）：

- 训练数据的数量和形状；
- 训练数据的位置和纹理；
- 照相机的视角和光照；
- 环境中的光照强度和位置；
- 添加到数据中的随机噪声的类型和内容。

事实上，领域随机法也是深度学习方法常用的数据增强技巧。在领域泛化问题中，这种方法尤其值得注意。因为领域泛化解决的就是用有限的、不同分布的数据去模拟尽可能丰富的使用场景。

文献 [Tobin et al., 2017] 首先利用这种方法从模拟环境中生成更多训练数据，以此来模拟真实环境中的数据。[Peng et al., 2018, Khirodkar et al., 2019, Tremblay et al., 2018] 等利用领域随机的方式来生成数据，强化模型的泛化能力。特别地，[Prakash et al., 2019] 不仅考虑了领域随机方法，还在生成数据过程中考虑了一些有用的上下文信息（context）来利用数据间彼此的依赖关系，使得生成的数据更有多样性。

12.5.2 对抗数据生成

在领域泛化的大背景下，算法如何能够自然泛化到未知的领域是一个很热的研究问题。现有的一些领域泛化方法的不足之处是均没有对领域本身进行建模，丢弃了领域的标签所能提供的一些信息。没有领域的信息看似美好，但是这就忽视了由领域信息和分类器共同作用下特征的一些变化情况。

针对这个问题，文献 [Shankar et al., 2018] 提出综合利用领域信息和标签信息来实现基于对抗数据生成的领域泛化。这个方法叫做**交叉梯度生成法**（Cross-gradient training, CrossGrad）。作者用如图 12.3 所示的生成模型说明了问题：先由领域 d 生成一个隐含特征表达（Latent Representation）g，然后再由这个隐含特征表达结合标签生成样本 x。所以，如果可以知道 d 如何生成 g，g 和标签结合生成 x，那么就可以进行与领域无关的泛化建模。

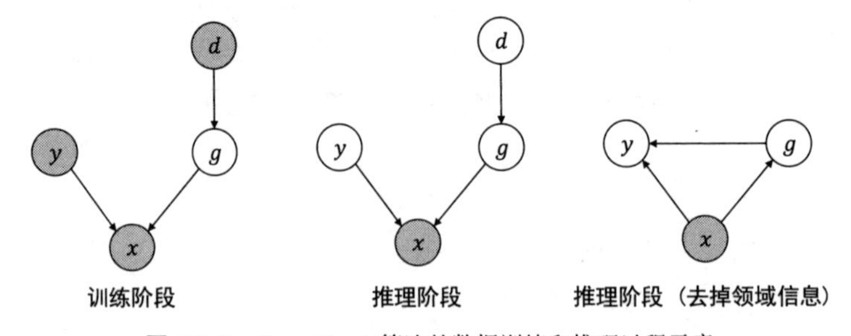

图 12.3 CrossGrad 算法的数据训练和推理过程示意

当务之急就是要对 g 进行建模。也就是说要从已有的若干个领域中学习出 g，则 $P(g)$ 可以由现有的 d 进行建模估计:

$$P(g) = \sum_{d \in \mathcal{D}} P(g|d)P(d) \approx \sum_{d \in D} P(g|d)\frac{P(d)}{P(D)}. \tag{12.5.1}$$

上述公式指出，g 可以近似由有限的领域信息集合 D 进行估计。因此，对 $P(y|x)$ 的建模就可以由 g 表示：

$$P(y|x) = \sum_{d \in \mathcal{D}} P(y|x,d)P(d|x) = \int_g P(y|x,g)P(g|x) \approx P(y|x,\hat{g}). \tag{12.5.2}$$

对 g 建模的过程中，要从有限的样本和领域信息中学习 g。这就会带来过拟合的问题。为了解决这个问题，引入数据增强方法。即每次更新梯度时，生成一个样本 x 使得其与现有的样本更新方向相反以达到与领域距离最远，这使得模型泛化能力变强了：

$$x_i' = x_i + \epsilon \nabla_{x_i} J_d(x_i, d_i), \tag{12.5.3}$$

式中的 ϵ 为学习率。相应地，也要生成一个样本使得其离其标签远一些。

CrossGrad 方法在 MNIST 等多个数据集上进行了实验，与我们介绍过的 DANN 方法 [Ganin and Lempitsky, 2015] 相比，此方法更容易训练，并且效果更好。特别地，在领域很少的时候表现非常好。

与 CrossGrad 方法类似，[Volpi et al., 2018] 提出基于对抗网络的数据生成方法来解决领域泛化问题。[Truong et al., 2019b] 提出了利用对抗生成网络的对抗训练生成方法。[Rahman et al., 2019] 提出并比较了两个简单的数据生成方法：一种是用训练数据按照一定的比例充当源域和目标域（其实是在模拟领域自适应问题）；另一种是通过生成对抗网络 ComboGAN 生成一些训练数据，在生成时，也要让领域判别器去发挥判别作用，使其与本领域不相似、尽可能与其他领域相似；同时也考虑减小生成图像与真实图像的分布距离。其实，第二种方法就相当于在第一个阶段先生成一些其他领域的图像，然后再将这些图像作为目标领域，用已有的领域自适应方法测试其性能。

[Liu et al., 2018a] 提出一个名为 UFDN（Unified Feature Disentanglement Network）的结构，可以学习领域不变（Domain-invariant）的特征，从而可以用于图像翻译和领域自适应问题。该方法的主要思路是在隐式（Latent）特征空间和原始特征空间都要学习领域不变的特征，其主体架构是一个变分自编码器（Variational Auto-encoder, VAE）[Kingma and Welling, 2013]。原始图像经过编码器后生成特征 z；然后，对特征 z 进行对抗训练，目的是去除不同领域数据信息对其的影响。随后，z 结合领域标签的向量信息，输入生成器中，生成重构的图像 $\hat{x}$。在这里不能只考虑原始的 VAE 重构误差，因为单纯基于重构误差生成的特征可能会过拟合，所以，要用生成的图像和原始图像再进行一次对抗训练，判断其是生成的还是真的，此步骤中可以去掉领域的信息。该方法的思路简单而直接，在 MNIST 等数据上有着很好的实验效果。[Liu et al., 2018d] 利用解耦和适配的思想生成训练数据。[Maria Carlucci et al., 2019] 提出一种叫 ADAGE（Agnostic Domain Generalizer）的方法进行数据的对抗生成，该方法整体采用 GAN 的思想进行对抗训练，取得了较好的效果。

在最近的工作中，[Carlucci et al., 2019] 利用解决智力拼图（Jigsaw puzzle）问题时的自监督思想，提出利用样本的 Jigsaw 排列来扩充数据的方法，简单直接，效果良好。[Qiao et al., 2020] 则提出利用对抗方法，在只有一个训练领域的时候能够学习到有强泛化能力的模型。[Jiang et al., 2020] 设计了大量的实验来探索有效的泛化因子。[Zhou et al., 2020b] 在对抗网络中进行了数据生成的探索。

12.6 基于元学习的方法

本节介绍基于元学习的领域泛化方法。这种方法的核心是利用元学习的思想，将现有的训练数据按一定的规则分成任意多的任务，从而可以模仿元学习的训练方法，在元训练（meta-train）上训练，在元测试（meta-test）上测试。我们将在第 13 章详细介绍元学习的有关内容。

[Li et al., 2018a] 首先利用元学习的思想，提出了 MLDG（Meta-Learning Domain Generalization）的方法进行领域泛化。MLDG 整体是基于梯度优化的元学习，由于我们将在第 13 章中详细介绍元学习，因此在这里不再赘述。[Balaji et al., 2018] 则在构建元学习任务上进行了新的尝试。首先，对于所有的领域数据训练一个统一的特征提取器和每个领域各自的分类器，以保持每个领域自己的特殊信息。然后，从中任意选择两个领域，构成元训练和元测试数据，以此训练一个元网络。最后设计算法对此元网络进行学习。这个过程循环进行，利用元学习思想进行两阶段训练（Episodic training）。

发表于 ICML 2019 的 [Li et al., 2019d] 同时利用了元学习和强化学习的思想，单独设计了分布误差损失的计算方式，提出了一种名为特征评判（Feature-critic）的领域泛化方法。该方法将问题形式化成求解特征提取器 f_θ 和分类器 g_ϕ，根据学习到的特征好坏来进行学习。这是一个基于元学习的学习框架。训练数据经过特征提取后，其损失分为两部分：一部分是常规的分类损失用于分类，另一部分在文中称为增强损失（Augment loss），也就是如何利用特征提取器 f_θ 的结果来进一步处理领域分布差异。此增强损失用 h_ω 来表示，所以该方法的主要贡献就是如何学习这个 h_ω。为了学习 h_ω，文章利用了一些强化学习中的延迟反馈思想。为了将这个过程形式化为一个决策序列，该方法利用特征提取器的旧参数 $\theta^{(\mathrm{OLD})}$ 和新参数 $\theta^{(\mathrm{NEW})}$ 来共同构成学习目标。决策标准如下：

$$
\begin{aligned}
\max_{\omega} \sum_{D_j \in \mathcal{D}_{\mathrm{val}}} \sum_{d_j \in D_j} \tanh\Big(&\gamma\left(\theta^{(\mathrm{NEW})}, \phi_j, x^{(j)}, y^{(j)}\right) \\
&-\gamma\left(\theta^{(\mathrm{OLD})}, \phi_j, x^{(j)}, y^{(j)}\right)\Big)
\end{aligned} . \tag{12.6.1}
$$

为了形式化上式中的 γ 函数，将新参数下的损失和旧参数下的损失给整个优化目标带来的差异作为要优化的对象。因此，最终优化目标为

$$\begin{aligned}\min_{\omega} \sum_{D_j \in \mathcal{D}_{\text{val}}} \sum_{d_j \in D_j} \tanh & \left(\ell^{(\text{CE})}\left(g_{\phi_j}\left(f_\theta^{(\text{NEW})}\left(x^{(j)}\right)\right), y^{(j)}\right)\right. \\ & \left.-\ell^{(\text{CE})}\left(g_{\phi_j}\left(f_\theta^{(\text{OLD})}\left(x^{(j)}\right)\right), y^{(j)}\right)\right)\end{aligned}. \tag{12.6.2}$$

基于元学习的方法利用了元学习的思想对领域泛化模型进行学习更新，其不显式依赖于分布差异的度量，在优化时有更多可选的模型方法。

12.7 小结

本章介绍了领域泛化问题的背景、意义和问题定义。然后，我们分别从数据分布自适应、特征解耦、集成模型、数据生成、以及元学习方法这几个方面介绍了本领域的方法。总的来说，领域泛化问题属于领域自适应问题的自然扩展，相信在未来会有更多更好的相关工作出现。

13 元学习

本章继续讨论迁移学习的外延概念：元学习。迁移学习强调知识从一个领域迁移到另一个领域，而元学习则强调从众多任务中学习到一个可以被泛化到新任务的学习器。迁移学习和元学习在学习目标上有着高度的重合，但是在问题定义与方法上也有着各自的特点。

本章内容的组织安排如下。13.1 节介绍元学习，13.2 节介绍基于模型的元学习方法，13.3 节介绍基于度量的元学习方法，13.4 节介绍基于优化的元学习方法，13.5 节介绍元学习的应用与挑战，13.6 节对本章内容进行总结。

13.1 元学习简介

13.1.1 问题背景

一个传统的机器学习模型可以被简单定义为：在一个给定的数据集上 $\mathcal{D}$ 学习一个目标函数 f，使得 f 在其上的代价达到最小化。如果用 θ 表示函数 f 的待学习参数，$\mathcal{L}$ 表示代价函数（损失函数），则一个通用的机器学习目标可以表示为

$$\theta^\star = \arg\min_\theta \mathcal{L}(\mathcal{D};\theta), \tag{13.1.1}$$

其中 $\theta^\star$ 表示最优的模型参数。

可以看到，给定一个任务（数据集），总是可以用上述过程学习一个最优的函数，此过程非常通用。但可以预见的是，如果任务数量非常庞大，或者学习过程非常缓慢，则此方法便显得力不从心了。

因此，很自然的一个想法是：如何最大限度地利用之前学习过的任务，来

帮助新任务的学习?

迁移学习是其中一种有效的思维。简单来说，迁移学习强调我们有一个已学习好的源任务，然后将其直接应用于目标任务上，再通过在目标任务上的微调，达成学习目标。这已经被证明是一种有效的学习方式。迁移学习过程可以表示为

$$\theta^{\star} = \arg\min_{\theta} \mathcal{L}(\theta|\theta_0, \mathcal{D}), \tag{13.1.2}$$

其中的 θ_0 是之前学过的历史任务的模型参数。这个过程也就是常用的预训练–微调（Pre-training and Fine-tune）过程（预训练–微调的具体介绍请见第 8 章）。

那么有没有别的学习模式? 这就引出了本章的主题：元学习。

13.1.2 元学习

元学习（Meta-Learning，很多情况下也被称为 Learning to Learn）是一种非常有效的学习模式。与迁移学习的目标类似，元学习也强调从相关的任务上学习经验，以帮助新任务的学习。

二者的不同点是，元学习是一种更为通用的模式，其核心在于“元知识”（Meta-knowledge）的表征和获取。可以理解为，这种元知识是一大类任务上所具有的通用知识，是通过某种学习方式可以获得的，其在这类任务上所具有非常强大的表征能力，因此可以被泛化于更多的任务上去。

为了获取元知识，元学习通常假定我们可以获取一些任务，它们采样自任务分布 $P(\mathcal{T})$。假设可以从这个任务分布中采样出 M 个源任务，表示为 $\mathcal{D}_{\text{src}} = \left\{ \left(\mathcal{D}_{\text{src}}^{\text{train}}, \mathcal{D}_{\text{src}}^{\text{val}} \right)^{(i)} \right\}_{i=1}^{M}$，其中两项分别表示在一个任务上的训练集和验证集。通常，在元学习中，它们又被称为*支持集*（Support set）和*查询集*（Query set）。

我们将学习元知识的过程称为**元训练**过程，它可以形式化地表示为

$$\phi^{\star} = \arg\max_{\phi} \log P\left(\phi|\mathcal{D}_{\text{src}}\right), \tag{13.1.3}$$

其中的 ϕ 表示元知识学习过程中的参数。

为了验证元知识的效果，元学习定义了一个**元测试**过程：从任务分布中采样 Q 个任务，构成元测试所需的数据，表示为 $\mathcal{D}_{\text{tar}} = \left\{ \left(\mathcal{D}_{\text{tar}}^{\text{train}}, \mathcal{D}_{\text{tar}}^{\text{test}} \right)^{(i)} \right\}_{i=1}^{Q}$。

于是，在元测试过程时，便可以将学到的元知识应用于相应的元测试数据来训练真正的任务模型：

$$\theta^{\star(i)} = \arg\max_{\theta} \log P\left(\theta|\phi^{*}, \mathcal{D}_{\text{tar}}^{\text{train }(i)}\right). \tag{13.1.4}$$

值得注意的是，上式中我们是针对每个任务自适应地训练其参数，也就完成了泛化的过程。

元学习领域的综述文章 [Hospedales et al., 2020] 将元学习的基本问题分为以下三大类：

1. 元知识的表征（Meta-representation）。元知识应该如何进行表征，这回答了元学习最重要的问题，即学习什么的问题。
2. 元学习器（Meta-optimizer）。即有了元知识的表征后，我们应该如何选择学习算法进行优化，这就回答了元学习中的如何学习的问题。
3. 元目标（Meta-objective）。有了元知识的表征和学习方法后，应该朝着怎样的目标学习？这回答了元学习中为什么要进行元训练和元测试交替学习的问题。

元学习的主要研究工作围绕着对元知识的表征和学习展开。如果我们用 $P_\theta(y|x,S)$ 表示模型由训练数据 S 获取的元知识，则根据元知识表征的不同，一种通用的分类方法可将元学习方法分为以下三类：

1. 基于模型的元学习方法。这种方法用另一个神经网络从若干任务中学习得到元知识，此时 $P_\theta(y|x,S) = f_\theta(x,S)$。
2. 基于度量的元学习方法。这种方法假设元知识通过学习有意义的度量来获取，此时 $P_\theta(y|x,S) = \sum_{(x_i,y_i)\in S} k_\theta(x,x_i)\, y_i$，其中 $k(\cdot,\cdot)$ 为一种度量相似度的核函数。
3. 基于优化的元学习方法。这种方法通过梯度下降等优化措施渐进地从多个任务中学习公共的元知识。此时，$P_\theta(y|x,S) = f_{\theta(S)}(x)$。

元学习与机器学习中的许多概念都有一些联系和区别，分述如下：

- 迁移学习。迁移学习强调从已有任务中学习新任务的思维。与元学习相比，迁移学习更强调的是这种学习问题，而元学习更侧重于学习方法。因此，二者不是完全没有联系，也并不是完全相等，取决于看待问题的角度。在很多情况下，二者的终极目标是一致的。

- 领域自适应和领域泛化。领域自适应和领域泛化这两种学习模式是迁移学习的子集。与元学习的显著区别是，二者没有元目标，也就是说，没有双重（Bi-level）优化的过程。当然最近有一些试图将元学习思想引入迁移学习的工作。
- 终身学习和持续学习。终身学习（Lifelong Learning）和持续学习（Continual Learning）强调在一个任务上进行连续不断地学习，而元学习则侧重于在多个任务上学习通用的知识，有显著区别。
- 多任务学习。多任务学习（Multi-task Learning）指从若干个相关的任务中联合学习出最终的优化目标。元学习中的任务是不确定的，而多任务中的任务就是要学习的目标。
- 超参数优化。严格来说，超参数优化（Hyperparameter Optimization）侧重学习率、网络架构等参数的设计，它是元学习的一个应用场景。

除此之外，元学习还与贝叶斯层次优化（Hierarchcal Bayesian Model）和自动机器学习有着相近的联系，这些模型的侧重和表征点与元学习有所不同，但均可以用来辅助设计更好的元学习算法。例如，贝叶斯模型从生成模型的角度，为元学习提供了一个有效的看待问题的角度。

13.2 基于模型的元学习方法

本节介绍基于模型的元学习方法。这种方法假设训练数据中获取的元知识可以自然地由另一个神经网络进行学习表征，因此也被称为基于黑盒（Black-box）或基于记忆的元学习方法。其核心在于直接利用元学习的思路：从若干任务中学习历史的经验。那么，要想从这若干任务中学习结果和参数用于未来的数据，很直接的想法就是，将这些任务的学习结果的参数存储起来，输入另一个神经网络中学习。

这类方法将训练数据 S 中的元知识表征为

$$P_\theta(y|x,S) = f_\theta(x,S), \tag{13.2.1}$$

其中 θ 为待学习的元参数，它由另一个网络 f 在构造的历史任务上进行学习。

基于模型的元学习方法的主要思想如图 13.1 所示。从历史任务中学习超参数 ϕ，然后将学到的 ϕ 应用于元测试数据。如此反复，系统的性能便会越来越好。

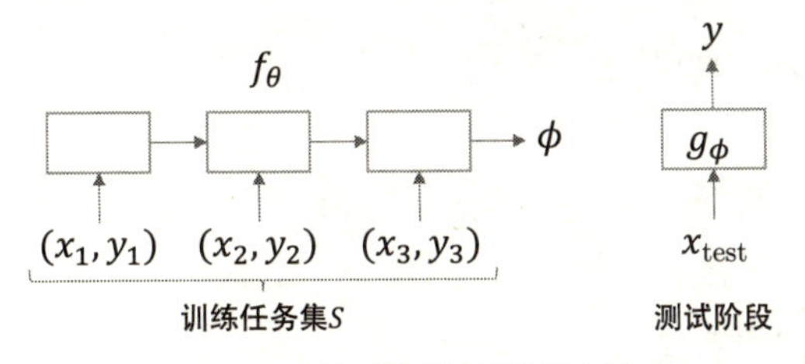

图 13.1 基于模型的元学习方法

一种经典的基于模型的元学习方法是**记忆增强的神经网络**（Memory-augmented Neural Networks, MANN）[Santoro et al., 2016]。MANN 直接从历史任务的结果中学习。在训练当前的任务时，MANN 将上一个任务的标签也一并输入。这样做的好处是通过神经网络建立上下文任务的直接联系，使得网络直接利用历史经验学习。

除了可以直接从历史任务的学习结果中学习元知识，[Ravi and Larochelle, 2016] 提出了从历史任务的优化过程中学习元知识的方法。该工作利用一个 LSTM 结构，很自然地从历史任务中承载经验进行表征。

深度网络优化的核心就是梯度下降，因此，该工作直接从历史任务中学习有利的超参数，使得学习到的网络超参数能够有强泛化能力。[Ha et al., 2016] 提出了超网络（Hypernetworks）的概念，使得网络结构的超参数的设计可以自动进行。另一方面，梯度下降的过程能不能被学习到？答案是能。通过从历史任务的梯度下降中学习，[Andrychowicz et al., 2016] 提出了从历史任务中学习梯度更新规则的元学习方法。

基于模型的元学习方法还有很多，其思想非常通用。从标签到损失函数，从梯度下降规则到优化器设计，均可以用来进行元学习。例如，Google 最近的工作 *Meta pseudo label* [Pham et al., 2020] 假设神经网络训练过程中的交叉熵损失函数可以被自适应地学习，因此构建了相应的元学习网络，取得了比传统损失函数更好的效果。[Li et al., 2019b] 通过元学习对有噪声的训练数据进行自适应学习。

13.3 基于度量的元学习方法

本节介绍基于度量的元学习方法。此类方法假设元知识可以由历史数据的相似性获得，又可以被称为基于相似性的学习方法。

这类方法将训练数据 S 中的元知识表征为

$$P_\theta(y|x,S) = \sum_{(x_i,y_i)\in S} k_\theta(x,x_i)\, y_i, \tag{13.3.1}$$

其中 $k(\cdot,\cdot)$ 为一种度量相似度的核函数，例如余弦相似度等。

从核函数的视角来看，这种方法非常容易理解。网络的主要目的是从训练数据中学习彼此的相似度关系。这样，对于给定的新数据，在预测其标签时，标签就可以由新数据与训练数据的相似度关系来给出。通常，历史任务通过小样本的方式构造，则新数据的标签也由其与若干个小样本的相似度给出。

图 13.2 形象地表示了基于度量的元学习方法的主要思想。其中，测试数据的标签由其与训练数据的相似度给出，箭头的粗细表示其相似程度。

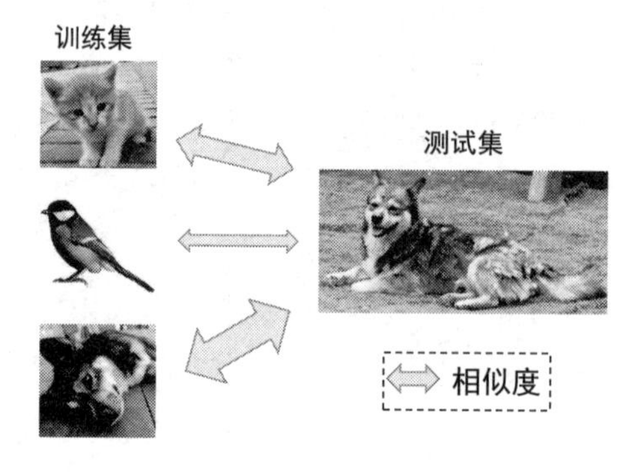

图 13.2 基于度量的元学习方法

文献 [Vinyals et al., 2016] 提出了一种名为 **Matching Network** 的相似度网络。这种网络在每个元任务的学习阶段，均学习验证数据与若干个小样本训练数据的相似度关系。在 Matching Network 中，测试数据 x 的标签 $\hat{y}$ 由其与 k 个样本的相似度函数 $a(\cdot,\cdot)$ 给出：

$$\hat{y} = \sum_{i=1}^{k} a(\bar{x},x_i)\, y_i, \tag{13.3.2}$$

其中相似度函数被定义为一种由余弦相似度构成的 softmax 函数：

$$a\left(\boldsymbol{x}, \boldsymbol{x}_i\right)=\frac{\exp \left(\cos \left(f(\boldsymbol{x}), g\left(\boldsymbol{x}_i\right)\right)\right.}{\sum_{j=1}^k \exp \left(\cos \left(f(\boldsymbol{x}), g\left(\boldsymbol{x}_j\right)\right)\right.}. \tag{13.3.3}$$

类似的思想出现在后来的 Prototypical Network （ProtoNet）[Snell et al., 2017] 中。ProtoNet 的思想非常容易理解，其采取了一种类似于 KNN 的方法：在学习阶段，计算每个类别的中心点特征表达（嵌入，Embedding）。继而，新数据的标签由新数据距离这些类别中心点的综合距离给出。如果用 f_θ 表示网络中特征学习的部分，则类别 c 的类别中心特征表达可以表示为

$$\boldsymbol{v}_c=\frac{1}{\left|S_c\right|} \sum_{\left(x_i, y_i\right) \in S_c} f_\theta\left(\boldsymbol{x}_i\right), \tag{13.3.4}$$

其中 S_c 表示属于类别 c 的所有样本集合。则新数据的标签可以被计算为

$$P(y=c \mid \boldsymbol{x})=\operatorname{softmax}\left(-d_{\varphi}\left(f_\theta(\boldsymbol{x}), \boldsymbol{v}_c\right)\right)=\frac{\exp \left(-d_{\varphi}\left(f_\theta(\boldsymbol{x}), \boldsymbol{v}_c\right)\right)}{\sum_{c^{\prime} \in \mathcal{C}} \exp \left(-d_{\varphi}\left(f_\theta(\boldsymbol{x}), \boldsymbol{v}_{c^{\prime}}\right)\right)}, \tag{13.3.5}$$

其中 $d_{\varphi}(\cdot,\cdot)$ 表示任意的距离函数，如欧氏距离等。

后来，[Sung et al., 2018] 提出了 Relation Network 来学习样本之间的距离度量，[Chen et al., 2019c] 利用多个任务进行度量学习。相关的工作此处不再赘述。

13.4 基于优化的元学习方法

本节介绍基于优化的元学习方法。与之前介绍的基于模型和基于度量的方法不同，基于优化的元学习方法假设可以从大量任务的学习过程中通过梯度下降来获得通用的元知识。此类方法近年来获得了极大的关注度。

这类方法通常将元知识表示为

$$P_\theta(y \mid x, S)=f_{\theta(S)}(x). \tag{13.4.1}$$

请注意，这里的 $f_{\theta(S)}(x)$ 与之前基于模型方法的 $f_\theta(x, S)$ 极易混淆。它们的区别是，在基于模型的方法中，$f_\theta(S)$ 表示的是另一个学习网络，而在本节介绍的基于优化的方法中，待学习的元知识参数 $\theta(S)$ 被放到了网络的下标处，表明其是可以直接通过优化习得的。

Finn 等人在 2017 年的 ICML 大会上提出了著名的 Model-Agnostic Meta-Learning（MAML）方法 [Finn et al., 2017]，开启了基于优化的元学习方法全新的篇章。MAML 尝试从若干个训练任务中通过梯度下降学习一种通用的知识。MAML 方法的学习过程如图 13.3 所示。

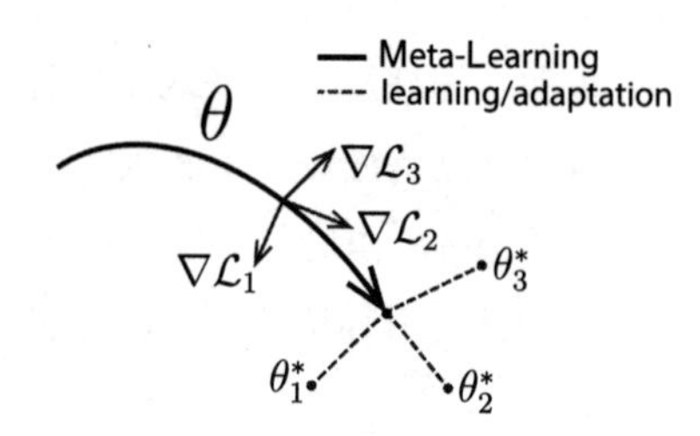

图 13.3 MAML 方法的学习过程 [Finn et al., 2017]

令 ϕ 为最终学习的超参数，θ^i 为训练过程中第 i 个任务对应的参数，MAML 首先在采样的 n 个任务上以学习率 γ 计算这些任务的梯度：

$$\theta^i = \theta^i - \gamma \nabla_\phi l(\phi). \tag{13.4.2}$$

然后，对于查询集，计算每个任务的损失：

$$L(\phi) = \sum_{i=1}^{n} l^i\left(\theta^i\right). \tag{13.4.3}$$

最后利用梯度下降、以学习率 η 优化超参数 ϕ：

$$\phi \leftarrow \phi - \eta \nabla_\phi L(\phi). \tag{13.4.4}$$

上面的过程其实完成了一种学习通用知识的过程。MAML 并不关心模型在训练过程中在某个特定任务上的表现，而是关心在所有任务上的平均表现。这好比在寻找一个对所有任务平均都有益的学习状态，然后 MAML 再基于查询集对此学习状态进行更新。循环以上过程，MAML 就能学习到大多数任务上较通用的元知识。

MAML 开启了基于优化的元学习方法之先河，后续有大量的相关工作扩展了 MAML。例如，Reptile [Nichol et al., 2018] 试图将 MAML 在学习每个任务的参数时的梯度更新过程重复多次。[Rajeswaran et al., 2019] 指出原始 MAML 存在的问题是需要很大的存储空间来存储每个任务的梯度信息，计算又很费时，因而提出一个称为 implicit MAML（iMAML）的方法来进行优化。iMAML 的核心是不依赖计算过程直接达到最终的结果。实现方式是用一个 l_2 正则项来约束旧参数和新参数的距离。[Li et al., 2017d] 提出了 Meta-SGD，使其可以同时学习初始化参数、学习率和梯度更新方向等。

也有一些工作应用 MAML 来解决其他问题。例如，[Hsu et al., 2018] 将 MAML 扩展到了无监督表征学习中；[Na et al., 2019] 则将 MAML 与贝叶斯框架进行集成，在统一的表征中解决类别不平衡和任务分布偏差的问题。在 12.6 节中我们曾经介绍过的 MLDG [Li et al., 2018a] 等基于元学习的领域泛化方法，也是 MAML 思想的成功应用。

13.5　元学习的应用与挑战

13.5.1　应用

元学习在机器学习的诸多场景下都有着广泛的应用。

1. 计算机视觉中的小样本学习（Few-shot learning，包括分类、检测、分割、关键点定位、图像生成、密度估计等）。小样本学习任务设定完美契合了元学习的学习过程，所以绝大多数小样本研究都采用了元学习方法；
2. 强化学习。元学习一个很自然的扩展便是强化学习，在强化学习的探索（Exploration）和利用（Exploitation）中，策略梯度等都有着广泛应用；
3. 仿真（sym2real）。由虚拟环境生成一些具有多样性的样本，然后部署到真实环境中；
4. 神经结构搜索（Neural Architecture Search, NAS）；
5. 贝叶斯元学习。这个步骤非常有趣，它用贝叶斯的视角对元学习进行重新表征，可以发现不一样的研究思维，对解决问题非常有帮助；
6. 无监督元学习；
7. 终身学习、在线学习、自适应学习；
8. 领域自适应和领域泛化；
9. 超参数优化；
10. 自然语言处理；
11. 元学习系统。

元学习是机器学习的一种学习方法，因此，可以说，机器学习的绝大多数问题和研究领域都可以与元学习结合，碰撞出不一样的火花。

13.5.2 现存的挑战

1. 泛化能力。现有的元学习方法在一些历史任务上训练，在新的任务上测试。其直接的假设是：训练和测试数据服从同一个分布，带来的问题是：如果元训练和元测试不是来自同一个分布，如何做元学习？或者说，如果元训练数据本身就包含了来自多个分布的数据，如何做元训练？
2. 多模态的任务来源。现有的元学习方法假设训练和测试任务来自单一模态的数据，如果是多模态数据，例如，在时间序列、异构图像、视频等同时存在的场景下，如何进行元学习？
3. 任务家族。特定任务下只有特定的任务家族可以用元学习，这大大限制了知识的表征和传播。
4. 计算复杂度。通常来说元学习都涉及一个二重（Bi-level）的优化求解，这导致其计算非常复杂，如何提高计算效率是一个难点。
5. 跨模态迁移和异构的任务。

13.6 小结

元学习的历史可以追溯到 1987 年。在这一年里，如今深度学习领域的两位泰斗 J. Schmidhuber 和 G. Hinton 独立地在各自的研究中提出了类似的概念，后来被广泛认为是元学习的起源：

- J. Schmidhuber 提出了元学习的整体形式化框架，提出了一种 Self-referential learning 模式 [Schmidhuber, 1987]。在这个模式中，神经网络可以接收它们自己的权重作为输入来输出目标权重。另外，模型可以自己通过进化算法来自我学习。
- G. Hinton 提出了快权重（Fast weights）和慢权重（Slow weights）的概念 [Hinton and Plaut, 1987]。在算法迭代过程中，慢权重获取知识较慢，而快权重可以更快地获取知识。这一过程的核心是，快权重可以回溯慢权重的值，从而进行全局性指导。

这两项工作都直接推动了元学习的产生。从今天的视角来看，J. Schmidhuber 的版本更像是元学习的形式化定义，而 G. Hinton 的版本更像是定义了元学习的二重优化过程。

后来，Bengio 分别在 1990 和 1995 年提出了通过元学习的方式来学习生物学习规则 [Bengio et al., 1990]，而 J. Schmidhuber 继续在他后续的工作中探索 Self-referential Learning；S. Thrun 在 1998 年的工作中首次介绍了学习学习的概念，并将其表示为实现元学习的一种有效方法 [Thrun and Pratt, 1998]；S. Hochreiter 等人首次在 2001 年的研究中用神经网络来进行元学习 [Hochreiter et al., 2001]。

元学习是一个活跃的研究领域，近几年在机器学习顶会如 ICML、NeurIPS、ICLR 等出现了大量相关的研究工作。我们并不打算介绍所有工作，事实上这也是不可能的。本章仅抛砖引玉地介绍几大类流行的元学习方法，感兴趣的读者请持续关注该领域的动向。

14 迁移学习模型选择

本章主要介绍迁移学习中的模型选择问题。到目前为止，我们介绍了诸多成功的迁移学习方法，它们在特定的任务上都取得了良好的迁移效果。但是，聪明的读者一定发现，机器学习中一个很重要的问题被遗漏了：迁移学习的模型是如何进行评估和选择的？

本章内容的组织安排如下。14.1 节对模型选择问题进行宏观介绍；14.2 节介绍基于密度估计的模型选择；14.3 节介绍迁移交叉验证用于模型选择；最后，14.4 节对本章进行小结。

14.1 模型选择

在设计机器学习模型时，不可避免地要涉及诸多算法和参数。在机器学习中，常用的模型评估方法就是具体任务的指标。例如，分类任务通常使用分类精度（Accuracy）来作为评估指标；回归任务则使用均方误差（Mean Squared Error, MSE）；目标检测任务则通常使用检测面积与真实面积之比例（Intersection of Units, IOU）；机器翻译任务通常使用 BLEU 指标；等等。

由于测试数据不可以被用于训练，机器学习算法模型和参数的选择，通常使用留出法（Hold-out）和 k 折交叉验证法（k-fold cross-validation）。留出法将训练数据集一分为二，分为训练集和验证集；k 折交叉验证法则扩展了留出法的概念，将数据集分为 k 份，每次选择其中的 $k-1$ 份作为训练数据，余下的一份作为测试数据，最终的模型误差是这 k 次实验的均值。这样做显然可以获得比留出法更小的验证误差 [周志华, 2016]。

形式化地来看，如果我们用 $\mathcal{T} = \{\mathcal{T}_j\}_{j=1}^k$ 表示随机分成的 k 份训练数据，

$\widehat{f}_{\mathcal{T}_j}(\boldsymbol{x})$ 表示在训练数据 $\mathcal{T}_{i\neq j}$ 上学习得到的模型，则 k 折交叉验证法的平均误差可以表示为

$$\widehat{R}_{k\mathrm{CV}} \equiv \frac{1}{k}\sum_{j=1}^{k}\frac{1}{|\mathcal{T}_j|}\sum_{(\boldsymbol{x},y)\in\mathcal{T}_j}\ell\left(\boldsymbol{x},y,\widehat{f}_{\mathcal{T}_j}(\boldsymbol{x})\right), \tag{14.1.1}$$

式中的 $\ell(\cdot)$ 函数为特定的误差评估函数。

k 折交叉验证法是机器学习广泛使用的模型选择方法。

回到迁移学习问题中来。在迁移学习中，训练数据和测试数据分别是什么？易知，训练数据包括源域和目标域数据。这似乎听起来不太妙：迁移学习的目的就是要用源域的知识来帮助学习目标域的知识——测试数据也是目标域数据？

这有悖常理：扎实的机器学习基础告诉我们，测试数据是不可以用于模型评估和选择的，这样做导致的灾难性后果相当于直接在测试集上调参！

可以用两种简单的方法来解决这个问题。一种理想的方法是：一部分有标签的目标域数据可以直接作为验证集；另一部分没有标签的目标域数据可作为真正的目标域，此时可用传统机器学习的模型选择方法解决。然而，对于目标域数据没有标签或几乎没有标签的领域自适应问题而言，此方案并不适用。另一种方法更加简单：我们在训练时不去显式地进行调参，而是对于不同的任务，均选择相同的一组参数，相当于从源头上完全规避了调参的问题。有一些相关工作便使用了这种做法 [Wang et al., 2017a, Tzeng et al., 2017]。显然，上述两种方法并不具有通用性，这是由于迁移学习问题比较明显的特征是训练集和测试集的数据分布不同，即使可以有验证集，公式 (14.1.1) 也未处理数据分布差异，因此并不完全适用。

那么，应该以怎样的正确姿势来打开迁移学习模型选择的大门呢？

14.2 基于密度估计的模型选择

为了解决由于源域和目标域的边缘分布不同 ($P_{\mathrm{s}}(\boldsymbol{x}) \neq P_{\mathrm{t}}(\boldsymbol{x})$) 的模型选择问题，[Sugiyama et al., 2007] 提出了**基于密度估计的交叉验证方法**（Importance-weighted Cross Validation, IWCV）。IWCV 方法的核心是巧妙地利用了 5.3 节中介绍的样本权重自适应方法中的概率密度估计比（Density Ratio）：

$$\theta_{\mathrm{t}}^{*} \approx \arg\max_{\theta}\frac{1}{N_{\mathrm{s}}}\sum_{i=1}^{N_{\mathrm{s}}}\frac{P_{\mathrm{t}}\left(\boldsymbol{x}_i^{\mathrm{s}}\right)}{P_{\mathrm{s}}\left(\boldsymbol{x}_i^{\mathrm{s}}\right)}\log P\left(y_i^{\mathrm{s}}|\boldsymbol{x}_i^{\mathrm{s}};\theta\right). \tag{14.2.1}$$

我们在彼时曾经说过，这个概率密度估计比非常通用，可以用于多种学习算法，如逻辑回归、支持向量机等。因此，IWCV 便在模型选择中也利用了此方法：彼时彼刻，恰如此时此刻！

引入概率密度估计比之后，IWCV 对目标域的训练误差可以表示为

$$\widehat{R}_{k\text{IWCV}} \equiv \frac{1}{k}\sum_{j=1}^{k}\frac{1}{|\mathcal{T}_j|}\sum_{(\boldsymbol{x},y)\in\mathcal{T}_j}\frac{P_{\text{t}}(\boldsymbol{x})}{P_{\text{s}}(\boldsymbol{x})}\ell\left(\boldsymbol{x},y,\widehat{f}_{\mathcal{T}_j}(\boldsymbol{x})\right). \tag{14.2.2}$$

在上式中引入源域和目标域的概念有助于更好理解 IWCV 的作用：我们用 $\mathcal{D}_{\text{s}}$ 来表示源域数据，则 IWCV 可以重新表示为

$$\widehat{R}_{k\text{IWCV}} \equiv \frac{1}{k}\sum_{j=1}^{k}\frac{1}{\left|\mathcal{D}_{\text{s}}^{j}\right|}\sum_{(\boldsymbol{x},y)\in\mathcal{D}_{\text{s}}^{j}}\frac{P_{\text{t}}(\boldsymbol{x})}{P_{\text{s}}(\boldsymbol{x})}\ell\left(\boldsymbol{x},y,\widehat{f}_{\mathcal{D}_{\text{s}}^{j}}(\boldsymbol{x})\right). \tag{14.2.3}$$

可以证明 [Sugiyama et al., 2007]，公式 (14.2.2) 是对真实目标域误差的一个无偏估计（Unbiased estimate），且从公式 (14.2.3) 中也可以更清晰地看到，IWCV 在模型选择时并未依赖目标域标签。因此，IWCV 很好地完成了迁移学习的模型选择任务。

14.3 迁移交叉验证

IWCV 的基本假设是源域和目标域有着相同的条件分布、不同的边缘分布。那么，如果两种分布都不同呢？[Zhong et al., 2009] 就考虑了这样的情形，并提出了**迁移交叉验证**（Transfer Cross-validation, TrCV）。这个名字是不是听起来就感觉“有内味”了？

TrCV 相对于 IWCV 最重要的进步就是增加了对目标域数据条件概率的估计。为了引入条件概率，便于和 IWCV 对比，我们首先用另一种形式表达 IWCV：

$$\widehat{R}_{k\text{IWCV}} = \arg\min_{f}\frac{1}{k}\sum_{j=1}^{k}\sum_{(\boldsymbol{x},y)\in S_j}\frac{P_{\text{t}}(\boldsymbol{x})}{P_{\text{s}}(\boldsymbol{x})}\left|P_{\text{s}}(y|\boldsymbol{x})-P\left(y|\boldsymbol{x},f_j\right)\right|. \tag{14.3.1}$$

则 TrCV 可以表示为

$$\widehat{R}_{\text{TrCV}} = \arg\min_{f}\frac{1}{k}\sum_{j=1}^{k}\sum_{(\boldsymbol{x},y)\in S_j}\frac{P_{\text{t}}(\boldsymbol{x})}{P_{\text{s}}(\boldsymbol{x})}\left|P_{\text{t}}(y|\boldsymbol{x})-P(y|\boldsymbol{x},f)\right|. \tag{14.3.2}$$

可以很清晰地看到，TrCV 在对目标域误差进行估计时，利用了目标域的标签 $P_{\mathrm{t}}(y|\boldsymbol{x})$。因此，TrCV 的适用场景是目标域有大量可用标签时的迁移学习。基于公式 (14.3.2)，迁移交叉验证构造了整套的模型验证方法，感兴趣的读者可以参考原文 [Zhong et al., 2009]。

14.4 小结

我们将本章介绍过的方法总结在表 14.1 中，从是否需要目标域标签和是否可以处理自变量漂移问题这两个方面对已有的适用于迁移学习的模型选择方法进行了对比。

表 14.1 迁移学习中不同模型选择方法对比

模型选择方法	目标域标签	自变量漂移
源域上选择模型	不需要	不能处理
目标域上选择模型	需要	可以处理
IWCV	不需要	可以处理
TrCV	需要	可以处理

总体而言，模型选择是迁移学习中十分重要的问题。我们期待在今后能够出现更多相关的研究。

第四部分

应用与展望

15 迁移学习的应用

从 2012 年 Geoffery Hinton 团队提出 AlexNet [Krizhevsky et al., 2012] 以来，深度学习与计算机视觉均得到了长足的发展。由于计算机视觉任务多样、与生活密切相关、任务较好理解，因此，绝大部分深度学习的算法、课程、讲座等均以视觉任务，尤其是分类任务为基准。例如，深度学习领域第一个“Hello World”实践便是 MNIST 手写体的图像分类实验，由 ImageNet 驱动的大规模图像分类也直接引发了深度学习的黄金发展。迄今为止，ImageNet 依然是尝试新算法、新计算架构、新框架的公认实验数据集。

由于分类问题不像语音识别、机器翻译这种“重量级”任务一样需要很多背景知识，因此，可以让我们更加关注于方法本身。也正是由于这个原因，分类问题是研究算法的绝佳“实验田”，故本书所讲述的迁移学习方法，也均以分类作为问题背景。这能够在一定程度上弱化读者对应用背景的依赖和要求，可以专注于方法本身。

这样做是一把双刃剑：好处显而易见，坏处也非常明显，即太容易一叶障目，不见泰山。学习迁移学习的目的是为了解决现实世界中存在的若干矛盾问题（参照第 1 章中所述的“迁移学习的必要性”部分），但最后却只是在与分类问题“较劲”。

在追求方法的道路上走得太远，却常常忘记了为什么出发。

聪明的读者可以根据自己的学习背景不费吹灰之力地举出众多机器学习的应用实例。因此，本章回归我们学习迁移学习的“初心”，从应用的角度，向读者介绍迁移学习在各个领域是如何应用的。迁移学习在**计算机视觉、自然语言处理、语音识别、人机交互与普适计算、医疗健康、物理学、天文学、生物学、交通运输业、农业、银行、通信、金融、传染病预测、物流、软件工程、在线**

教育、**银行安全**、**图网络挖掘**、**社区管理**、**能源**等领域均有应用。值得注意的是，本章与核心方法部分有所不同，并不注重对算法及创新性的讲解，而是侧重于阐述在特定的应用领域内，如何以迁移学习的方式来思考问题、如何构造可行的迁移学习场景、如何将问题转化为迁移学习问题、如何用迁移学习的方式来解决问题等。站在应用的角度，读者需要对烂熟于心的各种算法进行更为细致的考量，以便在自己的问题中取得最好的效果。更多详细的应用介绍，请参照《迁移学习》专著 [Yang et al., 2020a]。

本章内容的组织安排如下。15.1 节介绍迁移学习在计算机视觉中的应用；15.2 节介绍迁移学习在自然语言处理中的应用；15.3 节介绍迁移学习在语音识别与合成领域的应用；15.4 节介绍迁移学习在普适计算与人机交互领域的应用；15.5 节介绍迁移学习在医疗健康领域的应用；15.6 节介绍迁移学习在其他领域中的应用；最后，15.7 节对本章内容进行小结。

15.1 计算机视觉

计算机视觉任务众多，除了常见的图像分类，还包括目标检测（Object Detection）、语义分割（Semantic Segmentation）、视频理解（Video Understanding）、场景文字识别（Scene Text Recognition）、目标跟踪（Object Tracking）、图像生成（Image Generation）等。除此之外，还包括人脸识别（Face Recognition）、行人再识别（Person Re-Identification）、动作识别（Action Recognition）等等。在过去的几十年里，计算机视觉的发展伴随着深度学习技术的发展，演化出了众多领先的技术和方法。也正因如此，在当下人工智能时代，计算机视觉也是一个持续热门的领域，催生出许多成功的明星科学家、网红、和创业公司。

那么，除了图像分类任务，迁移学习在计算机视觉的其他任务上是如何应用的呢?

计算机视觉中绝大部分任务都存在训练数据与测试数据分布不一致的问题，也存在着高质量的有标注数据不足的问题。例如，在虚拟场景中构建三维模型进行场景与物体识别，再迁移到真实环境中；或者在赛车游戏中调整自动驾驶模型，再将其迁移到真实的自动驾驶环境中；在搜索引擎（如必应搜索）中爬取大量同一类型图片作为图像识别的训练集，再将训练好的模型在真实数据中调优；由于图片光照、背景、视角等不同导致模型发生漂移等等。

如何运用迁移学习的方式来解决上述存在的挑战？

在目标检测任务中，[Chen et al., 2018e, Inoue et al., 2018, Sun and Saenko, 2014, Raj et al., 2015] 等工作利用迁移学习解决了源域和目标域的数据分布不匹配的问题。这些工作将领域自适应、弱监督学习等技术引入目标检测中，使得训练与测试数据之间的特征分布得到对齐，大大强化了在测试数据上的任务表现；对于训练数据不足、特征表示单一的问题，[Lim et al., 2011] 提出从相关任务中迁移知识到目标任务的迁移学习方案；[Shi et al., 2017] 提出了一种基于排序的迁移学习方法来解决目标检测问题；[Chen et al., 2018b] 针对目标检测中的小样本问题提出了迁移学习的适配方案。

语义分割中也存在着迁移学习的应用场景。[Zhang et al., 2017b, Tsai et al., 2018, Li et al., 2019e] 等工作对城市道路街景的语义分割进行了研究，提出不同的跨领域分割适配方法；[Kamnitsas et al., 2017, Zou et al., 2018] 针对脑部医学图像的分割进行了迁移学习，解决了医学图像数据匮乏的问题；[Sankaranarayanan et al., 2017] 则提出了基于生成对抗网络的迁移学习分割算法；[Luo et al., 2019] 从类别–类别的迁移学习分布适配中进行更加细粒度的场景分割。

在视频理解任务中，迁移学习同样有用武之地。例如，我们知道在自动驾驶中，受到不同天气的影响，车辆的状态也会发生变化，而不同天气的数据又很难完全收集。在这个方面，发表于 2018 年的工作 [Wenzel et al., 2018] 对自动驾驶任务中跨天气的车辆控制，提出一种基于生成对抗网络的迁移学习算法；对于视频分类任务，[Diba et al., 2017, Zhang and Peng, 2018] 等工作提出了不同的蒸馏和迁移学习方法，提高了视频分类的精度；对于视频中的人体动作识别，[Liu et al., 2011] 提出一种跨摄像机视角（Cross-view）的迁移学习方法，使得模型针对不同的视角都能得到很好的效果；[Rahmani and Mian, 2015] 则提出一种非线性的跨视角迁移方法用于动作识别；[Jia et al., 2014a] 提出一种基于隐张量（Latent Tensor）的迁移学习方法用于 RGB-D 的动作识别。除了跨视角，[Bian et al., 2011] 提出一种跨领域的动作识别方法；[Sargano et al., 2017] 提出了基于深度迁移表征的动作识别方法；[Zheng et al., 2016, Wu et al., 2013] 分别提出基于字典学习和异构特征空间的动作识别方法；[Giel and Diaz, 2015] 提出了基于迁移学习和时序网络的动作识别方法。总的来看，视频理解任务与图像分类类似，也存在跨领域、跨视角、跨状态等任务，均需要迁移学习扮演重要角色。

场景文字识别（Scene Text Recognition）也是一类很重要的视觉任务。在这个问题上，[Zhang et al., 2019b] 提出了一种基于注意力机制的鲁棒场景文字识别方法，对于跨领域的数据有很好的效果；[Tang et al., 2016] 探索了卷积神经网络在中文文字识别任务上的效果；[Goussies et al., 2014] 使用迁移决策森林算法实现了光学字符识别。

在图像生成方面，[Zhang et al., 2019a] 从解耦（Disentangle）角度出发，构建了基于生成对抗网络的化妆迁移方法；基于迁移学习的图像生成涉及另一个火热的领域：风格迁移（Style Transfer），如 [Gatys et al., 2016, Luan et al., 2017, Huang and Belongie, 2017, Li et al., 2017c] 等工作。此类应用几乎都围绕迁移学习展开，相关工作汗牛充栋，因此不再赘述。感兴趣的读者请以“Style Transfer”为关键字搜索相关文献进行研究学习。

计算机视觉任务众多，我们无法一一列举。由于计算机视觉得到了长足的发展，因此，几乎各类任务都有迁移学习的身影。从数据标注不足到跨领域、跨视角、跨状态等任务，迁移学习都在其中发挥着重要的作用。感兴趣的读者或者承担计算机视觉方面具体任务的同学们可以根据自己的需求再调研更多相关文献，将迁移学习用于任务中，令其发光发热。

15.2 自然语言处理

语言是人类区别于动物的本质特性。计算机视觉让人类认识世界，而语言让人与人、人与动物、人与机器之间的沟通和交互成为了可能。自然语言处理（Natural Language Processing, NLP）技术将计算机、人工智能与语言学的知识联系起来，让我们可以更好地理解彼此。何为语言，从狭义上讲，凡涉及文字的都属于语言。但如果我们对语言的理解超越文字的范畴，那么，其实广义上来说，任何可以传达意义的图片、语音、数据等媒介，都属于语言。因此，语言的含义也千变万化。本节主要关注文字类语言，下一节将会介绍语音识别和合成方面迁移学习的应用研究。

自然语言处理是一个非常庞大的研究领域，其主要由自然语言理解（Natural Language Understanding, NLU）和自然语言生成（Natural Language

Generation，NLG）两类任务构成。自然语言理解负责让机器“听得懂”人类的语言，即从二进制语言数据中提取重要的信息；而自然语言生成则负责让机器“说得出”人类的语言，即把二进制计算机数据转化成人类能听得懂的语言。与此对应，自然语言处理的任务也十分复杂多样，常见的任务如文本分类（Text categorization）、信息检索（Information retrieval）、信息抽取（Information extraction）、聊天机器人（ChatBot）、对话系统（Dialogue system）、机器翻译（Machine translation）、序列标注（Sequence tagging）等等。在这些重要的应用中，迁移学习也发挥着应有的作用。

自然语言处理中存在着大量数据不足、分布不一致的问题，因此，很多工作利用迁移学习与领域自适应、多任务学习的方法，构建跨领域学习模型，解决相应的序列标记问题 [Grave et al., 2013, Peng and Dredze, 2016, Yang et al., 2017]、语法分析问题 [McClosky et al., 2010]、情感分析问题 [Cui et al., 2019, Ruder and Plank, 2017, Wu and Huang, 2016]、文本分类问题 [Wang et al., 2019f, Liu et al., 2019]、关系分类问题 [Feng et al., 2018]、以及文本挖掘问题 [Qu et al., 2019]。在这些领域中，由于训练数据和测试数据的分布不一致，因此，这些工作利用了相应的迁移学习方法来解决这些挑战，取得了很好的效果。

在机器翻译问题中，迁移学习的作用变得尤其重要。首先，翻译问题本身就至少涉及两个语言领域：源语言和目标语言，而任意两种不同的语言之间，本身就存在着数据分布的差异。因此，翻译问题是迁移学习重要的应用场景。其次，翻译问题的另一重大挑战是源语言和目标语言的这种语言对（Pair）的有标签数据非常难于收集，需要大量的专业人员作出标记，因此，如何在低资源的条件下进行高质量的翻译本身就是一个重大研究问题。一系列研究工作利用迁移学习来应对这些挑战。比较早期的工作 [Blitzer et al., 2006] 提出了 Structural Correspondence Learning 的方法，利用不同语言之间共享的某些“枢轴（Pivot）”特征（即在不同语言下意义相近的词）来进行跨领域的翻译；[Bertoldi and Federico, 2009] 则提出了以隐马尔可夫模型驱动的领域自适应统计翻译系统；[Chen et al., 2017a, Jiang and Zhai, 2007, Poncelas et al., 2019, Wang et al., 2017b] 等工作利用源域权重学习的迁移方式构建跨领域翻译系统；[Chen and Huang, 2016] 针对低资源情况下的机器翻译，提出一种基于半监督领域自适应的迁移方法。

最近几年，围绕语言模型的预训练（Pre-train）的研究异常火热。研究人员发现，如果收集大量的训练数据，不管这些数据有没有标注，都可以用一个比较大的模型进行有监督/半监督/无监督（自监督）的预训练；与计算机视觉领域类似，预训练后的模型可以被很好地应用于一系列下游任务中，大幅提升下游任务的性能表现。这方面的研究以 Google 公司在 2018 年提出的 BERT（Bidirectional Encoder Representations of Transformers）模型 [Devlin et al., 2018] 为代表，衍生出一大批基于 BERT 进行预训练、微调、迁移适配的成果。BERT 通过构建自监督的预训练任务，对大量的自然语言数据进行预训练，从而可以从大数据中学习通用的知识，因此在包括文本分类、情感分析、语言生成、序列标注等大量下游任务中均可获得非常好的表现。BERT 本身足够优秀，但也存在模型庞大复杂、计算量大的问题。因此，如何压缩 BERT 模型也成了近几年的研究热点之一。除了 BERT，OpenAI 也出品了更庞大的 GPT 系列预训练模型 [Radford et al., 2018, Radford et al., 2019, Brown et al., 2020]，将自然语言理解与生成任务推向新的高峰。

自然语言的任务还有很多，我们不可能一一列举。读者在处理自然语言任务时，遇到小样本、分布不一致等问题时，均可以考虑迁移学习的相关思路。

15.3 语音识别与合成

声音也是人类的语言之一，是我们沟通和传递信息的媒介。语音识别，也称为自动语音识别（Automatic Speech Recognition, ASR），指的是计算机能够将人类语音的音频数据，转化成对应的文字的过程；而语音合成（Speech Synthesis）则是一个相反的过程，指的是计算机自动合成出人类的声音。语音合成领域常用的范式是文字转语音（Text-to-Speech, TTS），特指输入一段文字，计算机将这些文字“读出来”，产生人类语音的过程。当然，语音的研究不局限于这两个领域，还包括说话人验证（Speaker Verification）、语音转换（Voice Conversion）等。

语音识别与合成是计算机和人工智能、声学、信号处理、语言学、统计学、概率学等多学科交叉的研究领域，有着很长的研究历史。伴随着深度学习的发展，语音识别与合成也经历了从传统的统计模型到深度模型的飞跃，取得了越来越好的效果。现在市场上已经有微软 Azure 语音合成、百度语音合成、Google 语音合成、讯飞语音合成等多种成熟稳定的语音产品。

深度学习模型的成功依赖于大量的训练数据。而语音相关的数据与普通图像数据相比，其获取成本更高、对数据采集者的要求也更高。因此，语音数据天然存在着获取难、数据标注耗时昂贵的问题。另一方面，语音数据的来源是人本身，而不像图像、文本等具有相对客观的来源，因此，语音数据本身就充满着不确定性和波动性。我们听到的声音，包含音色、频率、音调等描绘声音的关键信息，这些声音特征决定了世界上没有两个人的声音会完全相同。不同人的方言、口音、说话方式也有所不同。受限于此，语音数据绝大多数会面临模型漂移、标注数据不足等问题。因此，迁移学习、多任务学习、领域自适应等技术，对于语音数据的处理非常重要。

从语音合成，特别是 TTS 系统的角度来看，语音数据又可分为不同视角。我们知道，TTS 系统的输入是客观文字，输出是能让人听懂的语音数据。而“让人听懂、听得舒服自然”这个标准太过主观、模糊，远不如分类、回归、检测等任务的精度、误差等评价指标来得客观。因此，TTS 系统的评价也无形中为语音合成增加了难度。并且，TTS 系统的一种流行的服务模式是让用户用自己的声音念出一些文字，系统则根据这些仅有的用户声音数据，完成对用户声音的“克隆”，使得计算机能够模仿用户的声音“说”出用户从未说过的话。从这个角度讲，TTS 系统天然就面临着用户数据不足的问题（因为系统要求用户自己输入的声音越少越好），或者说，它是一个小样本学习的问题。如何将训练好的 TTS 模型迁移适配到新用户数据上，是 TTS 系统当前面临的一个重大挑战。

为了解决语音识别领域的小样本问题，笔者团队提出了基于字符分布匹配的迁移学习方法 CMatch（Character-level Distribution Matching），从字符级别的匹配中进行跨领域的语音识别 [Hou et al., 2021]，[Li et al., 2019a] 把为普通话训练的语音识别模型迁移到广东话的语音识别上，获得了很好的识别效果；[Yao et al., 2012, Yu et al., 2013, Gupta and Raghavan, 2004] 等工作系统研究了不同语音模型的自适应技术；[Xue et al., 2014] 基于用户辨识码提出一种将深度语音识别模型快速适配到新用户上的迁移学习方法；[Wu and Gales, 2015] 从多任务学习的角度提出一种多基点（Multi-basis）自适应的快速迁移网络；[Sun et al., 2017] 提出了一种深度领域自适应的语音识别技术；[Hsu et al., 2017, Abdel-Hamid and Jiang, 2013] 基于迁移变分自编码器、卷积神经网络提出了鲁棒的语音识别方法。对于特定群体的语音识别，[Shivakumar et al., 2014] 利用发音的相似性提出了声音的自适应方法，用于儿童语音识别；[Kim et al., 2017a] 针对构音障碍人群的语音识别，提出一种基于 KL-HMM 的自适应迁移学习方法；[Liao, 2013] 提出了基于说话人自适应的上下文迁移方法；[Huang et al., 2016b] 提出了一整套基于深度迁移学习的语音识别方法与系统。

在语音合成，特别是 TTS 系统中，迁移学习同样发挥着重要作用。[Cooper et al., 2020] 提出了一种由多个说话人的 TTS 系统迁移到零样本新用户的 TTS 方案；[Chen et al., 2018d] 利用说话人的特征嵌入（Speaker Embedding）相关性，提出了小样本情况下的 TTS 适配系统；[Jia et al., 2018] 为了更精准地捕捉说话人之间的相似性，从说话人验证系统的特征嵌入模式中学习通用特征，然后迁移到新用户的 TTS 系统中；[Daher et al., 2019] 针对语音转换任务提出了基于生成对抗网络的转换系统。在语音转换应用中，迁移学习也有着重要应用。[Sun et al., 2016b] 提出了一种不需成对训练数据的多人语音转换到单人语音的语音转换方法；[Liu et al., 2018b] 基于特征解耦（Feature Disentangle）提出了一种语音转换方案；[Chen et al., 2018c] 利用生成对抗网络对不成对的声音进行转换；[Chou et al., 2019] 针对 One-shot 的语音转换问题，通过实例归一化（Instance Normalization, IN）实现说话人特征和内容特征的分离解耦。

除了数据获取难、数据分布不一致的问题，语音领域还存在本地化的问题。通常来说，一种语言往往对应于不只一种口音和方言。例如，咱们国家许多地方都有各自的方言，这对语音模型的本地化是一个巨大挑战。放眼世界，即使是英语系国家，其口音、说话方式等也有着很大的差异。对生成的语音进行评价，在确保其准确性和自然性的同时，也要考虑本地化的问题。而新用户数据稀少的问题，无疑是雪上加霜。这些问题都给语音领域带来了新的挑战。期待未来迁移学习能够在这些领域发挥更大的作用。

15.4 普适计算与人机交互

随着时代的发展，普适计算（Ubiquitous Computing）的应用越来越广泛。智能手机、智能手表、可穿戴设备、边缘计算设备等，大大提高了人们的生活效率和生活质量。普适计算的发展体现了计算机计算架构的变迁：从上世纪的大型机、小型机、微型机，发展为今天的个人计算机、智能手机、可穿戴设备等，由此，也产生了越来越多的普适计算应用。普适计算已被广泛应用于日常生活的多个领域中，如可穿戴行为识别 [Wang et al., 2018a]、室内定位 [Zou et al., 2017]、表情识别 [Nguyen et al., 2018] 等。研究和发展普适计算技术对人们的生活具有十分重要的意义。

普适计算针对的是我们日常生活的环境，而环境本身就充满了动态变化性，这种动态变化性给现有的机器学习方法带来了挑战。普适计算领域早期的奠基人物 Mark Weiser 对普适计算的核心场景提出了要求 [Weiser, 1991]：

普适计算就是无处不在的计算。在此模式中，人们能够在任何时间、任何地点、以任何方式访问到所需要的信息。

简而言之，这就要求机器学习模型必须能够对这些动态变化的时间、地点、方式等，进行自适应的调整和模型更新。举一个简单的例子，在可穿戴行为识别的应用中，用户已经针对智能手表采集的数据训练好了识别模型，那么显然这个模型无法识别智能手机采集到的行为数据，因为二者部署在不同的穿戴位置，并且它们的硬件信息也不完全相同，这使得数据的分布发生了变化，从而导致模型发生漂移 [Huang et al., 2007]。即使是相同的硬件设备，不同用户、不同穿戴位置、不同运动模式，也严重影响着机器学习模型的泛化能力。从机器学习的角度而言，尽管随着数据规模和计算资源的快速增长，机器学习方法在理论和应用中都取得了长足的进展，然而，目前的机器学习方法均假设训练集和测试集服从相同的数据分布（即相同的数据来源），因此，在训练集训练好的模型能够在相同数据分布的测试集上有着不错的表现。当测试集和训练集来自不同的数据分布时，传统机器学习方法无法对其构建精准鲁棒的模型。综合来看，普适计算环境的动态变化性给现有的机器学习方法带来了挑战，如何在动态的普适计算环境中构建自适应学习模型，是一个重要的研究问题。

在可穿戴行为识别的研究中，[Zhao et al., 2011, Khan and Roy, 2017, Wang et al., 2018a, Wang et al., 2018c] 等工作针对**跨用户**的应用场景提出了相应的方法，构建了迁移学习模型，使得模型应用在不同的用户时误差较小；[Wang et al., 2018a, Wang et al., 2018c] 提出即使同一用户，当传感器放置于用户不同的身体部位时，行为识别模型也会因位置的不同而产生模型漂移，从而造成精度下降。这些研究同时提出了用相应的分层和深度迁移学习方法解决此类问题。

行为识别的设备通常是各种传感器，如加速度计、陀螺仪、磁力计等。这些设备由于自身硬件差异所导致的应用条件不同，也会造成模型漂移的现象。

针对这一问题，[Morales and Roggen, 2016] 设计了一系列的实验研究跨传感器的行为识别；[Hu and Yang, 2011] 提出了通过传感器映射的方法进行迁移学习的行为识别；[Chen et al., 2017b] 提出了跨模态的迁移学习方法用于行为识别。针对行为识别问题中源域和目标域类别不统一的问题，[Hu et al., 2011] 提出了通过挖掘网络大数据，构建类别相似性关系，从而实现跨类别的迁移方法。

从可穿戴行为识别出发，迁移学习可以针对不同用户、不同设备、不同位置的行为识别应用构建自适应的模型。

行为识别侧重于通过设备来监测用户的行为变化，而室内定位则通过定位器（如 WiFi）的变化来检测用户的位置。定位模型通常都与房间的布局等有很强的相关性，因此，研究跨房间、跨环境的定位模型就势在必行。在这方面，[Pan et al., 2008, Sun et al., 2008, Zou et al., 2017] 等工作提出了基于 WiFi 的迁移室内定位方法；[Liu et al., 2010] 提出了一种针对 3D 定位数据的迁移学习方法。在室内定位应用中，跨环境是研究重点。

从人机交互出发，迁移学习还可以针对不同用户、不同接口、不同情境的人机交互应用进行鲁棒的人机融合感知。例如，[Nguyen et al., 2018, Tu et al., 2019, Nguyen et al., 2020] 等工作针对表情识别任务提出了相应的迁移学习方法，使得表情识别模型针对不同的用户更加鲁棒；[Rathi, 2018] 则针对表情语言提出了一种迁移学习优化方案；[He and Wu, 2019] 对脑机接口提出了在欧氏空间中进行特征对齐的迁移方法；[Chao et al., 2019] 针对跨视角的步态识别，提出一种迁移学习方法。

总体而言，迁移学习可以被应用于各种动态变化的环境。在设计构建普适计算和人机交互应用时，我们要特别注意有哪些环境、设备可能是动态变化的，然后针对不同的场景，设计更鲁棒的机器学习和迁移学习方法，使模型在动态环境中能够维持稳定的表现。

15.5 医疗健康领域

医疗健康是与每个人休戚相关的研究领域，同时也是一个多学科交叉的综合领域，涉及计算机、医学、生物学、数学、统计学、化学、护理学、药物学、心理学等诸多基础与应用学科。毋庸置疑，医生和护士为了病人的生命健康作出了重大的贡献，尤其是在 2003 年的“非典”时期和 2020 年的“新型冠状病毒”疫情时期，他们更是作出了重大牺牲。技术的发展当然应该服务于各行业的需求，尤其是在病毒面前，我们无数次地意识到了人类的渺小，也无数次地想通过技术为医疗健康领域作出贡献。

迁移学习在医疗健康领域有着广泛的应用。为了叙述上的方便，我们将此领域分为医学数据分析、医疗过程和病人管理、药物研发、以及日常医疗监护这几个方面。在每一个方面，迁移学习均发挥着重要的作用。

医疗数据多种多样，包含图像、文本、语音、视频、表格等几乎所有类型。这些数据从格式上讲，与我们平时接触的同类型数据并无本质的区别，同样也可以用各种机器学习、深度学习、迁移学习方法来建模学习。然而，医疗领域的数据与普通数据相比，也有着诸多不同点：

第一个不同点是**数据的匮乏性**。我们知道，深度学习可以在比较大规模的数据上学习得到好的模型和效果，但医疗数据不是自然图像和文本，病例匮乏，大多以小样本的形式呈现，这是医疗数据的先天特点。即使同一种病，由于病人身体状况、营养状况、生活方式等不同，在症状和数据表现上往往也千差万别。这就给传统的机器学习和迁移学习带来了严峻的挑战。

第二个不同点是**数据的不可再生性**。拿图像领域来说，如果待学习的图像样本太少，通常的操作是借用一些生成模型来生成一些样本，以弥补样本不足的情况。但是在医学图像领域，这个问题本身就充满着道德、医学、科技之间的矛盾：生成的医学数据能否同生成的自然图像一样具有其语义相关性，可以用于模型训练？医学专家是否会承认这种数据？因此，不仅匮乏，而且难再生。

第三个不同点是**数据的隐私性**。今天，我们对数据和隐私的保护越来越严格，而医学数据往往也是其中最重要的数据类型之一，涉及病人的隐私信息。因此，在处理医学数据时，需要特别注重对隐私的保护。例如，未经允许，不能使用相似病例的数据进行迁移学习或深度学习。隐私性的特质仿佛给技术戴上了“枷锁”，但是服务于人才是科技的本质。在开发新技术的同时，要特别注意保护用户的隐私。

第四个不同点是**数据和结果的可解释性**。机器学习的可解释性永远是绕不开的话题，医学数据的可解释性尤其重要，它可以帮助医生更好地做出决策，也可以帮助病人更好地了解自己的身体状况，做到“有章可循”。显然，在设计机器学习和迁移学习方案时，要特别注重结果的可解释性。

医学数据分析的迁移学习工作，绝大多数围绕着上述的第一、第二两个问题展开。由于几乎所有疾病都面临着数据匮乏和不可再生性两个挑战，因此，许多研究将迁移学习应用于特定疾病数据的分析，以辅助医生决策，在这方面，医学图像数据是被研究最多的数据类型。例如，[Manakov et al., 2019] 通过图像迁移变换的方式给医学图像降噪；[Prodanova et al., 2018] 利用迁移学习对角膜组织数据进行图像分析；[Cao et al., 2018, Hu et al., 2019a] 利用迁移学习中的相似性关系对乳腺癌图像进行研究。利用迁移学习的工作还有很多，例如肿瘤切片和存活率分析 [Cabezas et al., 2018]，自集成迁移方法的医学图像分析 [Perone et al., 2019]，利用领域自适应分析心脏切片 [Dou et al., 2018] 、前列腺组织 [Ren et al., 2018a]、脑部核磁共振成像（MRI）分析 [Giacomello et al., 2019]、胸部 X 光片分析 [Chen et al., 2018a]、细胞壁硬化 [Valverde et al., 2019]、三维图像分析 [Chen et al., 2019d]、视网膜图像 [Yu et al., 2019b] 等。

值得一提的是，有一些学者将迁移学习应用于最新的新型冠状病毒的研究。例如，[Zhang et al., 2020b] 等人利用领域自适应方法，研究在新型冠状病毒胸部 X 光片图像数据不足时，从普通肺炎数据迁移到新型冠状病毒引起的肺炎数据，从而辅助判断是否患病。笔者及团队也利用上述数据集进行自动迁移学习 [Yu et al., 2020]，在无监督情景下获得了很好的效果。

除图像数据外，[Gupta et al., 2020] 利用迁移学习进行医学时间序列数据的研究；[Kachuee et al., 2018] 进行基于迁移学习的心电图（Electrocardiograph, ECG）数据分析并提出基于深度迁移表征的分类方法；同理，[Salem et al., 2018] 提出了基于心电图的心率不齐的诊断分类。

科学、可持续的医疗过程和病人的管理，对于医疗健康至关重要。[Yu et al., 2018] 从小数据集出发，探索设计了一种基于教师–学生网络的手术阶段识别的迁移方法，帮助医生更好地对手术过程进行管理和反馈；[Suresh et al., 2018] 则针对病人数据的管理和维护，提出了一种基于多任务学习的网络结构；[Newman-Griffis and Zirikly, 2018] 探索了医疗自动化过程中的医学实体识别（Medical Named Entity Recognition），提出了低资源情况下的迁移识别方案；[Rezaei et al., 2018] 从技术角度研究医疗数据的不平衡性给我们带来的挑战，并提出对应的基于生成对抗网络的解决方案；[Rehman et al., 2018] 从一些情境和系统设计中得到信息，设计一种基于领域自适应的感染预测模型。

药物研制方面，[Ye et al., 2018] 利用一种集成迁移学习和多任务学习的方案，探索了药物参数预测的问题。

一些慢性病通常没有彻底的治疗方案，只能依靠日常监护和管理进行有效治疗。一些神经退行性疾病如帕金森、阿尔茨海默症、小血管病等，均需要持续的日常监护。[Marinescu et al., 2019] 提出了针对神经退行性疾病的深度迁移方法，实现了相似疾病数据的模型迁移；[Phan et al., 2019] 提出了基于深度迁移学习的睡眠监测方案，做到更精确鲁棒的睡眠检测，从而可以更好地服务于慢性病的监护；[Venkataramani et al., 2018] 提出了一种持续领域自适应（Continuous Domain Adaptation）的健康监护方案，使得系统应对更复杂的环境和用户时能够取得良好的效果。

在数据隐私保护方面，笔者和团队提出了基于联邦迁移学习的健康监护系统 FedHealth [Chen et al., 2020] 应用于隐私保护模式下的帕金森疾病早期预警。

在可以预见的未来，一定会有更多的工作服务于医疗健康，给医生和患者提供更多的便利。

15.6　其他应用

迁移学习的应用场景众多，不可能一一列举。本节讨论迁移学习在其他领域上的应用。迁移学习在**物理学、天文学、生物学、交通运输业、农业、银行、通信、金融、传染病预测、物流、软件工程、在线教育、银行安全、图网络挖掘、社区管理、能源**等领域均有应用。在这些应用中，迁移学习与各种非计算机领域结合，显示出强大的生命力。

越来越多的物理学开始采用迁移学习方法构建学习模型，以达到跨领域、缩短学习时间的效果。[Baalouch et al., 2019] 设计了一种仿真环境到真实环境的迁移学习领域自适应方法，用于高能物理领域的实验；[Mari et al., 2019] 系统研究了迁移学习在混合–经典量子神经网络中的应用；[Humbird et al., 2019] 用迁移学习研究惯性分离融合实验。

在金融领域，[Zhu et al., 2020a] 通过对用户行为序列进行建模，构建了层次化可解释的网络，并利用跨领域知识迁移进行欺诈检测。

在交通运输领域，[Mallick et al., 2020] 针对短时间内高速公路交通流量预测问题，结合图网络和迁移学习进行精准预测；[Xu et al., 2019] 针对如何更好地学习交通信号灯变换规则，设计了一种目标导向的迁移学习方法；[Bai et al., 2019] 利用一种多任务的卷积神经网络对客流量进行更好的估计；[Milhomem et al., 2019] 则利用深度加权的迁移学习方法，对行驶过程中驾驶员是否疲劳进行检测。

在能源领域，[Covas, 2020] 针对太阳能磁场的时空预测问题，采用了迁移学习方法；[Li et al., 2020] 利用深度迁移学习方法来进行设备热量的建模。

在推荐系统领域，[Saito, 2019] 对离线的推荐系统引入了领域自适应方法，使得推荐模型对不同领域的数据更加鲁棒；[Chen et al., 2019b] 针对冷启动问题设计了一种多任务学习方法，获得了良好的效果。

在传染病预测方面，[Appelgren et al., 2019] 根据用户在社交媒体上发表的言论建立模型，帮助更好地训练传染病早期预测和预警模型。

在社区管理领域，[Ionita et al., 2019] 针对停车位的预测问题，提出了一种从有监控区域到无监控区域的迁移预测模型。

在农业领域，[Nguyen et al., 2019] 针对棉花产量预测问题，提出了一种时空多任务迁移学习方法；[Sun and Wei, 2020] 基于迁移学习技术，针对玉米是否患病进行更精准的建模预测。

在通信领域，[Ahmed et al., 2019] 提出一种迁移元学习方法，针对通信领域的用户量波动，设计了更好的预测模型。由于移动通信用户量庞大，因此迁移学习是一种很好的小样本学习方法。

在天文学领域，[Vilalta et al., 2019] 对超新星分类（Supernova Ia classification）和火星地貌鉴别（Mars landforms idenfication），设计了基于相似度的迁移学习方法；[Ackermann et al., 2018] 利用迁移学习检测银河系的星系合并（Galaxy Merger）问题。

在软件工程领域，[Chen, 2018] 提出一种基于领域自适应的静态恶意软件检测方法。

迁移学习在强化学习领域也有着广泛的应用。[Carr et al., 2018] 将领域自适应应用于强化学习中的雅达利（Atari）游戏中；[Taylor and Stone, 2009] 则在 2009 年对迁移学习在强化学习中的应用给出了系统的综述，感兴趣的读者可以关注；[Parisotto et al., 2015] 提出了一种 Actor-mimic 的深度多任务和迁移强化学习方法；[Taylor and Stone, 2007] 提出了跨领域的迁移强化学习方法；[Boutsioukis et al., 2011] 研究了迁移学习在多智能体（Multi-agent）系统中的学习问题；[Gamrian and Goldberg, 2019] 通过图像到图像的翻译，利用迁移学习实现强化学习任务；[Gupta et al., 2017] 提出了通过学习隐藏不变特征空间，进而实现知识迁移的强化学习方法；[Da Silva and Costa, 2019] 在 2019 年给出了一篇迁移学习用于多智能体系统的新文章。

在在线教育方面，[Ding et al., 2019] 针对大规模在线公开课程（MOOC）使用表征迁移学习的方法对学生行为进行建模分析。

在银行安全方面，[Oliveira et al., 2020] 针对银行安全系统，提出一种跨领域深度脸部匹配的方法，增强了人脸识别系统的安全性。

在图网络的数据挖掘方面，也有大量的工作应用了迁移学习 [Lee et al., 2017]。[He et al., 2016a] 研究和探索了基于图网络的迁移学习框架和方法；[Tang et al., 2019] 通过迁移学习实现了鲁棒的图神经网络对攻击的防御；[Dai et al., 2019] 使用对抗领域自适应和图卷积，实现了网络迁移学习；[Omran et al., 2019] 利用迁移学习实现知识图谱的规则挖掘；[Hu et al., 2019a] 将主动学习和迁移学习进行结合，并应用于图网络中。

上述列举的只是迁移学习众多应用中的部分成果。由于迁移学习针对小样本、数据分布不一致等问题具有很好的效果，而这些问题几乎存在于机器学习的每个应用领域中，因此，迁移学习呈现出一种“万金油”的特性。我们很期待这些领域能够在迁移学习的帮助下取得更好的效果，也期待迁移学习能够被应用于更多的领域中解决实际问题。

更多应用请关注笔者的 GitHub 内容。

15.7　小结

由于研究的问题、情境、领域、应用情况复杂多变，因此，本书很难覆盖所有的研究方向。但即便是不同的研究领域，它们的问题或多或少均存在一定的相关性。期待读者能从本章管中窥豹，得到启发，用于解决自己遇到的新问题。

16 迁移学习前沿

从上述介绍的多种迁移学习方法来看，领域自适应作为迁移学习的重要分类，近年来已经取得了大量的研究成果。但是，迁移学习是一个活跃的领域，仍然有大量的问题有待解决。

本章简要介绍迁移学习领域较新的研究成果，并且展望迁移学习未来可能的研究方向。

16.1 融合人类经验的迁移

机器学习的目的是让机器从众多的数据中发掘知识，从而可以指导人的行为。这样看来，似乎“全自动”是终极目标。理想中的机器学习系统，似乎就应该完全不依赖人的干预，靠算法和数据就能完成所有的任务。Google 公司发布的 AlphaZero [Silver et al., 2017] 就实现了这样的愿景：算法完全不依赖人提供知识，从零开始掌握围棋知识，最终打败人类围棋冠军。随着机器学习的发展，人的角色似乎也会越来越不重要。

然而，目前看来，机器想完全不依赖于人的经验就必须付出巨大的时间和计算代价，普通人也许根本无法掌握这样的能力。那么，如果在机器智能中，特别是迁移学习的机器智能中，加入人的经验大幅度提高算法的训练水平，岂不是我们喜闻乐见的？

斯坦福大学的研究人员 2017 年发表在人工智能顶级会议 AAAI 上的研究成果就率先实践了这一想法 [Stewart and Ermon, 2017]。研究人员提出了一种无须人工标注的神经网络，对视频数据进行分析预测。在该成果中，研究人员的目标是用神经网络预测扔出的枕头的下落轨迹。不同于传统的神经网络需要大量标注，该方法完全不使用人工标注。取而代之的是将人类的知识，即“抛出的物体往往会沿着抛物线的轨迹进行运动”，赋予神经网络。因此，在网络中，如果加入抛物线这一基本的先验知识，会极大促进网络的训练，并且，最终会取得比单纯依赖无监督算法更好的效果。

我们认为将机器智能与人类经验结合起来的迁移学习应该是未来的发展方向之一，期待这方面发表更多的研究成果。

16.2 迁移强化学习

Google 公司的 AlphaGo 系列在围棋方面的成就让强化学习这一术语变得炙手可热。近些年 DeepMind 针对生命科学领域蛋白质折叠问题所开发的 AlphaFold 系列 [AlQuraishi, 2019] 也采用了包括强化学习在内的一系列方法[1]，在蛋白质结构预测问题上取得了巨大进展，用深度神经网络来进行强化学习也理所当然地成为研究热点之一。不同于传统的机器学习需要大量的标签才可以训练学习模型，强化学习采用的是边获得样例边学习的方式。特定的反馈函数决定了算法的最优决策。

深度强化学习同时面临着重大挑战：没有足够的训练数据。在此问题上，迁移学习却可以利用其他数据上训练好的模型帮助训练。尽管迁移学习已经被应用于强化学习 [Da Silva and Costa, 2019, Gamrian and Goldberg, 2019, Taylor and Stone, 2009]，但是它的发展空间还很大。强化学习在自动驾驶、机器人、路径规划等领域正发挥着越来越重要的作用，期待未来有更多的研究成果问世。

16.3 迁移学习的可解释性

深度学习取得众多突破性成果的同时，其可解释性却始终是一个尚未被解决的问题。现有的深度学习方法还停留在“黑盒子”阶段，无法产生足够有说服力的解释。同样的，迁移学习也有这个问题。尽管我们已从因果关系的角度在 11.6 节介绍了基于因果关系的迁移方法，但可解释性仍然有待研究。领域之间的相似性正如同海森堡“测不准原理”一般无法给出有效的结论。为什么领

1 请见链接 16-1。

域 A 和领域 B 更相似，而和领域 C 较不相似？种种解释目前只是停留在经验阶段，缺乏有效的理论证明。

同样的，迁移学习算法也存在着可解释性弱的问题。现有的算法均只是完成了一个迁移学习任务，但是在学习过程中，知识是如何进行迁移的？这一点还有待进一步的实验和理论验证。2017 年，澳大利亚悉尼大学的研究者们发表在国际人工智能联合会 IJCAI 上的研究成果有助于理解特征是如何迁移的 [Liu et al., 2017]。

用深度网络来做迁移学习，其可解释性同样有待探索。例如，Google Brain 的研究者们提出了神经网络的“核磁共振”现象 [1]，对神经网络的可解释性做了有趣的探索。

16.4　迁移学习系统

机器学习和人工智能学科是为了解决现实世界的问题应运而生的，其璀璨的学术研究成果，也最终要回归应用、回归生活，改变我们的衣、食、住、行。迁移学习作为机器学习和人工智能的研究领域，也不应该仅停留在学术领域，同样应该服务于我们的生活。从另一方面讲，好的学术研究是试验田，最终应让那些经过考验的好方法应用于日常生活中。

现阶段对于迁移学习的研究绝大多数围绕着算法和应用两部分展开。这也是本书主要介绍的两大部分内容。显然，云端融合的迁移学习系统是算法和应用的桥梁，它使得每个人都可以成为研究成果的受益者，而非专业人士才能使用。因此，我们在本书的这最后一小节特别强调，构建一个健康的、安全的、易用的迁移学习系统，对于迁移学习的发展至关重要。

笔者在博士论文中曾经实现过一个云端融合的迁移学习系统，将其用于基于移动设备的人体行为识别，此后该系统与对应的算法也被普适计算领域顶级会议 UbiComp 2020 收录 [Qin et al., 2019]。图 16.1 展示了此系统的框架结构。系统由设备端和服务器端组成。设备端通过数据采集，将数据储存到云端（服务器端）进行分析和建模。该系统以行为识别为研究对象，使用智能手机作为数据采集设备，采集人体运动过程中的惯性信息。服务器端采用高性能主机进行处理、分析和建模。同时，因为设备采集的行为数据有限，系统利用已有数

1　请见链接 16-2。

据进行迁移学习，和新采集的数据一起训练迁移学习模型。

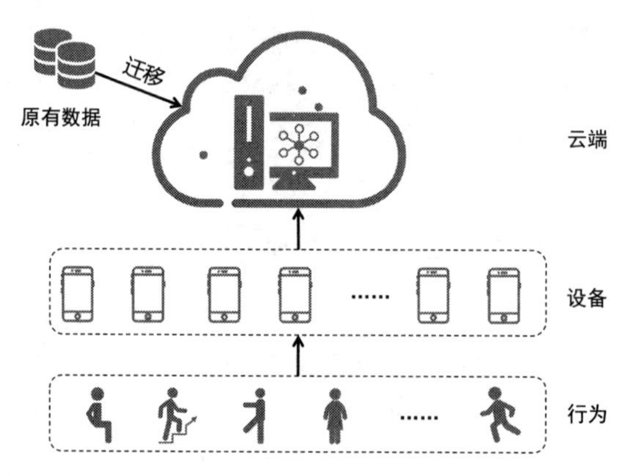

图 16.1 云端融合的迁移学习系统

当然，该系统只是一个原型系统，离真正应用尚有一段距离。另一方面，由于联邦学习系统本身就是针对数据受限条件下的机器学习问题而生的，因此，很多联邦迁移学习系统也在一些大企业如微众银行、平安科技落地。这显然是一个极好的趋势，期待未来会有更多的应用实现机器学习和迁移学习的落地。只有将先进的算法和精准的应用结合到一个能真正落地的系统，迁移学习才能迎来更加辉煌的未来。

附录 A

A.1 常用度量准则

度量不仅是机器学习和统计学等学科中使用的基础手段，也是迁移学习中的重要工具，它的核心就是衡量两个数据域的差异。计算两个向量（点、矩阵）的距离和相似度是许多机器学习算法的基础，有时候一个好的距离度量就能决定算法最后的结果好坏。比如 KNN 分类算法就对距离非常敏感，本质上就是找一个变换使得源域和目标域的距离最小（相似度最大）。所以，相似度和距离度量在机器学习中非常重要。

这里给出常用的度量手段，它们都是迁移学习研究中非常常见的度量准则。很好地理解这些准则可以帮助我们设计出更好用的算法。用一个简单的式子来表示，度量就是描述源域和目标域之间的距离 $D(\mathcal{D}_{\mathrm{s}}, \mathcal{D}_{\mathrm{t}})$。

下面我们从距离和相似度度量准则几个方面进行简要介绍。

A.1.1 常见的几种距离

欧氏距离

定义在两个向量（空间中的两个点）上：点 $\boldsymbol{x}$ 和点 $\boldsymbol{y}$ 的欧氏距离为

$$d_{\text{Euclidean}} = \sqrt{(\boldsymbol{x}-\boldsymbol{y})^{\mathrm{T}}(\boldsymbol{x}-\boldsymbol{y})}. \tag{A.1.1}$$

闵可夫斯基距离

Minkowski distance，两个向量（点）的 p 阶距离：

$$d_{\text{Minkowski}} = (||\boldsymbol{x}-\boldsymbol{y}||^{p})^{1/p}, \tag{A.1.2}$$

当 $p=1$ 时就是曼哈顿距离，当 $p=2$ 时就是欧氏距离。

马氏距离

定义在两个向量（两个点）上，这两个数据在同一个分布里。点 $\boldsymbol{x}$ 和点 $\boldsymbol{y}$ 的马氏距离为

$$d_{\text{Mahalanobis}} = \sqrt{(\boldsymbol{x}-\boldsymbol{y})^{\mathrm{T}}\Sigma^{-1}(\boldsymbol{x}-\boldsymbol{y})}, \tag{A.1.3}$$

其中，Σ 是这个分布的协方差。当 $\Sigma = \boldsymbol{I}$ 时，马氏距离退化为欧氏距离。

A.1.2 余弦相似度

衡量两个向量的相关性（夹角的余弦）。向量 $\boldsymbol{x},\boldsymbol{y}$ 的余弦相似度为

$$\cos(\boldsymbol{x},\boldsymbol{y}) = \frac{\boldsymbol{x}\cdot\boldsymbol{y}}{|\boldsymbol{x}|\cdot|\boldsymbol{y}|}. \tag{A.1.4}$$

A.1.3 互信息

定义在两个概率分布 X,Y 上，$x \in X, y \in Y$。它们的互信息为

$$I(X;Y) = \sum_{x\in X}\sum_{y\in Y} p(x,y)\log\frac{p(x,y)}{p(x)p(y)}. \tag{A.1.5}$$

A.1.4 相关系数

皮尔逊相关系数

衡量两个随机变量的相关性。随机变量 X,Y 的皮尔逊相关系数为

$$\rho_{X,Y} = \frac{\mathrm{Cov}(X,Y)}{\sigma_X\sigma_Y}, \tag{A.1.6}$$

其中，Cov() 表示协方差，σ 表示标准差。

理解：协方差矩阵除以标准差之积。

范围：$[-1,1]$，绝对值越大表示（正/负）相关性越大。

Jaccard 相关系数

对两个集合 X,Y，判断它们的相关性，借用集合的手段：

$$J = \frac{X\cap Y}{X\cup Y}. \tag{A.1.7}$$

理解：两个集合的交集除以并集。

扩展：Jaccard 距离 $=1-J$。

A.1.5 KL 散度与 JS 距离

KL 散度和 JS 距离是迁移学习中被广泛应用的度量手段。

KL 散度

Kullback–Leibler divergence，又称为相对熵，用于衡量两个概率分布 $P(x),Q(x)$ 的距离：

$$D_{\mathrm{KL}}(P||Q)=\sum_{i=1}P(x)\log\frac{P(x)}{Q(x)}. \tag{A.1.8}$$

这是一个非对称距离：$D_{\mathrm{KL}}(P||Q)\neq D_{\mathrm{KL}}(Q||P)$.

JS 距离

Jensen–Shannon divergence，基于 KL 散度发展而来，是对称度量：

$$\mathrm{JSD}(P||Q)=\frac{1}{2}D_{\mathrm{KL}}(P||M)+\frac{1}{2}D_{\mathrm{KL}}(Q||M), \tag{A.1.9}$$

其中 $M=\frac{1}{2}(P+Q)$。

A.1.6 最大均值差异 MMD

最大均值差异（Maximum Mean Discrepancy，MMD）是迁移学习中使用频率最高的度量。MMD 度量在再生希尔伯特空间（Reproducing Kernel Hilbert Space，RKHS）[Borgwardt et al., 2006] 中两个分布的距离，是一种核学习方法。对于两个分别有着 n_1 和 n_2 个元素的随机变量集合而言，两个随机变量的 MMD 距离为

$$\mathrm{MMD}^2(X,Y)=\left\|\frac{1}{n_1}\sum_{i=1}^{n_1}\phi(\boldsymbol{x}_i)-\frac{1}{n_2}\sum_{j=1}^{n_2}\phi(\boldsymbol{y}_j)\right\|_{\mathcal{H}}^2, \tag{A.1.10}$$

其中 $\phi(\cdot)$ 是映射，用于把原变量映射到再生核希尔伯特空间中。具体细节请参考 6.2 节。

A.1.7 Principal Angle

Principal Angle 将两个分布映射到高维空间（Grassman Manifold）中，求这两堆数据的对应维度的夹角之和。Principal Angle 对于两个矩阵 $\boldsymbol{x}, \boldsymbol{y}$，计算方法：首先正交化（用 PCA）两个矩阵，然后计算如下：

$$PA(\boldsymbol{x}, \boldsymbol{y}) = \sum_{i=1}^{\min(m,n)} \sin \theta_i, \tag{A.1.11}$$

其中 m, n 分别是两个矩阵的维度，θ_i 是两个矩阵第 i 个维度的夹角，$\Theta = \{\theta_1, \theta_2, \cdots, \theta_t\}$ 是两个矩阵 SVD 后的角度：

$$\boldsymbol{x}^{\mathrm{T}} \boldsymbol{y} = \boldsymbol{U} (\cos \Theta) \boldsymbol{V}^{\mathrm{T}}. \tag{A.1.12}$$

A.1.8 $\mathcal{A}$-distance

$\mathcal{A}$-distance 是一个很简单却很有用的度量。文献 [Ben-David et al., 2007] 介绍了此距离，它可以用来估计不同分布之间的差异性。具体细节请参考本书 4.5 节。$\mathcal{A}$-distance 被定义为建立一个线性分类器来区分两个数据领域的 hinge 损失（也就是进行二类分类的 hinge 损失）。它的计算方式是，首先在源域和目标域上训练一个二分类器 h，使得这个分类器可以区分样本是来自于哪一个领域。用 $\mathrm{err}(h)$ 来表示分类器的损失，则 $\mathcal{A}$-distance 定义为

$$\mathcal{A}(\mathcal{D}_{\mathrm{s}}, \mathcal{D}_{\mathrm{t}}) = 2(1 - 2\mathrm{err}(h)). \tag{A.1.13}$$

A.1.9 希尔伯特–施密特独立性系数

希尔伯特–施密特独立性系数（Hilbert-Schmidt Independence Criterion，HSIC）用来检验两组数据的独立性：

$$\mathrm{HSIC}(X, Y) = \mathrm{trace}(\boldsymbol{HXHY}), \tag{A.1.14}$$

其中 X, Y 是两堆数据的核（kernel）形式。

A.1.10 Wasserstein Distance

Wasserstein Distance 是一套用来衡量两个概率分布之间距离的度量方法。该距离在一个度量空间 (M, ρ) 上定义，其中 $\rho(x, y)$ 表示集合 M 中两个实例

x 和 y 的距离函数，比如欧几里得距离。两个概率分布 $\mathbb{P}$ 和 $\mathbb{Q}$ 之间的 p-th Wasserstein distance 可以被定义为

$$W_p(\mathbb{P},\mathbb{Q}) = \left(\inf_{\mu \in \Gamma(\mathbb{P},\mathbb{Q})} \int \rho(x,y)^p \mathrm{d}\mu(x,y) \right)^{1/p}, \tag{A.1.15}$$

其中 $\Gamma(\mathbb{P},\mathbb{Q})$ 是在集合 $M \times M$ 内所有的以 $\mathbb{P}$ 和 $\mathbb{Q}$ 为边缘分布的联合分布。著名的 Kantorovich-Rubinstein 定理表示当 M 是可分离的时候，第一 Wasserstein distance 可以等价地表示成一个积分概率度量（integral probability metric）的形式：

$$W_1(\mathbb{P},\mathbb{Q}) = \sup_{\|f\|_L \leqslant 1} \mathbb{E}_{x\sim\mathbb{P}}[f(x)] - \mathbb{E}_{x\sim\mathbb{Q}}[f(x)], \tag{A.1.16}$$

其中 $\|f\|_L = \sup |f(x) - f(y)|/\rho(x,y)$ 并且 $\|f\|_L \leqslant 1$ 称为 1– 利普希茨条件。详细的细节请参考本书 7.4 节。

A.2 迁移学习常用数据集

表 A.1 收集了迁移学习领域常用的数据集[1]。这些数据集的详细介绍和下载地址可以在 GitHub 的迁移学习仓库上找到。我们还在该仓库上提供了一些常用算法的实验结果。

A.2.1 手写体识别图像数据集

MNIST 和 USPS 是两个通用的手写体识别数据集，被广泛应用于机器学习算法评测。USPS 数据集包括 7,291 张训练图片和 2,007 张测试图片，图片大小为 16 像素 ×16 像素。MNIST 数据集包括 60,000 张训练图片和 10,000 张测试图片，图片大小 28 像素 ×28 像素。USPS 和 MNIST 数据集分别服从显著不同的概率分布，两个数据集都包含 10 个类别，每个类别是 1-10 之间的某个字符。

由 MNIST 和 USPS 可以构建一对迁移学习任务：MNIST → USPS 和 USPS → MNIST。

1 注：表格中“特征数”一列为空值并不表示此数据集没有特征，而是此数据集大多采用原始数据作为输入，故没有显式的特征文件。

表 A.1　迁移学习相关的公开数据集统计信息

序号	数据集	类型	样本数	特征数	类别数
1	USPS	字符识别	1,800	256	10
2	MNIST	字符识别	2,000	256	10
3	PIE	人脸识别	11,554	1,024	68
4	COIL20	对象识别	1,440	1,024	20
5	Office-31	对象识别	4,110	/	31
6	Office+Caltech	对象识别	2,533	800	10
7	Caltech	图像分类	1,415	4,096	5
8	VOC2007	图像分类	3,376	4,096	5
9	LabelMe	图像分类	2,656	4,096	5
10	SUN09	图像分类	3,282	4,096	5
11	ImageCLEF-DA	图像分类	1,800	/	12
12	Office-Home	图像分类	15,538	/	65
13	Amazon Review	文本分类	2,000	/	2
14	Reuters-21578	文本分类	4,771	/	3
15	OPPORTUNITY	行为识别	701,366	27	4
16	DSADS	行为识别	2,844,868	27	19
17	PAMAP2	行为识别	1,140,000	27	18

A.2.2　对象识别数据集

COIL20 包含 20 个类别共 1,440 张图片；每个类别包括 72 张图片，每张图片拍摄时对象水平旋转 5 度（共 360 度）。每幅图片大小为 32 像素 ×32 像素，表征为 1,024 维的向量。实验中将该数据集划分为两个不相交的子集 COIL1 和 COIL2：COIL1 包括位于拍摄角度为 $[0°, 85°] \cup [180°, 265°]$（第一、三象限）的所有图片；COIL2 包括位于拍摄角度为 $[90°, 175°] \cup [270°, 355°]$（第二、四象限）的所有图片。这样，子集 COIL1 和 COIL2 的图片因为拍摄角度不同而服从不同的概率分布。

基于 COIL20 可以构建一对迁移学习任务：COIL1 $\rightarrow$ COIL2 和 COIL2 $\rightarrow$ COIL1。

Office-31 是视觉迁移学习的主流基准数据集，包含 Amazon（A，在线电商图片）、Webcam（W，网络摄像头拍摄的低解析度图片）、DSLR（D，单反相机拍摄的高解析度图片）这 3 个对象领域，共有 4,110 张图片、31 个类别标签。

Caltech-256 是对象识别的基准数据集，包括 1 个对象领域 Caltech (C)，共有 30,607 张图片、256 个类别标签。

单纯基于 Office-31 数据集可以构建 6 个迁移学习任务：$A \to W, A \to D, D \to A, D \to W, W \to A, W \to D$。取 Office-31 和 Caltech-256 数据集的 10 个公共类别，则可以构造出 12 个迁移学习任务：$A \to D, A \to C, \cdots, C \to W$。

A.2.3 图像分类数据集

大规模图像分类数据集包含了来自 5 个域的图像数据：ImageNet (I)、VOC 2007 (V)、SUN (S)、LabelMe (L)、以及 Caltech (C)。它们包含 5 个类别的图像数据：鸟，猫，椅子，狗，人。对于每个域的数据，均使用 DeCaf [Donahue et al., 2014] 进行特征提取，并取第 6 层的特征作为实验使用，简称 DeCaf6 特征。每个样本有 4,096 个维度。这些数据集可以构造 20 个迁移学习任务：$I \to C, \cdots, S \to L$。

图像识别数据集 ImageClEF-DA 来自 ImageCLEF 2014 年的领域自适应竞赛。它由 3 个数据领域组成：Caltech-256 (C)、ImageNet ILSVRC 2012 (I)、以及 Pascal VOC 2012 (P)。每个领域包含 600 张图片，12 个类别的信息。任意两个领域都可以构成一组迁移学习任务 $C \to I, C \to P, I \to C, I \to P, P \to C, P \to I$。

图像识别数据集 Office-Home [Venkateswara et al., 2017] 是一个新的迁移学习评测数据集，它由 15,588 张图片组成，分为 4 个领域：Artistic images (Ar)，Clip Art (Cl)，Product images (Pr)，和 Real-World images (Rw)。每个领域的数据都包含了 65 个类别的信息，均来自办公或家庭环境。每两个领域都可以构成一组迁移学习任务：$\mathrm{Ar} \to \mathrm{Cl}, \cdots, \mathrm{Rw} \to \mathrm{Pr}$。

A.2.4 通用文本分类数据集

Reuters-21578 是一个较难的文本数据集，包含多个大类和子类。其中最大 3 个大类为 orgs，people 和 place。基于这些类别可构造 6 个跨领域文本分类任务：$\mathrm{orgs} \to \mathrm{peoplepeople} \to \mathrm{orgs}, \mathrm{orgs} \to \mathrm{place}, \mathrm{place} \to \mathrm{orgs}, \mathrm{people} \to \mathrm{place}, \mathrm{place} \to \mathrm{people}$。

Amazon Review [Blitzer et al., 2006] 是迁移学习文本分类的标准数据集。它包含四个数据领域：Kitchen appliances (K)，DVDs (D)，Books (B) 和

Electronics (E)。这些数据分别来自对这四种商品的评论信息。每个领域有 1000 个正面评价，1000 个负面评价。在任意两种领域中都可以进行迁移学习，共可以构造 12 个迁移学习任务：$\mathrm{K} \to \mathrm{D}, \mathrm{K} \to \mathrm{E}, \cdots, \mathrm{E} \to \mathrm{B}$。

A.2.5 行为识别公开数据集

行为识别数据集 PAMAP2 (P) [Reiss and Stricker, 2012] 一共包含了 18 种不同的日常行为数据（例如走路、骑车、踢足球等），由 9 个用户进行数据收集工作。三个传感器被放置于身体的 3 个位置：右臂、胸口和脚踝。此数据集包含了 3 个惯性传感器和 1 个心率传感器。PAMAP2 数据集的作用是进行行为识别和强度估计，以及数据处理、分割、特征提取和分类等。在进行数据采集时，每个用户都要遵循数据采集协议，按照要求进行相应的行为。行为识别数据集 UCI DSADS (D) [Barshan and Yüksek, 2014] 由 8 名用户重复进行 19 种日常和运动行为进行数据采集。DSADS 包含了 3 轴传感器（加速度计、陀螺仪、磁力计），放置于用户的 5 个身体位置（两臂、两腿、躯干）。传感器采样率为 25Hz。每个行为持续 5 分钟。此数据集用来评测行为识别算法的分类精度和特征提取方面的表现。OPPORTUNITY 数据集包含 4 个用户在智能家居中的多种不同层次的行为。

每个数据集内部均可由不同的身体部位数据构造不同的迁移学习任务；取三个数据集的公共类别，则可构造出 6 个迁移学习任务：$\mathrm{O} \to \mathrm{D}, \cdots, \mathrm{P} \to \mathrm{D}$。这些数据集更详细的信息请参考文献 [Wang et al., 2018a]。

A.3 本书相关资源

本书网站与勘误表：链接 A-1

开发维护地址：链接 A-2

我们在 GitHub 上持续维护了迁移学习的资源仓库，包括论文、代码、文档、比赛等：

- 迁移学习资料库：链接 A-3
- 迁移学习视频教程：链接 A-4
- 知乎专栏“机器有颗玻璃心”中《小王爱迁移》系列：链接 A-5，用浅显易懂的语言深入讲解经典 + 最新的迁移学习文章

- 迁移学习论文分享与笔记 Paperweekly：链接 A-6
- 迁移学习公开数据集：链接 A-7

作者的联系方式：

- 邮箱：jindongwang@outlook.com
- 知乎：王晋东不在家
- 微信公众号：王晋东不在家
- 微博：秦汉日记
- 个人网站：链接 A-8

参考文献

[Abdel-Hamid and Jiang, 2013] Abdel-Hamid, O. and Jiang, H. (2013). Rapid and effective speaker adaptation of convolutional neural network based models for speech recognition. In *INTERSPEECH*, pages 1248–1252.

[Ackermann et al., 2018] Ackermann, S., Schawinski, K., Zhang, C., Weigel, A. K., and Turp, M. D. (2018). Using transfer learning to detect galaxy mergers. *Monthly Notices of the Royal Astronomical Society*, 479(1):415–425.

[Ahmed et al., 2019] Ahmed, U., Khan, A., Khan, S. H., Basit, A., Haq, I. U., and Lee, Y. S. (2019). Transfer learning and meta classification based deep churn prediction system for telecom industry. *arXiv preprint arXiv:1901.06091.*

[Al-Halah et al., 2016] Al-Halah, Z., Rybok, L., and Stiefelhagen, R. (2016). Transfer metric learning for action similarity using high-level semantics. *Pattern Recognition Letters*, 72:82–90.

[AlQuraishi, 2019] AlQuraishi, M. (2019). Alphafold at casp13. *Bioinformatics*, 35(22): 4862–4865.

[Ando and Huang, 2017] Ando, S. and Huang, C. Y. (2017). Deep over-sampling framework for classifying imbalanced data. *arXiv preprint arXiv:1704.07515.*

[Andrychowicz et al., 2016] Andrychowicz, M., Denil, M., Gomez, S., Hoffman, M. W., Pfau, D., Schaul, T., Shillingford, B., and De Freitas, N. (2016). Learning to learn by gradient descent by gradient descent. In *Advances in neural information processing systems*, pages 3981–3989.

[Appelgren et al., 2019] Appelgren, M., Schrempf, P., Falis, M., Ikeda, S., and O'Neil, A. Q. (2019). Language transfer for early warning of epidemics from social media. *arXiv preprint arXiv:1910.04519.*

[Arjovsky et al., 2019] Arjovsky, M., Bottou, L., Gulrajani, I., and Lopez-Paz, D. (2019). Invariant risk minimization. *arXiv preprint arXiv:1907.02893.*

[Atzmon et al., 2020] Atzmon, Y., Kreuk, F., Shalit, U., and Chechik, G. (2020). A causal view of compositional zero-shot recognition. *Advances in Neural Information Processing Systems*, 33.

[Axelrod et al., 2011] Axelrod, A., He, X., and Gao, J. (2011). Domain adaptation via pseudo in-domain data selection. In *Proceedings of the conference on em-*

pirical methods in natural language processing, pages 355–362. Association for Computational Linguistics.

[Baalouch et al., 2019] Baalouch, M., Defurne, M., Poli, J.-P., and Cherrier, N. (2019). Sim-to-real domain adaptation for high energy physics. *arXiv preprint arXiv: 1912.08001*.

[Bagnall et al., 2015] Bagnall, A. J., Lines, J., Hills, J., and Bostrom, A. (2015). Time-series classification with cote: The collective of transformation-based ensembles. *TKDE*, 27:2522–2535.

[Bahadori et al., 2017] Bahadori, M. T., Chalupka, K., Choi, E., Chen, R., Stewart, W. F., and Sun, J. (2017). Causal regularization. *arXiv preprint arXiv: 1702.02604*.

[Bai et al., 2019] Bai, L., Yao, L., Kanhere, S. S., Yang, Z., Chu, J., and Wang, X. (2019). Passenger demand forecasting with multi-task convolutional recurrent neural networks. In *Pacific-Asia Conference on Knowledge Discovery and Data Mining*, pages 29–42. Springer.

[Baktashmotlagh et al., 2014] Baktashmotlagh, M., Harandi, M. T., Lovell, B. C., and Salzmann, M. (2014). Domain adaptation on the statistical manifold. In *Proceedings of the IEEE Conference on Computer Vision and Pattern Recognition*, pages 2481–2488.

[Balaji et al., 2018] Balaji, Y., Sankaranarayanan, S., and Chellappa, R. (2018). Metareg: Towards domain generalization using meta-regularization. In *Advances in Neural Information Processing Systems*, pages 998–1008.

[Barshan and Yüksek, 2014] Barshan, B. and Yüksek, M. C. (2014). Recognizing daily and sports activities in two open source machine learning environments using body-worn sensor units. *The Computer Journal*, 57(11):1649–1667.

[Belkin et al., 2006] Belkin, M., Niyogi, P., and Sindhwani, V. (2006). Manifold regularization: A geometric framework for learning from labeled and unlabeled examples. *Journal of machine learning research*, 7(Nov):2399–2434.

[Ben-David et al., 2010] Ben-David, S., Blitzer, J., Crammer, K., Kulesza, A., Pereira, F., and Vaughan, J. W. (2010). A theory of learning from different domains. *Machine learning*, 79(1-2):151–175.

[Ben-David et al., 2007] Ben-David, S., Blitzer, J., Crammer, K., and Pereira, F. (2007). Analysis of representations for domain adaptation. In *NIPS*, pages 137–144.

[Bengio et al., 1990] Bengio, Y., Bengio, S., and Cloutier, J. (1990). *Learning a synaptic learning rule*. Citeseer.

[Bengio et al., 2009] Bengio, Y., Louradour, J., Collobert, R., and Weston, J. (2009). Curriculum learning. In *Proceedings of the 26th annual international conference on machine learning*, pages 41–48.

[Bertoldi and Federico, 2009] Bertoldi, N. and Federico, M. (2009). Domain adaptation for statistical machine translation with monolingual resources. In *Proceedings of the fourth workshop on statistical machine translation*, pages 182–189.

[Besserve et al., 2018] Besserve, M., Shajarisales, N., Schölkopf, B., and Janzing, D. (2018). Group invariance principles for causal generative models. In *International Conference on Artificial Intelligence and Statistics*, pages 557–565. PMLR.

[Bhatt et al., 2016] Bhatt, H. S., Rajkumar, A., and Roy, S. (2016). Multi-source iterative adaptation for cross-domain classification. In *IJCAI*, pages 3691–3697.

[Bhushan Damodaran et al., 2018] Bhushan Damodaran, B., Kellenberger, B., Flamary, R., Tuia, D., and Courty, N. (2018). Deepjdot: Deep joint distribution optimal transport for unsupervised domain adaptation. In *Proceedings of the European Conference on Computer Vision (ECCV)*, pages 447–463.

[Bian et al., 2011] Bian, W., Tao, D., and Rui, Y. (2011). Cross-domain human action recognition. *IEEE Transactions on Systems, Man, and Cybernetics, Part B (Cybernetics)*, 42(2):298–307.

[Blanchard et al., 2011] Blanchard, G., Lee, G., and Scott, C. (2011). Generalizing from several related classification tasks to a new unlabeled sample. In *Advances in neural information processing systems*, pages 2178–2186.

[Blitzer et al., 2006] Blitzer, J., McDonald, R., and Pereira, F. (2006). Domain adaptation with structural correspondence learning. In *Proceedings of the 2006 conference on empirical methods in natural language processing*, pages 120–128. Association for Computational Linguistics.

[Borgwardt et al., 2006] Borgwardt, K. M., Gretton, A., Rasch, M. J., Kriegel, H.-P., Schölkopf, B., and Smola, A. J. (2006). Integrating structured biological data by kernel maximum mean discrepancy. *Bioinformatics*, 22(14):e49–e57.

[Bousmalis et al., 2017] Bousmalis, K., Silberman, N., Dohan, D., Erhan, D., and Krishnan, D. (2017). Unsupervised pixel-level domain adaptation with generative adversarial networks. In *Proceedings of the IEEE conference on computer vision and pattern recognition*, pages 3722–3731.

[Bousmalis et al., 2016] Bousmalis, K., Trigeorgis, G., Silberman, N., Krishnan, D., and Erhan, D. (2016). Domain separation networks. In *Advances in Neural Information Processing Systems*, pages 343–351.

[Boutsioukis et al., 2011] Boutsioukis, G., Partalas, I., and Vlahavas, I. (2011). Transfer learning in multi-agent reinforcement learning domains. In *European Workshop on Reinforcement Learning*, pages 249–260. Springer.

[Bray, 1928] Bray, C. W. (1928). Transfer of learning. *Journal of Experimental Psychology*, 11(6):443.

[Brown et al., 2020] Brown, T. B., Mann, B., Ryder, N., Subbiah, M., Kaplan, J., Dhariwal, P., Neelakantan, A., Shyam, P., Sastry, G., Askell, A., et al. (2020). Language models are few-shot learners. *arXiv preprint arXiv:2005.14165.*

[Cabezas et al., 2018] Cabezas, M., Valverde, S., González-Villà, S., Clérigues, A., Salem, M., Kushibar, K., Bernal, J., Oliver, A., and Lladó, X. (2018). Survival prediction using ensemble tumor segmentation and transfer learning. *arXiv preprint arXiv:1810.04274.*

[Cai et al., 2019] Cai, R., Li, Z., Wei, P., Qiao, J., Zhang, K., and Hao, Z. (2019). Learning disentangled semantic representation for domain adaptation. In *Proceedings of the Conference of IJCAI*, volume 2019, page 2060. NIH Public Access.

[Cao et al., 2010] Cao, B., Pan, S. J., Zhang, Y., Yeung, D.-Y., and Yang, Q. (2010). Adaptive transfer learning. In *proceedings of the AAAI Conference on Artificial Intelligence*, volume 24.

[Cao et al., 2011] Cao, B., Ni, X., Sun, J.-T., Wang, G., and Yang, Q. (2011). Distance metric learning under covariate shift. In *Proceedings of the Twenty-Second International Joint Conference on Artificial Intelligence, Barcelona, Catalonia, Spain*, page 1204.

[Cao et al., 2018] Cao, H., Bernard, S., Heutte, L., and Sabourin, R. (2018). Improve the performance of transfer learning without fine-tuning using dissimilarity-based multi-view learning for breast cancer histology images. In *International conference image analysis and recognition*, pages 779–787. Springer.

[Carlucci et al., 2019] Carlucci, F. M., D'Innocente, A., Bucci, S., Caputo, B., and Tommasi, T. (2019). Domain generalization by solving jigsaw puzzles. In *Proceedings of the IEEE Conference on Computer Vision and Pattern Recognition*, pages 2229–2238.

[Carr et al., 2018] Carr, T., Chli, M., and Vogiatzis, G. (2018). Domain adaptation for reinforcement learning on the atari. *arXiv preprint arXiv:1812.07452.*

[Chao et al., 2019] Chao, H., He, Y., Zhang, J., and Feng, J. (2019). Gaitset: Regarding gait as a set for cross-view gait recognition. In *Proceedings of the AAAI Conference on Artificial Intelligence*, volume 33, pages 8126–8133.

[Chatterjee et al., 2016] Chatterjee, R., Arcan, M., Negri, M., and Turchi, M. (2016). Instance selection foronline automatic post-editing in a multi-domain scenario. In *The Twelfth Conference of The Association for Machine Translation in the Americas*, pages 1–15.

[Chawla et al., 2002] Chawla, N. V., Bowyer, K. W., Hall, L. O., and Kegelmeyer, W. P. (2002). Smote: synthetic minority over-sampling technique. *Journal of artificial intelligence research*, 16:321–357.

[Chen et al., 2017a] Chen, B., Cherry, C., Foster, G., and Larkin, S. (2017a). Cost weighting for neural machine translation domain adaptation. In *Proceedings of the First Workshop on Neural Machine Translation*, pages 40–46.

[Chen and Huang, 2016] Chen, B. and Huang, F. (2016). Semi-supervised convolutional networks for translation adaptation with tiny amount of in-domain data. In *Proceedings of The 20th SIGNLL Conference on Computational Natural Language Learning*, pages 314–323.

[Chen et al., 2018a] Chen, C., Dou, Q., Chen, H., and Heng, P.-A. (2018a). Semantic-aware generative adversarial nets for unsupervised domain adaptation in chest x-ray segmentation. In *International workshop on machine learning in medical imaging*, pages 143–151. Springer.

[Chen et al., 2019a] Chen, C., Li, O., Tao, D., Barnett, A., Rudin, C., and Su, J. K. (2019a). This looks like that: deep learning for interpretable image recognition. In *Advances in neural information processing systems*, pages 8930–8941.

[Chen et al., 2019b] Chen, D., Ong, C. S., and Menon, A. K. (2019b). Cold-start playlist recommendation with multitask learning. *arXiv preprint arXiv:1901.06125.*

[Chen et al., 2019c] Chen, G., Zhang, T., Lu, J., and Zhou, J. (2019c). Deep meta metric learning. In *Proceedings of the IEEE International Conference on Computer Vision*, pages 9547–9556.

[Chen et al., 2017b] Chen, H., Cui, S., and Li, S. (2017b). Application of transfer learning approaches in multimodal wearable human activity recognition. *arXiv preprint arXiv:1707.02412.*

[Chen et al., 2018b] Chen, H., Wang, Y., Wang, G., and Qiao, Y. (2018b). Lstd: A low-shot transfer detector for object detection. In *Thirty-Second AAAI Conference on Artificial Intelligence.*

[Chen, 2018] Chen, L. (2018). Deep transfer learning for static malware classification. *arXiv preprint arXiv:1812.07606.*

[Chen et al., 2018c] Chen, L.-W., Lee, H.-Y., and Tsao, Y. (2018c). Generative adversarial networks for unpaired voice transformation on impaired speech. *arXiv preprint arXiv:1810.12656.*

[Chen et al., 2019d] Chen, S., Ma, K., and Zheng, Y. (2019d). Med3d: Transfer learning for 3d medical image analysis. *arXiv preprint arXiv:1904.00625.*

[Chen et al., 2019e] Chen, W.-Y., Liu, Y.-C., Kira, Z., Wang, Y.-C. F., and Huang, J.-B. (2019e). A closer look at few-shot classification. *arXiv preprint arXiv: 1904.04232.*

[Chen et al., 2018d] Chen, Y., Assael, Y., Shillingford, B., Budden, D., Reed, S., Zen, H., Wang, Q., Cobo, L. C., Trask, A., Laurie, B., et al. (2018d). Sample efficient adaptive text-to-speech. *arXiv preprint arXiv:1809.10460.*

[Chen et al., 2018e] Chen, Y., Li, W., Sakaridis, C., Dai, D., and Van Gool, L. (2018e). Domain adaptive faster r-cnn for object detection in the wild. In *Proceedings of the IEEE conference on computer vision and pattern recognition*, pages 3339–3348.

[Chen et al., 2020] Chen, Y., Qin, X., Wang, J., Yu, C., and Gao, W. (2020). Fedhealth: A federated transfer learning framework for wearable healthcare. *IEEE Intelligent Systems*.

[Chen et al., 2019f] Chen, Y., Wang, J., Huang, M., and Yu, H. (2019f). Cross-position activity recognition with stratified transfer learning. *Pervasive and Mobile Computing*, 57:1–13.

[Choi et al., 2016] Choi, E., Bahadori, M. T., Sun, J., Kulas, J., Schuetz, A., and Stewart, W. (2016). Retain: An interpretable predictive model for healthcare using reverse time attention mechanism. In *NeurIPS*, pages 3504–3512.

[Chou et al., 2019] Chou, J.-c., Yeh, C.-c., and Lee, H.-y. (2019). One-shot voice conversion by separating speaker and content representations with instance normalization. *arXiv preprint arXiv:1904.05742*.

[Chuang et al., 2020] Chuang, C.-Y., Torralba, A., and Jegelka, S. (2020). Estimating generalization under distribution shifts via domain-invariant representations. In *International Conference on Machine Learning*, pages 1984–1994. PMLR.

[Coleman et al., 2019] Coleman, C., Yeh, C., Mussmann, S., Mirzasoleiman, B., Bailis, P., Liang, P., Leskovec, J., and Zaharia, M. (2019). Selection via proxy: Efficient data selection for deep learning. *arXiv preprint arXiv:1906.11829*.

[Collier et al., 2018] Collier, E., DiBiano, R., and Mukhopadhyay, S. (2018). Cactusnets: Layer applicability as a metric for transfer learning. In *2018 International Joint Conference on Neural Networks (IJCNN)*, pages 1–8. IEEE.

[Cook et al., 2013] Cook, D., Feuz, K. D., and Krishnan, N. C. (2013). Transfer learning for activity recognition: A survey. *Knowledge and information systems*, 36(3): 537–556.

[Cooper et al., 2020] Cooper, E., Lai, C.-I., Yasuda, Y., Fang, F., Wang, X., Chen, N., and Yamagishi, J. (2020). Zero-shot multi-speaker text-to-speech with state-of-the-art neural speaker embeddings. In *ICASSP 2020-2020 IEEE International Conference on Acoustics, Speech and Signal Processing (ICASSP)*, pages 6184–6188. IEEE.

[Cortes et al., 2008] Cortes, C., Mohri, M., Riley, M., and Rostamizadeh, A. (2008). Sample selection bias correction theory. In *International Conference on Algorithmic Learning Theory*, pages 38–53, Budapest, Hungary. Springer.

[Courty et al., 2017] Courty, N., Flamary, R., Habrard, A., and Rakotomamonjy, A. (2017). Joint distribution optimal transportation for domain adaptation. In *Advances in Neural Information Processing Systems*, pages 3730–3739.

[Courty et al., 2014] Courty, N., Flamary, R., and Tuia, D. (2014). Domain adaptation with regularized optimal transport. In *Joint European Conference on Machine Learning and Knowledge Discovery in Databases*, pages 274–289. Springer.

[Courty et al., 2016] Courty, N., Flamary, R., Tuia, D., and Rakotomamonjy, A. (2016). Optimal transport for domain adaptation. *IEEE Transactions on Pattern Analysis and Machine Intelligence*.

[Covas, 2020] Covas, E. (2020). Transfer learning in spatial–temporal forecasting of the solar magnetic field. *Astronomische Nachrichten*.

[Crammer et al., 2006] Crammer, K., Dekel, O., Keshet, J., Shalev-Shwartz, S., and Singer, Y. (2006). Online passive-aggressive algorithms. *Journal of Machine Learning Research*, 7(Mar):551–585.

[Crammer et al., 2008] Crammer, K., Kearns, M., and Wortman, J. (2008). Learning from multiple sources. *JMLR*, 9(Aug):1757–1774.

[Cui et al., 2020] Cui, S., Wang, S., Zhuo, J., Li, L., Huang, Q., and Tian, Q. (2020). Towards discriminability and diversity: Batch nuclear-norm maximization under label insufficient situations. In *Proceedings of the IEEE/CVF Conference on Computer Vision and Pattern Recognition*, pages 3941–3950.

[Cui et al., 2019] Cui, W., Zheng, G., Shen, Z., Jiang, S., and Wang, W. (2019). Transfer learning for sequences via learning to collocate. *arXiv preprint arXiv:1902.09092*.

[Da Silva and Costa, 2019] Da Silva, F. L. and Costa, A. H. R. (2019). A survey on transfer learning for multiagent reinforcement learning systems. *Journal of Artificial Intelligence Research*, 64:645–703.

[Daher et al., 2019] Daher, R., Zein, M. K., Zini, J. E., Awad, M., and Asmar, D. (2019). Change your singer: a transfer learning generative adversarial framework for song to song conversion. *arXiv preprint arXiv:1911.02933*.

[Dai et al., 2019] Dai, Q., Shen, X., Wu, X.-M., and Wang, D. (2019). Network transfer learning via adversarial domain adaptation with graph convolution. *arXiv preprint arXiv:1909.01541*.

[Dai et al., 2007] Dai, W., Yang, Q., Xue, G.-R., and Yu, Y. (2007). Boosting for transfer learning. In *ICML*, pages 193–200. ACM.

[Deng et al., 2014] Deng, W., Zheng, Q., and Wang, Z. (2014). Cross-person activity recognition using reduced kernel extreme learning machine. *Neural Networks*, 53:1–7.

[Devlin et al., 2018] Devlin, J., Chang, M.-W., Lee, K., and Toutanova, K. (2018). Bert: Pre-training of deep bidirectional transformers for language understanding. *arXiv preprint arXiv:1810.04805*.

[Dhouib et al., 2020] Dhouib, S., Redko, I., and Lartizien, C. (2020). Margin-aware adversarial domain adaptation with optimal transport. In *Thirty-seventh International Conference on Machine Learning*.

[Diba et al., 2017] Diba, A., Fayyaz, M., Sharma, V., Karami, A. H., Arzani, M. M., Yousefzadeh, R., and Van Gool, L. (2017). Temporal 3d convnets: New architecture and transfer learning for video classification. *arXiv preprint arXiv: 1711.08200.*

[Ding et al., 2019] Ding, M., Wang, Y., Hemberg, E., and O'Reilly, U.-M. (2019). Transfer learning using representation learning in massive open online courses. In *Proceedings of the 9th International Conference on Learning Analytics & Knowledge*, pages 145–154.

[Ding and Fu, 2017] Ding, Z. and Fu, Y. (2017). Deep domain generalization with structured low-rank constraint. *IEEE Transactions on Image Processing*, 27(1): 304–313.

[Donahue et al., 2014] Donahue, J., Jia, Y., et al. (2014). Decaf: A deep convolutional activation feature for generic visual recognition. In *ICML*, pages 647–655.

[Dong and Xing, 2018] Dong, N. and Xing, E. P. (2018). Domain adaption in one-shot learning. In *Joint European Conference on Machine Learning and Knowledge Discovery in Databases*, pages 573–588. Springer.

[Dorri and Ghodsi, 2012] Dorri, F. and Ghodsi, A. (2012). Adapting component analysis. In *Data Mining (ICDM), 2012 IEEE 12th International Conference on*, pages 846–851. IEEE.

[Dou et al., 2018] Dou, Q., Ouyang, C., Chen, C., Chen, H., Glocker, B., Zhuang, X., and Heng, P.-A. (2018). Pnp-adanet: Plug-and-play adversarial domain adaptation network with a benchmark at cross-modality cardiac segmentation. *arXiv preprint arXiv:1812.07907.*

[Du et al., 2020a] Du, Y., Tan, Z., Chen, Q., Zhang, Y., and Wang, C. (2020a). Homogeneous online transfer learning with online distribution discrepancy minimization. In *ECAI.*

[Du et al., 2020b] Du, Y., Wang, J., Feng, W., and Qin, T. (2020b). Adaptive rnns for time series analysis. In *arXiv.*

[Duan et al., 2012] Duan, L., Tsang, I. W., and Xu, D. (2012). Domain transfer multiple kernel learning. *IEEE Transactions on Pattern Analysis and Machine Intelligence*, 34(3):465–479.

[Duan et al., 2009] Duan, L., Tsang, I. W., Xu, D., and Chua, T.-S. (2009). Domain adaptation from multiple sources via auxiliary classifiers. In *ICML*, pages 289–296.

[Duh et al., 2013] Duh, K., Neubig, G., Sudoh, K., and Tsukada, H. (2013). Adaptation data selection using neural language models: Experiments in machine translation. In *Proceedings of the 51st Annual Meeting of the Association for Computational Linguistics (Volume 2: Short Papers)*, pages 678–683.

[D'Innocente and Caputo, 2018] D'Innocente, A. and Caputo, B. (2018). Domain generalization with domain-specific aggregation modules. In *German Conference on Pattern Recognition*, pages 187–198. Springer.

[Erfani et al., 2016] Erfani, S., Baktashmotlagh, M., Moshtaghi, M., Nguyen, V., Leckie, C., Bailey, J., and Kotagiri, R. (2016). Robust domain generalisation by enforcing distribution invariance. In *Proceedings of the Twenty-Fifth International Joint Conference on Artificial Intelligence*, pages 1455–1461. AAAI Press/ International Joint Conferences on Artificial Intelligence.

[Fang et al., 2013] Fang, C., Xu, Y., and Rockmore, D. N. (2013). Unbiased metric learning: On the utilization of multiple datasets and web images for softening bias. In *Proceedings of the IEEE International Conference on Computer Vision*, pages 1657–1664.

[Fang et al., 2019] Fang, Z., Lu, J., Liu, F., Xuan, J., and Zhang, G. (2019). Open set domain adaptation: Theoretical bound and algorithm. *arXiv preprint arXiv: 1907.08375*.

[Feng et al., 2018] Feng, J., Huang, M., Zhao, L., Yang, Y., and Zhu, X. (2018). Reinforcement learning for relation classification from noisy data. In *Thirty-Second AAAI Conference on Artificial Intelligence*.

[Fernando et al., 2013] Fernando, B., Habrard, A., Sebban, M., and Tuytelaars, T. (2013). Unsupervised visual domain adaptation using subspace alignment. In *ICCV*, pages 2960–2967.

[Finn et al., 2017] Finn, C., Abbeel, P., and Levine, S. (2017). Model-agnostic meta-learning for fast adaptation of deep networks. In *Proceedings of the 34th International Conference on Machine Learning-Volume 70*, pages 1126–1135. JMLR. org.

[Gamrian and Goldberg, 2019] Gamrian, S. and Goldberg, Y. (2019). Transfer learning for related reinforcement learning tasks via image-to-image translation. In *International Conference on Machine Learning*, pages 2063–2072.

[Ganganwar, 2012] Ganganwar, V. (2012). An overview of classification algorithms for imbalanced datasets. *International Journal of Emerging Technology and Advanced Engineering*, 2(4):42–47.

[Ganin and Lempitsky, 2015] Ganin, Y. and Lempitsky, V. (2015). Unsupervised domain adaptation by backpropagation. In *ICML*, pages 1180–1189.

[Ganin et al., 2016] Ganin, Y., Ustinova, E., Ajakan, H., Germain, P., Larochelle, H., Laviolette, F., Marchand, M., and Lempitsky, V. (2016). Domain-adversarial training of neural networks. *Journal of Machine Learning Research*, 17(59):1–35.

[Gao et al., 2012] Gao, C., Sang, N., and Huang, R. (2012). Online transfer boosting for object tracking. In *Pattern Recognition (ICPR), 2012 21st International*

Conference on, pages 906–909. IEEE.

[Gao et al., 2019] Gao, D., Liu, Y., Huang, A., Ju, C., Yu, H., and Yang, Q. (2019). Privacy-preserving heterogeneous federated transfer learning. In *2019 IEEE International Conference on Big Data (Big Data)*, pages 2552–2559. IEEE.

[Gatys et al., 2016] Gatys, L. A., Ecker, A. S., and Bethge, M. (2016). Image style transfer using convolutional neural networks. In *Proceedings of the IEEE conference on computer vision and pattern recognition*, pages 2414–2423.

[Gepperth and Hammer, 2016] Gepperth, A. and Hammer, B. (2016). Incremental learning algorithms and applications. In *European symposium on artificial neural networks (ESANN)*.

[Germain et al., 2013] Germain, P., Habrard, A., Laviolette, F., and Morvant, E. (2013). A pac-bayesian approach for domain adaptation with specialization to linear classifiers. In *ICML*.

[Germain et al., 2015] Germain, P., Habrard, A., Laviolette, F., and Morvant, E. (2015). A new pac-bayesian perspective on domain adaptation. In *ICML 2016*.

[Ghifary et al., 2017] Ghifary, M., Balduzzi, D., Kleijn, W. B., and Zhang, M. (2017). Scatter component analysis: A unified framework for domain adaptation and domain generalization. *IEEE transactions on pattern analysis and machine intelligence*, 39(7):1414–1430.

[Ghifary et al., 2015] Ghifary, M., Bastiaan Kleijn, W., Zhang, M., and Balduzzi, D. (2015). Domain generalization for object recognition with multi-task autoencoders. In *Proceedings of the IEEE international conference on computer vision*, pages 2551–2559.

[Ghifary et al., 2014] Ghifary, M., Kleijn, W. B., and Zhang, M. (2014). Domain adaptive neural networks for object recognition. In *PRICAI*, pages 898–904.

[Giacomello et al., 2019] Giacomello, E., Loiacono, D., and Mainardi, L. (2019). Transfer brain mri tumor segmentation models across modalities with adversarial networks. *arXiv preprint arXiv:1910.02717*.

[Giel and Diaz, 2015] Giel, A. and Diaz, R. (2015). Recurrent neural networks and transfer learning for action recognition.

[Gong et al., 2012] Gong, B., Shi, Y., Sha, F., and Grauman, K. (2012). Geodesic flow kernel for unsupervised domain adaptation. In *CVPR*, pages 2066–2073.

[Gong et al., 2018] Gong, M., Zhang, K., Huang, B., Glymour, C., Tao, D., and Batmanghelich, K. (2018). Causal generative domain adaptation networks. *arXiv preprint arXiv:1804.04333*.

[Gong et al., 2016] Gong, M., Zhang, K., Liu, T., Tao, D., Glymour, C., and Schölkopf, B. (2016). Domain adaptation with conditional transferable components. In

Proceedings of The 33rd International Conference on Machine Learning (ICML), pages 2839–2848.

[Goodfellow et al., 2014] Goodfellow, I., Pouget-Abadie, J., Mirza, M., Xu, B., Warde-Farley, D., Ozair, S., Courville, A., and Bengio, Y. (2014). Generative adversarial nets. In *Advances in neural information processing systems*, pages 2672–2680.

[Gopalan et al., 2011] Gopalan, R., Li, R., and Chellappa, R. (2011). Domain adaptation for object recognition: An unsupervised approach. In *ICCV*, pages 999–1006. IEEE.

[Górecki and Luczak, 2015] Górecki, T. and Luczak, M. (2015). Multivariate time series classification with parametric derivative dynamic time warping. *Expert Syst. Appl.*, 42:2305–2312.

[Gou et al., 2020] Gou, J., Yu, B., Maybank, S. J., and Tao, D. (2020). Knowledge distillation: A survey. *arXiv preprint arXiv:2006.05525*.

[Goussies et al., 2014] Goussies, N. A., Ubalde, S., Fernández, F. G., and Mejail, M. E. (2014). Optical character recognition using transfer learning decision forests. In *2014 IEEE International Conference on Image Processing (ICIP)*, pages 4309–4313. IEEE.

[Grave et al., 2013] Grave, E., Obozinski, G., and Bach, F. (2013). Domain adaptation for sequence labeling using hidden markov models. *arXiv preprint arXiv: 1312.4092*.

[Greene and Jacobowitz, 1971] Greene, R. E. and Jacobowitz, H. (1971). Analytic isometric embeddings. *Annals of Mathematics*, pages 189–204.

[Gretton et al., 2012a] Gretton, A., Borgwardt, K. M., Rasch, M. J., Schölkopf, B., and Smola, A. (2012a). A kernel two-sample test. *Journal of Machine Learning Research*, 13(Mar):723–773.

[Gretton et al., 2012b] Gretton, A., Sejdinovic, D., Strathmann, H., Balakrishnan, S., Pontil, M., Fukumizu, K., and Sriperumbudur, B. K. (2012b). Optimal kernel choice for large-scale two-sample tests. In *Advances in neural information processing systems*, pages 1205–1213.

[Guerrero et al., 2014] Guerrero, R., Ledig, C., and Rueckert, D. (2014). Manifold alignment and transfer learning for classification of alzheimer's disease. In *International Workshop on Machine Learning in Medical Imaging*, pages 77–84. Springer.

[Guo et al., 2018] Guo, X., Yao, Q., Tu, W., Chen, Y., Dai, W., and Yang, Q. (2018). Privacy-preserving transfer learning for knowledge sharing. *arXiv preprint arXiv: 1811.09491*.

[Guo et al., 2019] Guo, H., Pasunuru, R., and Bansal, M. (2019). Autosem: Automatic task selection and mixing in multi-task learning. *arXiv preprint arXiv:*

1904.04153.

[Gupta et al., 2017] Gupta, A., Devin, C., Liu, Y., Abbeel, P., and Levine, S. (2017). Learning invariant feature spaces to transfer skills with reinforcement learning. *arXiv preprint arXiv:1703.02949.*

[Gupta et al., 2020] Gupta, P., Malhotra, P., Narwariya, J., Vig, L., and Shroff, G. (2020). Transfer learning for clinical time series analysis using deep neural networks. *Journal of Healthcare Informatics Research*, 4(2):112–137.

[Gupta and Raghavan, 2004] Gupta, S. and Raghavan, P. (2004). Adaptation of speech models in speech recognition. US Patent App. 10/447,906.

[Gururangan et al., 2020] Gururangan, S., Marasović, A., Swayamdipta, S., Lo, K., Beltagy, I., Downey, D., and Smith, N. A. (2020). Don't stop pretraining: Adapt language models to domains and tasks. *arXiv preprint arXiv:2004.10964.*

[Ha et al., 2016] Ha, D., Dai, A., and Le, Q. V. (2016). Hypernetworks. *arXiv preprint arXiv:1609.09106.*

[Hamm and Lee, 2008] Hamm, J. and Lee, D. D. (2008). Grassmann discriminant analysis: a unifying view on subspace-based learning. In *ICML*, pages 376–383. ACM.

[He and Garcia, 2009] He, H. and Garcia, E. A. (2009). Learning from imbalanced data. *IEEE Transactions on knowledge and data engineering*, 21(9):1263–1284.

[He and Wu, 2019] He, H. and Wu, D. (2019). Transfer learning for brain–computer interfaces: A euclidean space data alignment approach. *IEEE Transactions on Biomedical Engineering*, 67(2):399–410.

[He et al., 2016a] He, J., Lawrence, R. D., and Liu, Y. (2016a). Graph-based transfer learning. US Patent 9,477,929.

[He et al., 2019a] He, K., Girshick, R., and Dollár, P. (2019a). Rethinking imagenet pre-training. In *Proceedings of the IEEE International Conference on Computer Vision*, pages 4918–4927.

[He et al., 2016b] He, K., Zhang, X., Ren, S., and Sun, J. (2016b). Deep residual learning for image recognition. In *Proceedings of the IEEE conference on computer vision and pattern recognition*, pages 770–778.

[He et al., 2018] He, W., Zheng, H., and Lai, J. (2018). Domain attention model for domain generalization in object detection. In *Chinese Conference on Pattern Recognition and Computer Vision (PRCV)*, pages 27–39. Springer.

[He et al., 2019b] He, Y., Shen, Z., and Cui, P. (2019b). Towards non-i.i.d. image classification: A dataset and baselines. *arXiv preprint arXiv:1906.02899.*

[Hendrycks et al., 2019] Hendrycks, D., Lee, K., and Mazeika, M. (2019). Using pre-training can improve model robustness and uncertainty. In *ICML.*

[Hinton et al., 2015] Hinton, G., Vinyals, O., and Dean, J. (2015). Distilling the knowledge in a neural network. *arXiv preprint arXiv:1503.02531.*

[Hinton and Plaut, 1987] Hinton, G. E. and Plaut, D. C. (1987). Using fast weights to deblur old memories. In *Proceedings of the ninth annual conference of the Cognitive Science Society*, pages 177–186.

[Hochreiter et al., 2001] Hochreiter, S., Younger, A. S., and Conwell, P. R. (2001). Learning to learn using gradient descent. In *International Conference on Artificial Neural Networks*, pages 87–94. Springer.

[Hoi et al., 2018] Hoi, S. C., Sahoo, D., Lu, J., and Zhao, P. (2018). Online learning: A comprehensive survey. *arXiv preprint arXiv:1802.02871.*

[Hospedales et al., 2020] Hospedales, T., Antoniou, A., Micaelli, P., and Storkey, A. (2020). Meta-learning in neural networks: A survey. *arXiv preprint arXiv: 2004.05439.*

[Hou et al., 2015] Hou, C.-A., Yeh, Y.-R., and Wang, Y.-C. F. (2015). An unsupervised domain adaptation approach for cross-domain visual classification. In *Advanced Video and Signal Based Surveillance (AVSS), 2015 12th IEEE International Conference on*, pages 1–6. IEEE.

[Hou et al., 2021] Hou, W., Wang, J., Tan, X., Qin, T., and Shinozaki, T. (2021). Cross-domain activity recognition via substructural optimal transport. *arXiv preprint arXiv:2104.07491.*

[Hsiao et al., 2016] Hsiao, P.-H., Chang, F.-J., and Lin, Y.-Y. (2016). Learning discriminatively reconstructed source data for object recognition with few examples. *IEEE Transactions on Image Processing*, 25(8):3518–3532.

[Hsu et al., 2018] Hsu, K., Levine, S., and Finn, C. (2018). Unsupervised learning via meta-learning. *arXiv preprint arXiv:1810.02334.*

[Hsu et al., 2017] Hsu, W.-N., Zhang, Y., and Glass, J. (2017). Unsupervised domain adaptation for robust speech recognition via variational autoencoder-based data augmentation. In *2017 IEEE Automatic Speech Recognition and Understanding Workshop (ASRU)*, pages 16–23. IEEE.

[Hu and Yang, 2011] Hu, D. H. and Yang, Q. (2011). Transfer learning for activity recognition via sensor mapping. In *IJCAI Proceedings-International Joint Conference on Artificial Intelligence*, volume 22, page 1962, Barcelona, Catalonia, Spain. IJCAI.

[Hu et al., 2011] Hu, D. H., Zheng, V. W., and Yang, Q. (2011). Cross-domain activity recognition via transfer learning. *Pervasive and Mobile Computing*, 7(3):344–358.

[Hu et al., 2019a] Hu, Q., Whitney, H. M., and Giger, M. L. (2019a). Transfer learning in 4d for breast cancer diagnosis using dynamic contrast-enhanced magnetic resonance imaging. *arXiv preprint arXiv:1911.03022*.

[Hu et al., 2019b] Hu, S., Zhang, K., Chen, Z., and Chan, L. (2019b). Domain generalization via multidomain discriminant analysis. In *Proceedings of the Conference on Uncertainty in Artificial Intelligence*, volume 35. NIH Public Access.

[Hu et al., 2016] Hu, Z., Ma, X., Liu, Z., Hovy, E., and Xing, E. (2016). Harnessing deep neural networks with logic rules. In *ACL*.

[Huang et al., 2016a] Huang, C., Li, Y., Change Loy, C., and Tang, X. (2016a). Learning deep representation for imbalanced classification. In *Proceedings of the IEEE conference on computer vision and pattern recognition*, pages 5375–5384.

[Huang et al., 2007] Huang, J., Smola, A. J., Gretton, A., Borgwardt, K. M., Schölkopf, B., et al. (2007). Correcting sample selection bias by unlabeled data. *Advances in neural information processing systems*, 19:601.

[Huang and Belongie, 2017] Huang, X. and Belongie, S. (2017). Arbitrary style transfer in real-time with adaptive instance normalization. In *Proceedings of the IEEE International Conference on Computer Vision*, pages 1501–1510.

[Huang et al., 2016b] Huang, Z., Siniscalchi, S. M., and Lee, C.-H. (2016b). A unified approach to transfer learning of deep neural networks with applications to speaker adaptation in automatic speech recognition. *Neurocomputing*, 218:448–459.

[Humbird et al., 2019] Humbird, K. D., Peterson, J. L., Spears, B., and McClarren, R. (2019). Transfer learning to model inertial confinement fusion experiments. *IEEE Transactions on Plasma Science*, 48(1):61–70.

[Hutter et al., 2015] Hutter, F., Kégl, B., Caruana, R., Guyon, I., Larochelle, H., and Viegas, E. (2015). Automatic machine learning (automl). In *ICML*.

[Ilse et al., 2019] Ilse, M., Tomczak, J. M., Louizos, C., and Welling, M. (2019). Diva: Domain invariant variational autoencoders. *arXiv preprint arXiv:1905.10427*.

[Ilse et al., 2020] Ilse, M., Tomczak, J. M., Louizos, C., and Welling, M. (2020). DIVA: Domain invariant variational autoencoders. In *Medical Imaging with Deep Learning*, pages 322–348. PMLR.

[Inoue et al., 2018] Inoue, N., Furuta, R., Yamasaki, T., and Aizawa, K. (2018). Cross-domain weakly-supervised object detection through progressive domain adaptation. In *Proceedings of the IEEE conference on computer vision and pattern recognition*, pages 5001–5009.

[Ioffe and Szegedy, 2015] Ioffe, S. and Szegedy, C. (2015). Batch normalization: Accelerating deep network training by reducing internal covariate shift. In *ICML*.

[Ionita et al., 2019] Ionita, A., Pomp, A., Cochez, M., Meisen, T., and Decker, S. (2019). Transferring knowledge from monitored to unmonitored areas for forecasting parking spaces. *International Journal on Artificial Intelligence Tools*, 28(06): 1960003.

[Jang et al., 2019] Jang, Y., Lee, H., Hwang, S. J., and Shin, J. (2019). Learning what and where to transfer. *arXiv preprint arXiv:1905.05901.*

[Jia et al., 2014a] Jia, C., Kong, Y., Ding, Z., and Fu, Y. R. (2014a). Latent tensor transfer learning for rgb-d action recognition. In *Proceedings of the 22nd ACM international conference on Multimedia*, pages 87–96.

[Jia et al., 2014b] Jia, Y., Shelhamer, E., Donahue, J., Karayev, S., Long, J., Girshick, R., Guadarrama, S., and Darrell, T. (2014b). Caffe: Convolutional architecture for fast feature embedding. In *Proceedings of the 22nd ACM international conference on Multimedia*, pages 675–678.

[Jia et al., 2018] Jia, Y., Zhang, Y., Weiss, R., Wang, Q., Shen, J., Ren, F., Nguyen, P., Pang, R., Moreno, I. L., Wu, Y., et al. (2018). Transfer learning from speaker verification to multispeaker text-to-speech synthesis. In *Advances in neural information processing systems*, pages 4480–4490.

[Jiang and Zhai, 2007] Jiang, J. and Zhai, C. (2007). Instance weighting for domain adaptation in nlp. In *Proceedings of the 45th annual meeting of the association of computational linguistics*, pages 264–271.

[Jiang et al., 2020] Jiang, Y., Neyshabur, B., Mobahi, H., Krishnan, D., and Bengio, S. (2020). Fantastic generalization measures and where to find them. In *ICLR.*

[Jing and Tian, 2020] Jing, L. and Tian, Y. (2020). Self-supervised visual feature learning with deep neural networks: A survey. *IEEE Transactions on Pattern Analysis and Machine Intelligence.*

[Johansson et al., 2019] Johansson, F. D., Sontag, D., and Ranganath, R. (2019). Support and invertibility in domain-invariant representations. In *The 22nd International Conference on Artificial Intelligence and Statistics*, pages 527–536.

[Ju et al., 2020] Ju, C., Gao, D., Mane, R., Tan, B., Liu, Y., and Guan, C. (2020). Federated transfer learning for eeg signal classification. *arXiv preprint arXiv: 2004.12321.*

[Kachuee et al., 2018] Kachuee, M., Fazeli, S., and Sarrafzadeh, M. (2018). Ecg heartbeat classification: A deep transferable representation. In *2018 IEEE International Conference on Healthcare Informatics (ICHI)*, pages 443–444. IEEE.

[Kairouz et al., 2019] Kairouz, P., McMahan, H. B., Avent, B., Bellet, A., Bennis, M., Bhagoji, A. N., Bonawitz, K., Charles, Z., Cormode, G., Cummings, R., et al. (2019). Advances and open problems in federated learning. *arXiv preprint arXiv: 1912.04977.*

[Kamnitsas et al., 2017] Kamnitsas, K., Baumgartner, C., Ledig, C., Newcombe, V., Simpson, J., Kane, A., Menon, D., Nori, A., Criminisi, A., Rueckert, D., et al. (2017). Unsupervised domain adaptation in brain lesion segmentation with adversarial networks. In *International conference on information processing in medical imaging*, pages 597–609. Springer.

[Kermany et al., 2018] Kermany, D. S., Goldbaum, M., Cai, W., Valentim, C. C., Liang, H., Baxter, S. L., McKeown, A., Yang, G., Wu, X., Yan, F., et al. (2018). Identifying medical diagnoses and treatable diseases by image-based deep learning. *Cell*, 172(5):1122–1131.

[Khan and Roy, 2017] Khan, M. A. A. H. and Roy, N. (2017). Transact: Transfer learning enabled activity recognition. In *2017 IEEE International Conference on Pervasive Computing and Communications Workshops (PerCom Workshops)*, pages 545–550. IEEE.

[Khan and Heisterkamp, 2016] Khan, M. N. A. and Heisterkamp, D. R. (2016). Adapting instance weights for unsupervised domain adaptation using quadratic mutual information and subspace learning. In *Pattern Recognition (ICPR), 2016 23rd International Conference on*, pages 1560–1565, Mexican City. IEEE.

[Khirodkar et al., 2019] Khirodkar, R., Yoo, D., and Kitani, K. (2019). Domain randomization for scene-specific car detection and pose estimation. In *2019 IEEE Winter Conference on Applications of Computer Vision (WACV)*, pages 1932–1940. IEEE.

[Khosla et al., 2012] Khosla, A., Zhou, T., Malisiewicz, T., Efros, A. A., and Torralba, A. (2012). Undoing the damage of dataset bias. In *European Conference on Computer Vision*, pages 158–171. Springer.

[Kilbertus et al., 2018] Kilbertus, N., Parascandolo, G., and Schölkopf, B. (2018). Generalization in anti-causal learning. *arXiv preprint arXiv:1812.00524*.

[Kim et al., 2017a] Kim, M., Kim, Y., Yoo, J., Wang, J., and Kim, H. (2017a). Regularized speaker adaptation of kl-hmm for dysarthric speech recognition. *IEEE Transactions on Neural Systems and Rehabilitation Engineering*, 25(9):1581–1591.

[Kim et al., 2017b] Kim, T., Cha, M., Kim, H., Lee, J. K., and Kim, J. (2017b). Learning to discover cross-domain relations with generative adversarial networks. In *Proceedings of the 34th International Conference on Machine Learning-Volume 70*, pages 1857–1865. JMLR. org.

[Kingma and Welling, 2013] Kingma, D. P. and Welling, M. (2013). Auto-encoding variational bayes. *arXiv preprint arXiv:1312.6114*.

[Kornblith et al., 2019] Kornblith, S., Shlens, J., and Le, Q. V. (2019). Do better imagenet models transfer better? In *Proceedings of the IEEE conference on computer vision and pattern recognition*, pages 2661–2671.

[Kriminger et al., 2012] Kriminger, E., Principe, J. C., and Lakshminarayan, C. (2012). Nearest neighbor distributions for imbalanced classification. In *The 2012 International Joint Conference on Neural Networks (IJCNN)*, pages 1–5. IEEE.

[Krizhevsky et al., 2012] Krizhevsky, A., Sutskever, I., and Hinton, G. E. (2012). Imagenet classification with deep convolutional neural networks. In *Advances in neural information processing systems*, pages 1097–1105.

[Kulis et al., 2013] Kulis, B. et al. (2013). Metric learning: A survey. *Foundations and Trends® in Machine Learning*, 5(4):287–364.

[Kundu et al., 2019] Kundu, J. N., Lakkakula, N., and Babu, R. V. (2019). Um-adapt: Unsupervised multi-task adaptation using adversarial cross-task distillation. In *Proceedings of the IEEE International Conference on Computer Vision*, pages 1436–1445.

[Lai et al., 2018] Lai, G., Chang, W.-C., Yang, Y., and Liu, H. (2018). Modeling long- and short-term temporal patterns with deep neural networks. In *SIGIR*, pages 95–104.

[Lee et al., 2017] Lee, J., Kim, H., Lee, J., and Yoon, S. (2017). Transfer learning for deep learning on graph-structured data. In *AAAI*, pages 2154–2160.

[Lee et al., 2019] Lee, C.-Y., Batra, T., Baig, M. H., and Ulbricht, D. (2019). Sliced wasserstein discrepancy for unsupervised domain adaptation. In *Proceedings of the IEEE Conference on Computer Vision and Pattern Recognition*, pages 10285–10295.

[Li et al., 2019a] Li, B., Wang, X., and Beigi, H. (2019a). Cantonese automatic speech recognition using transfer learning from mandarin. *arXiv preprint arXiv:1911.09271*.

[Li et al., 2017a] Li, D., Yang, Y., Song, Y.-Z., and Hospedales, T. M. (2017a). Deeper, broader and artier domain generalization. In *Proceedings of the IEEE international conference on computer vision*, pages 5542–5550.

[Li et al., 2018a] Li, D., Yang, Y., Song, Y.-Z., and Hospedales, T. M. (2018a). Learning to generalize: Meta-learning for domain generalization. In *Thirty-Second AAAI Conference on Artificial Intelligence*.

[Li et al., 2012] Li, H., Shi, Y., Liu, Y., Hauptmann, A. G., and Xiong, Z. (2012). Cross-domain video concept detection: A joint discriminative and generative active learning approach. *Expert Systems with Applications*, 39(15):12220–12228.

[Li et al., 2019b] Li, J., Wong, Y., Zhao, Q., and Kankanhalli, M. S. (2019b). Learning to learn from noisy labeled data. In *Proceedings of the IEEE Conference on Computer Vision and Pattern Recognition*, pages 5051–5059.

[Li et al., 2020] Li, P., Lou, P., Yan, J., and Liu, N. (2020). The thermal error modeling with deep transfer learning. In *Journal of Physics: Conference Series*, volume 1576, page 012003. IOP Publishing.

[Li et al., 2016] Li, S., Song, S., and Huang, G. (2016). Prediction reweighting for domain adaptation. *IEEE Transactions on Neural Networks and Learning Systems*, (99):1–14.

[Li et al., 2011] Li, S., Wang, Z., Zhou, G., and Lee, S. Y. M. (2011). Semi-supervised learning for imbalanced sentiment classification. In *Twenty-Second International Joint Conference on Artificial Intelligence.*

[Li et al., 2017b] Li, X., Chen, Y., Wu, Z., Peng, X., Wang, J., Hu, L., and Yu, D. (2017b). Weak multipath effect identification for indoor distance estimation. In *UIC*, pages 1–8. IEEE.

[Li et al., 2019c] Li, X., Xiong, H., Wang, H., Rao, Y., Liu, L., and Huan, J. (2019c). Delta: Deep learning transfer using feature map with attention for convolutional networks. *arXiv preprint arXiv:1901.09229.*

[Li et al., 2017c] Li, Y., Fang, C., Yang, J., Wang, Z., Lu, X., and Yang, M.-H. (2017c). Universal style transfer via feature transforms. In *Advances in neural information processing systems*, pages 386–396.

[Li et al., 2018b] Li, Y., Gong, M., Tian, X., Liu, T., and Tao, D. (2018b). Domain generalization via conditional invariant representations. In *Thirty-Second AAAI Conference on Artificial Intelligence.*

[Li et al., 2018c] Li, Y., Tian, X., Gong, M., Liu, Y., Liu, T., Zhang, K., and Tao, D. (2018c). Deep domain generalization via conditional invariant adversarial networks. In *Proceedings of the European Conference on Computer Vision (ECCV)*, pages 624–639.

[Li et al., 2018d] Li, Y., Wang, N., Shi, J., Hou, X., and Liu, J. (2018d). Adaptive batch normalization for practical domain adaptation. *Pattern Recognition*, 80:109–117.

[Li et al., 2019d] Li, Y., Yang, Y., Zhou, W., and Hospedales, T. M. (2019d). Feature-critic networks for heterogeneous domain generalization. *arXiv preprint arXiv: 1901.11448.*

[Li et al., 2019e] Li, Y., Yuan, L., and Vasconcelos, N. (2019e). Bidirectional learning for domain adaptation of semantic segmentation. In *Proceedings of the IEEE Conference on Computer Vision and Pattern Recognition*, pages 6936–6945.

[Li et al., 2017d] Li, Z., Zhou, F., Chen, F., and Li, H. (2017d). Meta-sgd: Learning to learn quickly for few-shot learning. *arXiv preprint arXiv:1707.09835.*

[Liao, 2013] Liao, H. (2013). Speaker adaptation of context dependent deep neural networks. In *2013 IEEE International Conference on Acoustics, Speech and Signal Processing*, pages 7947–7951. IEEE.

[Lim et al., 2011] Lim, J. J., Salakhutdinov, R. R., and Torralba, A. (2011). Transfer learning by borrowing examples for multiclass object detection. In *Advances in neural information processing systems*, pages 118–126.

[Lim et al., 2020] Lim, W. Y. B., Luong, N. C., Hoang, D. T., Jiao, Y., Liang, Y.-C., Yang, Q., Niyato, D., and Miao, C. (2020). Federated learning in mobile edge networks: A comprehensive survey. *IEEE Communications Surveys & Tutorials*,

22(3):2031–2063.

[Lines and Bagnall, 2014] Lines, J. and Bagnall, A. J. (2014). Time series classification with ensembles of elastic distance measures. *Data Min. Knowl. Discov.*, 29:565–592.

[Liu et al., 2018a] Liu, A. H., Liu, Y.-C., Yeh, Y.-Y., and Wang, Y.-C. F. (2018a). A unified feature disentangler for multi-domain image translation and manipulation. In *Advances in neural information processing systems*, pages 2590–2599.

[Liu et al., 2008] Liu, X.-Y., Wu, J., and Zhou, Z.-H. (2008). Exploratory undersampling for class-imbalance learning. *IEEE Transactions on Systems, Man, and Cybernetics, Part B (Cybernetics)*, 39(2):539–550.

[Liu et al., 2020] Liu, C., Sun, X., Wang, J., Li, T., Qin, T., Chen, W., and Liu, T.-Y. (2020). Learning causal semantic representation for out-of-distribution prediction. *arXiv preprint arXiv:2011.01681.*

[Liu et al., 2010] Liu, J., Chen, Y., and Zhang, Y. (2010). Transfer regression model for indoor 3d location estimation. In *International Conference on Multimedia Modeling*, pages 603–613. Springer.

[Liu et al., 2011] Liu, J., Shah, M., Kuipers, B., and Savarese, S. (2011). Cross-view action recognition via view knowledge transfer. In *Computer Vision and Pattern Recognition (CVPR), 2011 IEEE Conference on*, pages 3209–3216, Colorado Springs, CO, USA. IEEE.

[Liu et al., 2019] Liu, M., Song, Y., Zou, H., and Zhang, T. (2019). Reinforced training data selection for domain adaptation. In *Proceedings of the 57th Annual Meeting of the Association for Computational Linguistics*, pages 1957–1968.

[Liu and Tuzel, 2016] Liu, M.-Y. and Tuzel, O. (2016). Coupled generative adversarial networks. In *Advances in neural information processing systems*, pages 469–477.

[Liu et al., 2018b] Liu, S., Zhong, J., Sun, L., Wu, X., Liu, X., and Meng, H. (2018b). Voice conversion across arbitrary speakers based on a single target-speaker utterance. In *Interspeech*, pages 496–500.

[Liu et al., 2017] Liu, T., Yang, Q., and Tao, D. (2017). Understanding how feature structure transfers in transfer learning. In *IJCAI*.

[Liu et al., 2018c] Liu, Y., Chen, T., and Yang, Q. (2018c). Secure federated transfer learning. *arXiv preprint arXiv:1812.03337.*

[Liu et al., 2018d] Liu, Y.-C., Yeh, Y.-Y., Fu, T.-C., Wang, S.-D., Chiu, W.-C., and Frank Wang, Y.-C. (2018d). Detach and adapt: Learning cross-domain disentangled deep representation. In *Proceedings of the IEEE Conference on Computer Vision and Pattern Recognition*, pages 8867–8876.

[Long et al., 2015] Long, M., Cao, Y., Wang, J., and Jordan, M. (2015). Learning transferable features with deep adaptation networks. In *ICML*, pages 97–105.

[Long et al., 2013] Long, M., Wang, J., et al. (2013). Transfer feature learning with joint distribution adaptation. In *ICCV*, pages 2200–2207.

[Long et al., 2017] Long, M., Wang, J., and Jordan, M. I. (2017). Deep transfer learning with joint adaptation networks. In *ICML*, pages 2208–2217.

[Lopez-Paz et al., 2017] Lopez-Paz, D., Nishihara, R., Chintala, S., Schölkopf, B., and Bottou, L. (2017). Discovering causal signals in images. In *Proceedings of the IEEE Conference on Computer Vision and Pattern Recognition*, pages 6979–6987.

[Loshchilov and Hutter, 2015] Loshchilov, I. and Hutter, F. (2015). Online batch selection for faster training of neural networks. *arXiv preprint arXiv:1511.06343.*

[Lu et al., 2014] Lu, Z., Zhu, Y., Pan, S. J., Xiang, E. W., Wang, Y., and Yang, Q. (2014). Source free transfer learning for text classification. In *Twenty-Eighth AAAI Conference on Artificial Intelligence.*

[Lu et al., 2021] Lu, W., Chen, Y., Wang, J., and Qin, X. (2021). Cross-domain activity recognition via substructural optimal transport. *arXiv preprint arXiv: 2102.03353.*

[Luan et al., 2017] Luan, F., Paris, S., Shechtman, E., and Bala, K. (2017). Deep photo style transfer. In *Proceedings of the IEEE Conference on Computer Vision and Pattern Recognition*, pages 4990–4998.

[Luo et al., 2018] Luo, Y., Wen, Y., Duan, L.-Y., and Tao, D. (2018). Transfer metric learning: Algorithms, applications and outlooks. *arXiv preprint arXiv: 1810.03944.*

[Luo et al., 2019] Luo, Y., Zheng, L., Guan, T., Yu, J., and Yang, Y. (2019). Taking a closer look at domain shift: Category-level adversaries for semantics consistent domain adaptation. In *Proceedings of the IEEE Conference on Computer Vision and Pattern Recognition*, pages 2507–2516.

[Magliacane et al., 2018] Magliacane, S., van Ommen, T., Claassen, T., Bongers, S., Versteeg, P., and Mooij, J. M. (2018). Domain adaptation by using causal inference to predict invariant conditional distributions. In *Advances in Neural Information Processing Systems*, pages 10846–10856.

[Mallick et al., 2020] Mallick, T., Balaprakash, P., Rask, E., and Macfarlane, J. (2020). Transfer learning with graph neural networks for short-term highway traffic forecasting. *arXiv preprint arXiv:2004.08038.*

[Manakov et al., 2019] Manakov, I., Rohm, M., Kern, C., Schworm, B., Kortuem, K., and Tresp, V. (2019). Noise as domain shift: Denoising medical images by unpaired image translation. In *Domain Adaptation and Representation Transfer and Medical Image Learning with Less Labels and Imperfect Data*, pages 3–10. Springer.

[Mancini et al., 2018] Mancini, M., Bulò, S. R., Caputo, B., and Ricci, E. (2018). Best sources forward: domain generalization through source-specific nets. In *2018 25th IEEE International Conference on Image Processing (ICIP)*, pages 1353–1357. IEEE.

[Mansour et al., 2009] Mansour, Y., Mohri, M., and Rostamizadeh, A. (2009). Domain adaptation with multiple sources. In *NeuIPS*, pages 1041–1048.

[Mari et al., 2019] Mari, A., Bromley, T. R., Izaac, J., Schuld, M., and Killoran, N. (2019). Transfer learning in hybrid classical-quantum neural networks. *arXiv preprint arXiv:1912.08278.*

[Maria Carlucci et al., 2017] Maria Carlucci, F., Porzi, L., Caputo, B., et al. (2017). Autodial: Automatic domain alignment layers. In *ICCV*, pages 5067–5075.

[Maria Carlucci et al., 2019] Maria Carlucci, F., Russo, P., Tommasi, T., and Caputo, B. (2019). Hallucinating agnostic images to generalize across domains. In *Proceedings of the IEEE International Conference on Computer Vision Workshops*, pages 0–0.

[Marinescu et al., 2019] Marinescu, R. V., Lorenzi, M., Blumberg, S. B., Young, A. L., Planell-Morell, P., Oxtoby, N. P., Eshaghi, A., Yong, K. X., Crutch, S. J., Golland, P., et al. (2019). Disease knowledge transfer across neurodegenerative diseases. In *International Conference on Medical Image Computing and Computer-Assisted Intervention*, pages 860–868. Springer.

[McClosky et al., 2010] McClosky, D., Charniak, E., and Johnson, M. (2010). Automatic domain adaptation for parsing. In *Human Language Technologies: The 2010 Annual Conference of the North American Chapter of the Association for Computational Linguistics*, pages 28–36. Association for Computational Linguistics.

[McKay et al., 2019] McKay, H., Griffiths, N., Taylor, P., Damoulas, T., and Xu, Z. (2019). Online transfer learning for concept drifting data streams. In *BigMine@ KDD*.

[Milhomem et al., 2019] Milhomem, S., Almeida, T. d. S., da Silva, W. G., da Silva, E. M., and de Carvalho, R. L. (2019). Weightless neural network with transfer learning to detect distress in asphalt. *arXiv preprint arXiv:1901.03660.*

[Mirkin and Besacier, 2014] Mirkin, S. and Besacier, L. (2014). Data selection for compact adapted smt models.

[Mitchell et al., 1997] Mitchell, T. M. et al. (1997). Machine learning. 1997. *Burr Ridge, IL: McGraw Hill*, 45(37):870–877.

[Moore and Lewis, 2010] Moore, R. C. and Lewis, W. (2010). Intelligent selection of language model training data. In *Proceedings of the ACL 2010 conference short papers*, pages 220–224. Association for Computational Linguistics.

[Moraffah et al., 2019] Moraffah, R., Shu, K., Raglin, A., and Liu, H. (2019). Deep causal representation learning for unsupervised domain adaptation. *arXiv preprint arXiv:1910.12417*.

[Morales and Roggen, 2016] Morales, F. J. O. and Roggen, D. (2016). Deep convolutional feature transfer across mobile activity recognition domains, sensor modalities and locations. In *Proceedings of the 2016 ACM International Symposium on Wearable Computers*, pages 92–99.

[Moreno-Torres et al., 2012] Moreno-Torres, J. G., Raeder, T., Alaiz-Rodríguez, R., Chawla, N. V., and Herrera, F. (2012). A unifying view on dataset shift in classification. *Pattern recognition*, 45(1):521–530.

[Muandet et al., 2013] Muandet, K., Balduzzi, D., and Schölkopf, B. (2013). Domain generalization via invariant feature representation. In *International Conference on Machine Learning*, pages 10–18.

[Munkhdalai and Yu, 2017] Munkhdalai, T. and Yu, H. (2017). Meta networks. In *Proceedings of the 34th International Conference on Machine Learning-Volume 70*, pages 2554–2563. JMLR. org.

[Murthy et al., 2018] Murthy, R., Kunchukuttan, A., and Bhattacharyya, P. (2018). Judicious selection of training data in assisting language for multilingual neural ner. In *Proceedings of the 56th Annual Meeting of the Association for Computational Linguistics (Volume 2: Short Papers)*, pages 401–406.

[Na et al., 2019] Na, D., Lee, H. B., Kim, S., Park, M., Yang, E., and Hwang, S. J. (2019). Learning to balance: Bayesian meta-learning for imbalanced and out-of-distribution tasks. *arXiv preprint arXiv:1905.12917*.

[Nater et al., 2011] Nater, F., Tommasi, T., Grabner, H., Van Gool, L., and Caputo, B. (2011). Transferring activities: Updating human behavior analysis. In *Computer Vision Workshops (ICCV Workshops), 2011 IEEE International Conference on*, pages 1737–1744, Barcelona, Spain. IEEE.

[Nayak et al., 2019] Nayak, G. K., Mopuri, K. R., Shaj, V., Babu, R. V., and Chakraborty, A. (2019). Zero-shot knowledge distillation in deep networks. *arXiv preprint arXiv:1905.08114*.

[Newman-Griffis and Zirikly, 2018] Newman-Griffis, D. and Zirikly, A. (2018). Embedding transfer for low-resource medical named entity recognition: a case study on patient mobility. *arXiv preprint arXiv:1806.02814*.

[Neyshabur et al., 2020] Neyshabur, B., Sedghi, H., and Zhang, C. (2020). What is being transferred in transfer learning? *arXiv preprint arXiv:2008.11687*.

[Nguyen et al., 2018] Nguyen, D., Nguyen, K., Sridharan, S., Abbasnejad, I., Dean, D., and Fookes, C. (2018). Meta transfer learning for facial emotion recognition. In *2018 24th International Conference on Pattern Recognition (ICPR)*, pages 3543–3548. IEEE.

[Nguyen et al., 2020] Nguyen, D., Sridharan, S., Nguyen, D. T., Denman, S., Tran, S. N., Zeng, R., and Fookes, C. (2020). Joint deep cross-domain transfer learning for emotion recognition. *arXiv preprint arXiv:2003.11136.*

[Nguyen et al., 2019] Nguyen, L. H., Zhu, J., Lin, Z., Du, H., Yang, Z., Guo, W., and Jin, F. (2019). Spatial-temporal multi-task learning for within-field cotton yield prediction. In *Pacific-Asia Conference on Knowledge Discovery and Data Mining*, pages 343–354. Springer.

[Nichol et al., 2018] Nichol, A., Achiam, J., and Schulman, J. (2018). On first-order meta-learning algorithms. *arXiv preprint arXiv:1803.02999.*

[Niu et al., 2015] Niu, L., Li, W., and Xu, D. (2015). Multi-view domain generalization for visual recognition. In *Proceedings of the IEEE international conference on computer vision*, pages 4193–4201.

[Oliveira et al., 2020] Oliveira, J. S., Souza, G. B., Rocha, A. R., Deus, F. E., and Marana, A. N. (2020). Cross-domain deep face matching for real banking security systems. In *2020 Seventh International Conference on eDemocracy & eGovernment (ICEDEG)*, pages 21–28. IEEE.

[Olson and Moore, 2016] Olson, R. S. and Moore, J. H. (2016). Tpot: A tree-based pipeline optimization tool for automating machine learning. In *Workshop on Automatic Machine Learning*, pages 66–74.

[Omran et al., 2019] Omran, P. G., Wang, Z., and Wang, K. (2019). Knowledge graph rule mining via transfer learning. In *Pacific-Asia Conference on Knowledge Discovery and Data Mining*, pages 489–500. Springer.

[Orsenigo and Vercellis, 2010] Orsenigo, C. and Vercellis, C. (2010). Combining discrete svm and fixed cardinality warping distances for multivariate time series classification. *Pattern Recognit.*, 43:3787–3794.

[Pan et al., 2008] Pan, S. J., Kwok, J. T., and Yang, Q. (2008). Transfer learning via dimensionality reduction. In *Proceedings of the 23rd AAAI conference on Artificial intelligence*, volume 8, pages 677–682.

[Pan et al., 2011] Pan, S. J., Tsang, I. W., Kwok, J. T., and Yang, Q. (2011). Domain adaptation via transfer component analysis. *IEEE TNN*, 22(2):199–210.

[Pan and Yang, 2010] Pan, S. J. and Yang, Q. (2010). A survey on transfer learning. *IEEE TKDE*, 22(10):1345–1359.

[Panareda Busto and Gall, 2017] Panareda Busto, P. and Gall, J. (2017). Open set domain adaptation. In *Proceedings of the IEEE International Conference on Computer Vision*, pages 754–763.

[Parisotto et al., 2015] Parisotto, E., Ba, J. L., and Salakhutdinov, R. (2015). Actor-mimic: Deep multitask and transfer reinforcement learning. *arXiv preprint arXiv: 1511.06342.*

[Parlett, 1974] Parlett, B. N. (1974). The rayleigh quotient iteration and some generalizations for nonnormal matrices. *Mathematics of Computation*, 28(127):679–693.

[Patel et al., 2018] Patel, Y., Chitta, K., and Jasani, B. (2018). Learning sampling policies for domain adaptation. *arXiv preprint arXiv:1805.07641*.

[Pearl, 2009] Pearl, J. (2009). *Causality*. Cambridge university press.

[Pearl et al., 2009] Pearl, J. et al. (2009). Causal inference in statistics: An overview. *Statistics surveys*, 3:96–146.

[Peng and Dredze, 2016] Peng, N. and Dredze, M. (2016). Multi-task domain adaptation for sequence tagging. *arXiv preprint arXiv:1608.02689*.

[Peng et al., 2019] Peng, X., Bai, Q., Xia, X., Huang, Z., Saenko, K., and Wang, B. (2019). Moment matching for multi-source domain adaptation. In *ICCV*, pages 1406–1415.

[Peng et al., 2018] Peng, X. B., Andrychowicz, M., Zaremba, W., and Abbeel, P. (2018). Sim-to-real transfer of robotic control with dynamics randomization. In *2018 IEEE international conference on robotics and automation (ICRA)*, pages 1–8. IEEE.

[Perone et al., 2019] Perone, C. S., Ballester, P., Barros, R. C., and Cohen-Adad, J. (2019). Unsupervised domain adaptation for medical imaging segmentation with self-ensembling. *NeuroImage*, 194:1–11.

[Peters et al., 2017] Peters, J., Janzing, D., and Schölkopf, B. (2017). *Elements of causal inference: foundations and learning algorithms*. MIT press.

[Pham et al., 2020] Pham, H., Xie, Q., Dai, Z., and Le, Q. V. (2020). Meta pseudo labels. *arXiv preprint arXiv:2003.10580*.

[Phan et al., 2019] Phan, H., Chén, O. Y., Koch, P., Mertins, A., and De Vos, M. (2019). Deep transfer learning for single-channel automatic sleep staging with channel mismatch. In *2019 27th European Signal Processing Conference (EUSIPCO)*, pages 1–5. IEEE.

[Plank and Van Noord, 2011] Plank, B. and Van Noord, G. (2011). Effective measures of domain similarity for parsing. In *Proceedings of the 49th Annual Meeting of the Association for Computational Linguistics: Human Language Technologies-Volume 1*, pages 1566–1576. Association for Computational Linguistics.

[Poncelas et al., 2019] Poncelas, A., Wenniger, G. M. d. B., and Way, A. (2019). Transductive data-selection algorithms for fine-tuning neural machine translation. *arXiv preprint arXiv:1908.09532*.

[Prakash et al., 2019] Prakash, A., Boochoon, S., Brophy, M., Acuna, D., Cameracci, E., State, G., Shapira, O., and Birchfield, S. (2019). Structured domain randomization: Bridging the reality gap by context-aware synthetic data. In *2019*

International Conference on Robotics and Automation (ICRA), pages 7249–7255. IEEE.

[Prodanova et al., 2018] Prodanova, N., Stegmaier, J., Allgeier, S., Bohn, S., Stachs, O., Köhler, B., Mikut, R., and Bartschat, A. (2018). Transfer learning with human corneal tissues: An analysis of optimal cut-off layer. *arXiv preprint arXiv:1806.07073*.

[Qiao et al., 2020] Qiao, F., Zhao, L., and Peng, X. (2020). Learning to learn single domain generalization. *arXiv preprint arXiv:2003.13216*.

[Qin et al., 2019] Qin, X., Chen, Y., Wang, J., and Yu, C. (2019). Cross-dataset activity recognition via adaptive spatial-temporal transfer learning. *Proceedings of the ACM on Interactive, Mobile, Wearable and Ubiquitous Technologies*, 3(4):1–25.

[Qin et al., 2017] Qin, Y., Song, D., Chen, H., Cheng, W., Jiang, G., and Cottrell, G. (2017). A dual-stage attention-based recurrent neural network for time series prediction. In *AAAI*.

[Qu et al., 2019] Qu, C., Ji, F., Qiu, M., Yang, L., Min, Z., Chen, H., Huang, J., and Croft, W. B. (2019). Learning to selectively transfer: Reinforced transfer learning for deep text matching. In *Proceedings of the Twelfth ACM International Conference on Web Search and Data Mining*, pages 699–707.

[Radford et al., 2018] Radford, A., Narasimhan, K., Salimans, T., and Sutskever, I. (2018). Improving language understanding by generative pre-training.

[Radford et al., 2019] Radford, A., Wu, J., Child, R., Luan, D., Amodei, D., and Sutskever, I. (2019). Language models are unsupervised multitask learners. *OpenAI Blog*, 1(8):9.

[Rahman et al., 2019] Rahman, M. M., Fookes, C., Baktashmotlagh, M., and Sridharan, S. (2019). Multi-component image translation for deep domain generalization. In *2019 IEEE Winter Conference on Applications of Computer Vision (WACV)*, pages 579–588. IEEE.

[Rahmani and Mian, 2015] Rahmani, H. and Mian, A. (2015). Learning a non-linear knowledge transfer model for cross-view action recognition. In *Proceedings of the IEEE conference on computer vision and pattern recognition*, pages 2458–2466.

[Raj et al., 2015] Raj, A., Namboodiri, V. P., and Tuytelaars, T. (2015). Subspace alignment based domain adaptation for rcnn detector. *arXiv preprint arXiv: 1507.05578*.

[Rajeswaran et al., 2019] Rajeswaran, A., Finn, C., Kakade, S. M., and Levine, S. (2019). Meta-learning with implicit gradients. In *Advances in Neural Information Processing Systems*, pages 113–124.

[Rangapuram et al., 2018] Rangapuram, S. S., Seeger, M. W., Gasthaus, J., Stella, L., Wang, Y., and Januschowski, T. (2018). Deep state space models for time series forecasting. In *NeurIPS*, pages 7785–7794.

[Rathi, 2018] Rathi, D. (2018). Optimization of transfer learning for sign language recognition targeting mobile platform. *arXiv preprint arXiv:1805.06618.*

[Ravi and Larochelle, 2016] Ravi, S. and Larochelle, H. (2016). Optimization as a model for few-shot learning. In *ICLR.*

[Razavian et al., 2014] Razavian, A. S., Azizpour, H., Sullivan, J., and Carlsson, S. (2014). Cnn features off-the-shelf: an astounding baseline for recognition. In *Computer Vision and Pattern Recognition Workshops (CVPRW), 2014 IEEE Conference on*, pages 512–519. IEEE.

[Redko et al., 2017] Redko, I., Habrard, A., and Sebban, M. (2017). Theoretical analysis of domain adaptation with optimal transport. In *Joint European Conference on Machine Learning and Knowledge Discovery in Databases*, pages 737–753. Springer.

[Redko et al., 2020] Redko, I., Morvant, E., Habrard, A., Sebban, M., and Bennani, Y. (2020). A survey on domain adaptation theory. *arXiv preprint arXiv:2004.11829.*

[Rehman et al., 2018] Rehman, N. A., Aliapoulios, M. M., Umarwani, D., and Chunara, R. (2018). Domain adaptation for infection prediction from symptoms based on data from different study designs and contexts. *arXiv preprint arXiv:1806.08835.*

[Reiss and Stricker, 2012] Reiss, A. and Stricker, D. (2012). Introducing a new benchmarked dataset for activity monitoring. In *Wearable Computers (ISWC), 2012 16th International Symposium on*, pages 108–109. IEEE.

[Ren et al., 2018a] Ren, J., Hacihaliloglu, I., Singer, E. A., Foran, D. J., and Qi, X. (2018a). Adversarial domain adaptation for classification of prostate histopathology whole-slide images. In *International Conference on Medical Image Computing and Computer-Assisted Intervention*, pages 201–209. Springer.

[Ren et al., 2018b] Ren, M., Zeng, W., Yang, B., and Urtasun, R. (2018b). Learning to reweight examples for robust deep learning. *arXiv preprint arXiv:1803.09050.*

[Rezaei et al., 2018] Rezaei, M., Yang, H., and Meinel, C. (2018). Multi-task generative adversarial network for handling imbalanced clinical data. *arXiv preprint arXiv: 1811.10419.*

[Rojas-Carulla et al., 2018] Rojas-Carulla, M., Schölkopf, B., Turner, R., and Peters, J. (2018). Invariant models for causal transfer learning. *The Journal of Machine Learning Research*, 19(1):1309–1342.

[Ruder et al., 2017] Ruder, S., Ghaffari, P., and Breslin, J. G. (2017). Data selection strategies for multi-domain sentiment analysis. *arXiv preprint arXiv:1702.02426.*

[Ruder and Plank, 2017] Ruder, S. and Plank, B. (2017). Learning to select data for transfer learning with bayesian optimization. *arXiv preprint arXiv:1707.05246.*

[Saenko et al., 2010] Saenko, K., Kulis, B., Fritz, M., and Darrell, T. (2010). Adapting visual category models to new domains. In *European conference on computer vision*, pages 213–226. Springer.

[Saito et al., 2018a] Saito, K., Watanabe, K., Ushiku, Y., and Harada, T. (2018a). Maximum classifier discrepancy for unsupervised domain adaptation. In *Proceedings of the IEEE Conference on Computer Vision and Pattern Recognition*, pages 3723–3732.

[Saito et al., 2018b] Saito, K., Yamamoto, S., Ushiku, Y., and Harada, T. (2018b). Open set domain adaptation by backpropagation. In *Proceedings of the European Conference on Computer Vision (ECCV)*, pages 153–168.

[Saito, 2019] Saito, Y. (2019). Unsupervised domain adaptation meets offline recommender learning. *arXiv preprint arXiv:1910.07295*.

[Salem et al., 2018] Salem, M., Taheri, S., and Yuan, J.-S. (2018). Ecg arrhythmia classification using transfer learning from 2-dimensional deep cnn features. In *2018 IEEE Biomedical Circuits and Systems Conference (BioCAS)*, pages 1–4. IEEE.

[Salinas et al., 2020] Salinas, D., Flunkert, V., Gasthaus, J., and Januschowski, T. (2020). Deepar: Probabilistic forecasting with autoregressive recurrent networks. *Int. J. Forecast*, 36(3):1181–1191.

[Sankaranarayanan et al., 2018] Sankaranarayanan, S., Balaji, Y., Castillo, C. D., and Chellappa, R. (2018). Generate to adapt: Aligning domains using generative adversarial networks. In *Proceedings of the IEEE Conference on Computer Vision and Pattern Recognition*, pages 8503–8512.

[Sankaranarayanan et al., 2017] Sankaranarayanan, S., Balaji, Y., Jain, A., Lim, S. N., and Chellappa, R. (2017). Unsupervised domain adaptation for semantic segmentation with gans. *arXiv preprint arXiv:1711.06969*, 2:2.

[Santoro et al., 2016] Santoro, A., Bartunov, S., Botvinick, M., Wierstra, D., and Lillicrap, T. (2016). Meta-learning with memory-augmented neural networks. In *International conference on machine learning*, pages 1842–1850.

[Sargano et al., 2017] Sargano, A. B., Wang, X., Angelov, P., and Habib, Z. (2017). Human action recognition using transfer learning with deep representations. In *2017 International joint conference on neural networks (IJCNN)*, pages 463–469. IEEE.

[Schäfer, 2015] Schäfer, P. (2015). Scalable time series classification. *Data Min. Knowl. Discov.*, 30:1273–1298.

[Schmidhuber, 1987] Schmidhuber, J. (1987). Evolutionary principles in self-referential learning. *On learning how to learn: The meta-meta-... hook.) Diploma thesis, Institut f. Informatik, Tech. Univ. Munich*, 1(2).

[Schölkopf, 2019] Schölkopf, B. (2019). Causality for machine learning. *arXiv preprint arXiv:1911.10500.*

[Schölkopf et al., 2001] Schölkopf, B., Herbrich, R., and Smola, A. J. (2001). A generalized representer theorem. In *International conference on computational learning theory*, pages 416–426. Springer.

[Schölkopf et al., 2012] Schölkopf, B., Janzing, D., Peters, J., Sgouritsa, E., Zhang, K., and Mooij, J. M. (2012). On causal and anticausal learning. In *International Conference on Machine Learning (ICML 2012)*, pages 1255–1262. International Machine Learning Society.

[Schölkopf et al., 2011] Schölkopf, B., Janzing, D., Peters, J., and Zhang, K. (2011). Robust learning via cause-effect models. *arXiv preprint arXiv:1112.2738.*

[Schweikert et al., 2009] Schweikert, G., Rätsch, G., Widmer, C., and Schölkopf, B. (2009). An empirical analysis of domain adaptation algorithms for genomic sequence analysis. In *NeuIPS*, pages 1433–1440.

[Sen et al., 2019] Sen, R., Yu, H.-F., and Dhillon, I. S. (2019). Think globally, act locally: A deep neural network approach to high-dimensional time series forecasting. In *NeurIPS*, pages 4837–4846.

[Shankar et al., 2018] Shankar, S., Piratla, V., Chakrabarti, S., Chaudhuri, S., Jyothi, P., and Sarawagi, S. (2018). Generalizing across domains via cross-gradient training. In *ICLR*.

[Shao et al., 2019] Shao, R., Lan, X., Li, J., and Yuen, P. C. (2019). Multi-adversarial discriminative deep domain generalization for face presentation attack detection. In *Proceedings of the IEEE Conference on Computer Vision and Pattern Recognition*, pages 10023–10031.

[Sharma et al., 2019] Sharma, S., Xing, C., Liu, Y., and Kang, Y. (2019). Secure and efficient federated transfer learning. In *2019 IEEE International Conference on Big Data (Big Data)*, pages 2569–2576. IEEE.

[Shen et al., 2018a] Shen, J., Qu, Y., Zhang, W., and Yu, Y. (2018a). Wasserstein distance guided representation learning for domain adaptation. In *AAAI*.

[Shen et al., 2018b] Shen, Z., Cui, P., Kuang, K., Li, B., and Chen, P. (2018b). Causally regularized learning with agnostic data selection bias. In *2018 ACM Multimedia Conference on Multimedia Conference*, pages 411–419. ACM.

[Shi et al., 2017] Shi, Z., Siva, P., and Xiang, T. (2017). Transfer learning by ranking for weakly supervised object annotation. *arXiv preprint arXiv:1705.00873.*

[Shivakumar et al., 2014] Shivakumar, P. G., Potamianos, A., Lee, S., and Narayanan, S. S. (2014). Improving speech recognition for children using acoustic adaptation and pronunciation modeling. In *WOCCI*, pages 15–19.

[Shu et al., 2019] Shu, J., Xie, Q., Yi, L., Zhao, Q., Zhou, S., Xu, Z., and Meng, D. (2019). Meta-weight-net: Learning an explicit mapping for sample weighting. In *Advances in Neural Information Processing Systems*, pages 1917–1928.

[Silver et al., 2013] Silver, D. L., Yang, Q., and Li, L. (2013). Lifelong machine learning systems: Beyond learning algorithms. In *2013 AAAI spring symposium series*. Citeseer.

[Silver et al., 2016] Silver, D., Huang, A., Maddison, C. J., Guez, A., Sifre, L., Van Den Driessche, G., Schrittwieser, J., Antonoglou, I., Panneershelvam, V., Lanctot, M., et al. (2016). Mastering the game of go with deep neural networks and tree search. *nature*, 529(7587):484.

[Silver et al., 2017] Silver, D., Schrittwieser, J., Simonyan, K., Antonoglou, I., Huang, A., Guez, A., Hubert, T., Baker, L., Lai, M., Bolton, A., et al. (2017). Mastering the game of go without human knowledge. *Nature*, 550(7676):354.

[Snell et al., 2017] Snell, J., Swersky, K., and Zemel, R. (2017). Prototypical networks for few-shot learning. In *Advances in neural information processing systems*, pages 4077–4087.

[Søgaard, 2011] Søgaard, A. (2011). Data point selection for cross-language adaptation of dependency parsers. In *Proceedings of the 49th Annual Meeting of the Association for Computational Linguistics: Human Language Technologies: short papers-Volume 2*, pages 682–686. Association for Computational Linguistics.

[Song et al., 2012] Song, Y., Klassen, P., Xia, F., and Kit, C. (2012). Entropy-based training data selection for domain adaptation. In *Proceedings of COLING 2012: Posters*, pages 1191–1200.

[Stewart and Ermon, 2017] Stewart, R. and Ermon, S. (2017). Label-free supervision of neural networks with physics and domain knowledge. In *AAAI*, pages 2576–2582.

[Sugiyama et al., 2007] Sugiyama, M., Krauledat, M., and MÃžller, K.-R. (2007). Covariate shift adaptation by importance weighted cross validation. *Journal of Machine Learning Research*, 8(May):985–1005.

[Sun et al., 2016a] Sun, B., Feng, J., and Saenko, K. (2016a). Return of frustratingly easy domain adaptation. In *AAAI*, volume 6, page 8.

[Sun and Saenko, 2014] Sun, B. and Saenko, K. (2014). From virtual to reality: Fast adaptation of virtual object detectors to real domains. In *BMVC*, volume 1, page 3.

[Sun and Saenko, 2015] Sun, B. and Saenko, K. (2015). Subspace distribution alignment for unsupervised domain adaptation. In *BMVC*, pages 24–1.

[Sun and Saenko, 2016] Sun, B. and Saenko, K. (2016). Deep coral: Correlation alignment for deep domain adaptation. In *European Conference on Computer Vision*, pages 443–450. Springer.

[Sun et al., 2016b] Sun, L., Li, K., Wang, H., Kang, S., and Meng, H. (2016b). Phonetic posteriorgrams for many-to-one voice conversion without parallel data training. In *2016 IEEE International Conference on Multimedia and Expo (ICME)*, pages 1–6. IEEE.

[Sun et al., 2011] Sun, Q., Chattopadhyay, R., Panchanathan, S., and Ye, J. (2011). A two-stage weighting framework for multi-source domain adaptation. In *NeuIPS*, pages 505–513.

[Sun et al., 2017] Sun, S., Zhang, B., Xie, L., and Zhang, Y. (2017). An unsupervised deep domain adaptation approach for robust speech recognition. *Neurocomputing*, 257:79–87.

[Sun and Shi, 2013] Sun, S.-L. and Shi, H.-L. (2013). Bayesian multi-source domain adaptation. In *2013 International Conference on Machine Learning and Cybernetics*, volume 1, pages 24–28. IEEE.

[Sun and Wei, 2020] Sun, X. and Wei, J. (2020). Identification of maize disease based on transfer learning. In *Journal of Physics: Conference Series*, volume 1437, page 012080. IOP Publishing.

[Sun et al., 2020] Sun, X., Wu, B., Liu, C., Zheng, X., Chen, W., Qin, T., and Liu, T.-y. (2020). Latent causal invariant model. *arXiv preprint arXiv:2011.02203*.

[Sun et al., 2007] Sun, Y., Kamel, M. S., Wong, A. K., and Wang, Y. (2007). Cost-sensitive boosting for classification of imbalanced data. *Pattern Recognition*, 40(12):3358–3378.

[Sun et al., 2009] Sun, Y., Wong, A. K., and Kamel, M. S. (2009). Classification of imbalanced data: A review. *International Journal of Pattern Recognition and Artificial Intelligence*, 23(04):687–719.

[Sun et al., 2008] Sun, Z., Chen, Y., Qi, J., and Liu, J. (2008). Adaptive localization through transfer learning in indoor wi-fi environment. In *2008 Seventh International Conference on Machine Learning and Applications*, pages 331–336. IEEE.

[Sung et al., 2018] Sung, F., Yang, Y., Zhang, L., Xiang, T., Torr, P. H., and Hospedales, T. M. (2018). Learning to compare: Relation network for few-shot learning. In *Proceedings of the IEEE Conference on Computer Vision and Pattern Recognition*, pages 1199–1208.

[Suresh et al., 2018] Suresh, H., Gong, J. J., and Guttag, J. V. (2018). Learning tasks for multitask learning: Heterogenous patient populations in the icu. In *Proceedings of the 24th ACM SIGKDD International Conference on Knowledge Discovery & Data Mining*, pages 802–810.

[Sutton and Barto, 2018] Sutton, R. S. and Barto, A. G. (2018). *Reinforcement learning: An introduction.* MIT press.

[Tahmoresnezhad and Hashemi, 2016] Tahmoresnezhad, J. and Hashemi, S. (2016). Visual domain adaptation via transfer feature learning. *Knowledge and Information Systems*, pages 1–21.

[Tan et al., 2015] Tan, B., Song, Y., Zhong, E., and Yang, Q. (2015). Transitive transfer learning. In *Proceedings of the 21th ACM SIGKDD International Conference on Knowledge Discovery and Data Mining*, pages 1155–1164. ACM.

[Tan et al., 2017] Tan, B., Zhang, Y., Pan, S. J., and Yang, Q. (2017). Distant domain transfer learning. In *Thirty-First AAAI Conference on Artificial Intelligence.*

[Tang et al., 2019] Tang, X., Li, Y., Sun, Y., Yao, H., Mitra, P., and Wang, S. (2019). Robust graph neural network against poisoning attacks via transfer learning. *arXiv preprint arXiv:1908.07558.*

[Tang et al., 2016] Tang, Y., Peng, L., Xu, Q., Wang, Y., and Furuhata, A. (2016). Cnn based transfer learning for historical chinese character recognition. In *2016 12th IAPR Workshop on Document Analysis Systems (DAS)*, pages 25–29. IEEE.

[Tang et al., 2009] Tang, Y., Zhang, Y.-Q., Chawla, N. V., and Krasser, S. (2009). Svms modeling for highly imbalanced classification. *IEEE Transactions on Systems, Man, and Cybernetics, Part B (Cybernetics)*, 39(1):281–288.

[Taylor and Stone, 2007] Taylor, M. E. and Stone, P. (2007). Cross-domain transfer for reinforcement learning. In *Proceedings of the 24th international conference on Machine learning*, pages 879–886.

[Taylor and Stone, 2009] Taylor, M. E. and Stone, P. (2009). Transfer learning for reinforcement learning domains: A survey. *Journal of Machine Learning Research*, 10(Jul):1633–1685.

[Teshima et al., 2020] Teshima, T., Sato, I., and Sugiyama, M. (2020). Few-shot domain adaptation by causal mechanism transfer. *arXiv preprint arXiv:2002.03497.*

[Thrun and Pratt, 1998] Thrun, S. and Pratt, L. (1998). Learning to learn: Introduction and overview. In *Learning to learn*, pages 3–17. Springer.

[Tian et al., 2020] Tian, Y., Wang, Y., Krishnan, D., Tenenbaum, J. B., and Isola, P. (2020). Rethinking few-shot image classification: a good embedding is all you need? *arXiv preprint arXiv:2003.11539.*

[Tobin et al., 2017] Tobin, J., Fong, R., Ray, A., Schneider, J., Zaremba, W., and Abbeel, P. (2017). Domain randomization for transferring deep neural networks from simulation to the real world. In *2017 IEEE/RSJ international conference on intelligent robots and systems (IROS)*, pages 23–30. IEEE.

[Tremblay et al., 2018] Tremblay, J., Prakash, A., Acuna, D., Brophy, M., Jampani, V., Anil, C., To, T., Cameracci, E., Boochoon, S., and Birchfield, S. (2018). Training deep networks with synthetic data: Bridging the reality gap by domain randomization. In *Proceedings of the IEEE Conference on Computer Vision and*

Pattern Recognition Workshops, pages 969–977.

[Truong et al., 2019a] Truong, T.-D., Duong, C. N., Luu, K., and Tran, M.-T. (2019a). Recognition in unseen domains: Domain generalization via universal non-volume preserving models. *arXiv preprint arXiv:1905.13040.*

[Truong et al., 2019b] Truong, T.-D., Luu, K., Duong, C.-N., Le, N., and Tran, M.-T. (2019b). Image alignment in unseen domains via domain deep generalization. *arXiv preprint arXiv:1905.12028.*

[Tsai et al., 2018] Tsai, Y.-H., Hung, W.-C., Schulter, S., Sohn, K., Yang, M.-H., and Chandraker, M. (2018). Learning to adapt structured output space for semantic segmentation. In *Proceedings of the IEEE Conference on Computer Vision and Pattern Recognition*, pages 7472–7481.

[Tsvetkov et al., 2016] Tsvetkov, Y., Faruqui, M., Ling, W., MacWhinney, B., and Dyer, C. (2016). Learning the curriculum with bayesian optimization for task-specific word representation learning. *arXiv preprint arXiv:1605.03852.*

[Tu et al., 2019] Tu, G., Fu, Y., Li, B., Gao, J., Jiang, Y.-G., and Xue, X. (2019). A multi-task neural approach for emotion attribution, classification, and summarization. *IEEE Transactions on Multimedia*, 22(1):148–159.

[Tzeng et al., 2017] Tzeng, E., Hoffman, J., Saenko, K., and Darrell, T. (2017). Adversarial discriminative domain adaptation. In *CVPR*, pages 2962–2971.

[Tzeng et al., 2014] Tzeng, E., Hoffman, J., Zhang, N., et al. (2014). Deep domain confusion: Maximizing for domain invariance. *arXiv preprint arXiv:1412.3474.*

[Valiant, 1984] Valiant, L. (1984). A theory of the learnable. *Commun. ACM*, 27:1134–1142.

[Valverde et al., 2019] Valverde, S., Salem, M., Cabezas, M., Pareto, D., Vilanova, J. C., Ramió-Torrentà, L., Rovira, À., Salvi, J., Oliver, A., and Lladó, X. (2019). One-shot domain adaptation in multiple sclerosis lesion segmentation using convolutional neural networks. *NeuroImage: Clinical*, 21:101638.

[Van Asch and Daelemans, 2010] Van Asch, V. and Daelemans, W. (2010). Using domain similarity for performance estimation. In *Proceedings of the 2010 Workshop on Domain Adaptation for Natural Language Processing*, pages 31–36. Association for Computational Linguistics.

[Vanschoren, 2018] Vanschoren, J. (2018). Meta-learning: A survey. *arXiv preprint arXiv:1810.03548.*

[Venkataramani et al., 2018] Venkataramani, R., Ravishankar, H., and Anamandra, S. (2018). Towards continuous domain adaptation for healthcare. *arXiv preprint arXiv:1812.01281.*

[Venkateswara et al., 2017] Venkateswara, H., Eusebio, J., Chakraborty, S., and Panchanathan, S. (2017). Deep hashing network for unsupervised domain adaptation. In *Proceedings of the IEEE Conference on Computer Vision and Pattern Recognition*, pages 5018–5027.

[Vilalta et al., 2019] Vilalta, R., Gupta, K. D., Boumber, D., and Meskhi, M. M. (2019). A general approach to domain adaptation with applications in astronomy. *Publications of the Astronomical Society of the Pacific*, 131(1004):108008.

[Villani, 2008] Villani, C. (2008). *Optimal transport: old and new*, volume 338. Springer Science & Business Media.

[Vincent and Thome, 2019] Vincent, L. and Thome, N. (2019). Shape and time distortion loss for training deep time series forecasting models. In *NeurIPS*, pages 4189–4201.

[Vinyals et al., 2016] Vinyals, O., Blundell, C., Lillicrap, T., Wierstra, D., et al. (2016). Matching networks for one shot learning. In *Advances in neural information processing systems*, pages 3630–3638.

[Volpi et al., 2018] Volpi, R., Namkoong, H., Sener, O., Duchi, J. C., Murino, V., and Savarese, S. (2018). Generalizing to unseen domains via adversarial data augmentation. In *Advances in Neural Information Processing Systems*, pages 5334–5344.

[Wan et al., 2019] Wan, R., Xiong, H., Li, X., Zhu, Z., and Huan, J. (2019). Towards making deep transfer learning never hurt. In *2019 IEEE International Conference on Data Mining (ICDM)*, pages 578–587. IEEE.

[Wang et al., 2019a] Wang, B., Qiu, M., Wang, X., Li, Y., Gong, Y., Zeng, X., Huang, J., Zheng, B., Cai, D., and Zhou, J. (2019a). A minimax game for instance based selective transfer learning. In *Proceedings of the 25th ACM SIGKDD International Conference on Knowledge Discovery & Data Mining*, pages 34–43.

[Wang et al., 2019b] Wang, J., Chen, Y., Feng, W., Yu, H., Huang, M., and Yang, Q. (2019b). Transfer learning with dynamic distribution adaptation. *ACM Intelligent Systems and Technology (TIST)*.

[Wang et al., 2020] Wang, J., Chen, Y., Feng, W., Yu, H., Huang, M., and Yang, Q. (2020). Transfer learning with dynamic distribution adaptation. *ACM Transactions on Intelligent Systems and Technology (TIST)*, 11(1):1–25.

[Wang et al., 2017a] Wang, J., Chen, Y., Hao, S., et al. (2017a). Balanced distribution adaptation for transfer learning. In *ICDM*, pages 1129–1134.

[Wang et al., 2019c] Wang, J., Chen, Y., Hao, S., Peng, X., and Hu, L. (2019c). Deep learning for sensor-based activity recognition: A survey. *Pattern Recognition Letters*, 119:3–11.

[Wang et al., 2018a] Wang, J., Chen, Y., Hu, L., Peng, X., and Yu, P. S. (2018a). Stratified transfer learning for cross-domain activity recognition. In *2018 IEEE*

International Conference on Pervasive Computing and Communications (PerCom).

[Wang et al., 2019d] Wang, J., Chen, Y., Yu, H., Huang, M., and Yang, Q. (2019d). Easy transfer learning by exploiting intra-domain structures. In *2019 IEEE International Conference on Multimedia and Expo (ICME)*, pages 1210–1215. IEEE.

[Wang et al., 2018b] Wang, J., Feng, W., Chen, Y., Yu, H., Huang, M., and Yu, P. S. (2018b). Visual domain adaptation with manifold embedded distribution alignment. In *2018 ACM Multimedia Conference on Multimedia Conference*, pages 402–410. ACM.

[Wang et al., 2021a] Wang, J., Feng, W., Liu, C., Yu, C., Du, M., Xu, R., Qin, T., and Liu, T.-Y. (2021a). Learning invariant representations across domains and tasks. *arXiv preprint arXiv:2103.05114.*

[Wang et al., 2021b] Wang, J., Lan, C., Liu, C., Ouyang, Y., and Qin, T. (2021b). Generalizing to unseen domains: A survey on domain generalization. *arXiv preprint arXiv:2103.03097.*

[Wang et al., 2013] Wang, J., Zhao, P., Hoi, S. C., and Jin, R. (2013). Online feature selection and its applications. *IEEE Transactions on Knowledge and Data Engineering*, 26(3):698–710.

[Wang et al., 2018c] Wang, J., Zheng, V. W., Chen, Y., and Huang, M. (2018c). Deep transfer learning for cross-domain activity recognition. In *proceedings of the 3rd International Conference on Crowd Science and Engineering*, pages 1–8.

[Wang et al., 2017b] Wang, R., Utiyama, M., Liu, L., Chen, K., and Sumita, E. (2017b). Instance weighting for neural machine translation domain adaptation. In *Proceedings of the 2017 Conference on Empirical Methods in Natural Language Processing*, pages 1482–1488.

[Wang et al., 2019e] Wang, Y., Zhao, D., Li, Y., Chen, K., and Xue, H. (2019e). The most related knowledge first: A progressive domain adaptation method. In *Pacific-Asia Conference on Knowledge Discovery and Data Mining*, pages 90–102. Springer.

[Wang et al., 2019f] Wang, Z., Bi, W., Wang, Y., and Liu, X. (2019f). Better fine-tuning via instance weighting for text classification. In *Proceedings of the AAAI Conference on Artificial Intelligence*, volume 33, pages 7241–7248.

[Wang et al., 2019g] Wang, Z., Dai, Z., Póczos, B., and Carbonell, J. (2019g). Characterizing and avoiding negative transfer. In *Proceedings of the IEEE Conference on Computer Vision and Pattern Recognition*, pages 11293–11302.

[Wei et al., 2018] Wei, J., Liang, J., He, R., and Yang, J. (2018). Learning discriminative geodesic flow kernel for unsupervised domain adaptation. In *2018 IEEE*

International Conference on Multimedia and Expo (ICME), pages 1–6. IEEE.

[Weiser, 1991] Weiser, M. (1991). The computer for the 21 st century. *Scientific american*, 265(3):94–105.

[Weiss et al., 2016] Weiss, K., Khoshgoftaar, T. M., and Wang, D. (2016). A survey of transfer learning. *Journal of Big Data*, 3(1):1–40.

[Weiss and Khoshgoftaar, 2016] Weiss, K. R. and Khoshgoftaar, T. M. (2016). Investigating transfer learners for robustness to domain class imbalance. In *2016 15th IEEE International Conference on Machine Learning and Applications (ICMLA)*, pages 207–213. IEEE.

[Wenzel et al., 2018] Wenzel, P., Khan, Q., Cremers, D., and Leal-Taixé, L. (2018). Modular vehicle control for transferring semantic information between weather conditions using gans. *arXiv preprint arXiv:1807.01001*.

[Woodworth and Thorndike, 1901] Woodworth, R. S. and Thorndike, E. (1901). The influence of improvement in one mental function upon the efficiency of other functions.(i). *Psychological review*, 8(3):247.

[Wu and Gales, 2015] Wu, C. and Gales, M. J. (2015). Multi-basis adaptive neural network for rapid adaptation in speech recognition. In *2015 IEEE International Conference on Acoustics, Speech and Signal Processing (ICASSP)*, pages 4315–4319. IEEE.

[Wu and Huang, 2016] Wu, F. and Huang, Y. (2016). Sentiment domain adaptation with multiple sources. In *Proceedings of the 54th Annual Meeting of the Association for Computational Linguistics (Volume 1: Long Papers)*, pages 301–310.

[Wu et al., 2017a] Wu, F., Jing, X.-Y., Shan, S., Zuo, W., and Yang, J.-Y. (2017a). Multiset feature learning for highly imbalanced data classification. In *Thirty-First AAAI Conference on Artificial Intelligence*.

[Wu et al., 2017b] Wu, Q., Zhou, X., Yan, Y., Wu, H., and Min, H. (2017b). Online transfer learning by leveraging multiple source domains. *Knowledge and Information Systems*, 52(3):687–707.

[Wu et al., 2013] Wu, X., Wang, H., Liu, C., and Jia, Y. (2013). Cross-view action recognition over heterogeneous feature spaces. In *Proceedings of the IEEE International Conference on Computer Vision*, pages 609–616.

[Xiang et al., 2011] Xiang, E. W., Pan, S. J., Pan, W., Su, J., and Yang, Q. (2011). Source-selection-free transfer learning. In *Twenty-Second International Joint Conference on Artificial Intelligence*.

[Xie et al., 2016] Xie, M., Jean, N., Burke, M., Lobell, D., and Ermon, S. (2016). Transfer learning from deep features for remote sensing and poverty mapping. In *Thirtieth AAAI Conference on Artificial Intelligence*.

[Xu et al., 2020] Xu, M., Zhang, J., Ni, B., Li, T., Wang, C., Tian, Q., and Zhang, W. (2020). Adversarial domain adaptation with domain mixup. In *AAAI*.

[Xu et al., 2019] Xu, N., Zheng, G., Xu, K., Zhu, Y., and Li, Z. (2019). Targeted knowledge transfer for learning traffic signal plans. In *Pacific-Asia Conference on Knowledge Discovery and Data Mining*, pages 175–187. Springer.

[Xu et al., 2018] Xu, R., Chen, Z., Zuo, W., Yan, J., and Lin, L. (2018). Deep cocktail network: Multi-source unsupervised domain adaptation with category shift. In *CVPR*, pages 3964–3973.

[Xu et al., 2014] Xu, Z., Li, W., Niu, L., and Xu, D. (2014). Exploiting low-rank structure from latent domains for domain generalization. In *European Conference on Computer Vision*, pages 628–643. Springer.

[Xue et al., 2014] Xue, S., Abdel-Hamid, O., Jiang, H., Dai, L., and Liu, Q. (2014). Fast adaptation of deep neural network based on discriminant codes for speech recognition. *IEEE/ACM Transactions on Audio, Speech, and Language Processing*, 22(12):1713–1725.

[Yan et al., 2017] Yan, H., Ding, Y., Li, P., Wang, Q., Xu, Y., and Zuo, W. (2017). Mind the class weight bias: Weighted maximum mean discrepancy for unsupervised domain adaptation. *arXiv preprint arXiv:1705.00609*.

[Yan et al., 2016] Yan, Y., Wu, Q., Tan, M., and Min, H. (2016). Online heterogeneous transfer learning by weighted offline and online classifiers. In *European Conference on Computer Vision*, pages 467–474. Springer.

[Yang, 2007] Yang, L. (2007). An overview of distance metric learning. In *Proceedings of the computer vision and pattern recognition conference*.

[Yang et al., 2019] Yang, Q., Liu, Y., Cheng, Y., Kang, Y., Chen, T., and Yu, H. (2019). Federated learning. *Synthesis Lectures on Artificial Intelligence and Machine Learning*, 13(3):1–207.

[Yang et al., 2020a] Yang, Q., Zhang, Y., Dai, W., and Pan, S. J. (2020a). *Transfer learning*. Cambridge University Press.

[Yang et al., 2020b] Yang, Y., Qiu, J., Song, M., Tao, D., and Wang, X. (2020b). Distillating knowledge from graph convolutional networks. *arXiv preprint arXiv: 2003.10477*.

[Yang et al., 2017] Yang, Z., Salakhutdinov, R., and Cohen, W. W. (2017). Transfer learning for sequence tagging with hierarchical recurrent networks. *arXiv preprint arXiv:1703.06345*.

[Yao et al., 2012] Yao, K., Yu, D., Seide, F., Su, H., Deng, L., and Gong, Y. (2012). Adaptation of context-dependent deep neural networks for automatic speech recognition. In *2012 IEEE Spoken Language Technology Workshop (SLT)*, pages 366–369. IEEE.

[Yao et al., 2018] Yao, Q., Wang, M., Chen, Y., Dai, W., Yi-Qi, H., Yu-Feng, L., Wei-Wei, T., Qiang, Y., and Yang, Y. (2018). Taking human out of learning applications: A survey on automated machine learning. *arXiv preprint arXiv: 1810.13306.*

[Ye et al., 2018] Ye, Z., Yang, Y., Li, X., Cao, D., and Ouyang, D. (2018). An integrated transfer learning and multitask learning approach for pharmacokinetic parameter prediction. *Molecular pharmaceutics*, 16(2):533–541.

[Yosinski et al., 2014] Yosinski, J., Clune, J., Bengio, Y., and Lipson, H. (2014). How transferable are features in deep neural networks? In *Advances in neural information processing systems*, pages 3320–3328.

[Yu et al., 2019a] Yu, C., Wang, J., Chen, Y., and Huang, M. (2019a). Transfer learning with dynamic adversarial adaptation network. In *The IEEE International Conference on Data Mining (ICDM).*

[Yu et al., 2020] Yu, C., Wang, J., Liu, C., Qin, T., Xu, R., Feng, W., Chen, Y., and Liu, T.-Y. (2020). Learning to match distributions for domain adaptation. *arXiv preprint arXiv:2007.10791.*

[Yu et al., 2013] Yu, D., Yao, K., Su, H., Li, G., and Seide, F. (2013). Kl-divergence regularized deep neural network adaptation for improved large vocabulary speech recognition. In *2013 IEEE International Conference on Acoustics, Speech and Signal Processing*, pages 7893–7897. IEEE.

[Yu et al., 2019b] Yu, F., Zhao, J., Gong, Y., Wang, Z., Li, Y., Yang, F., Dong, B., Li, Q., and Zhang, L. (2019b). Annotation-free cardiac vessel segmentation via knowledge transfer from retinal images. In *International Conference on Medical Image Computing and Computer-Assisted Intervention*, pages 714–722. Springer.

[Yu et al., 2018] Yu, T., Mutter, D., Marescaux, J., and Padoy, N. (2018). Learning from a tiny dataset of manual annotations: a teacher/student approach for surgical phase recognition. *arXiv preprint arXiv:1812.00033.*

[Zadrozny, 2004] Zadrozny, B. (2004). Learning and evaluating classifiers under sample selection bias. In *Proceedings of the twenty-first international conference on Machine learning*, page 114, Alberta, Canada. ACM.

[Zamir et al., 2018] Zamir, A. R., Sax, A., Shen, W., Guibas, L. J., Malik, J., and Savarese, S. (2018). Taskonomy: Disentangling task transfer learning. In *Proceedings of the IEEE conference on computer vision and pattern recognition*, pages 3712–3722.

[Zellinger et al., 2017] Zellinger, W., Grubinger, T., Lughofer, E., Natschläger, T., and Saminger-Platz, S. (2017). Central moment discrepancy (cmd) for domain-invariant representation learning. *arXiv preprint arXiv:1702.08811.*

[Zhan and Taylor, 2015] Zhan, Y. and Taylor, M. E. (2015). Online transfer learning in reinforcement learning domains. *arXiv preprint arXiv:1507.00436.*

[Zhang and Peng, 2018] Zhang, C. and Peng, Y. (2018). Better and faster: knowledge transfer from multiple self-supervised learning tasks via graph distillation for video classification. *arXiv preprint arXiv:1804.10069.*

[Zhang and Yang, 2018] Zhang, Y. and Yang, Q. (2018). An overview of multi-task learning. *National Science Review*, 5(1):30–43.

[Zhang and Yang, 2021] Zhang, Y. and Yang, Q. (2021). A survey on multi-task learning. *IEEE Transactions on Knowledge and Data Engineering.*

[Zhang et al., 2019a] Zhang, H., Chen, W., He, H., and Jin, Y. (2019a). Disentangled makeup transfer with generative adversarial network. *arXiv preprint arXiv:1907.01144.*

[Zhang et al., 2017a] Zhang, J., Li, W., and Ogunbona, P. (2017a). Joint geometrical and statistical alignment for visual domain adaptation. In *CVPR.*

[Zhang et al., 2013] Zhang, K., Schölkopf, B., Muandet, K., and Wang, Z. (2013). Domain adaptation under target and conditional shift. In *International Conference on Machine Learning*, pages 819–827.

[Zhang et al., 2020a] Zhang, W., Deng, L., and Wu, D. (2020a). Overcoming negative transfer: A survey. *arXiv preprint arXiv:2009.00909.*

[Zhang et al., 2017b] Zhang, Y., David, P., and Gong, B. (2017b). Curriculum domain adaptation for semantic segmentation of urban scenes. In *Proceedings of the IEEE International Conference on Computer Vision*, pages 2020–2030.

[Zhang et al., 2019b] Zhang, Y., Nie, S., Liu, W., Xu, X., Zhang, D., and Shen, H. T. (2019b). Sequence-to-sequence domain adaptation network for robust text image recognition. In *Proceedings of the IEEE Conference on Computer Vision and Pattern Recognition*, pages 2740–2749.

[Zhang et al., 2020b] Zhang, Y., Niu, S., Qiu, Z., Wei, Y., Zhao, P., Yao, J., Huang, J., Wu, Q., and Tan, M. (2020b). Covid-da: Deep domain adaptation from typical pneumonia to covid-19. *arXiv preprint arXiv:2005.01577.*

[Zhang et al., 2018] Zhang, Y., Zhang, Y., and Yang, Q. (2018). Parameter transfer unit for deep neural networks. *arXiv preprint arXiv:1804.08613.*

[Zhao et al., 2019] Zhao, H., Combes, R. T. d., Zhang, K., and Gordon, G. J. (2019). On learning invariant representation for domain adaptation. In *ICML.*

[Zhao et al., 2018] Zhao, H., Zhang, S., Wu, G., Moura, J. M., Costeira, J. P., and Gordon, G. J. (2018). Adversarial multiple source domain adaptation. In *NeuIPS*, pages 8559–8570.

[Zhao and Hoi, 2010] Zhao, P. and Hoi, S. C. (2010). Otl: A framework of online transfer learning. In *Proceedings of the 27th international conference on machine learning (ICML-10)*, pages 1231–1238.

[Zhao et al., 2011] Zhao, Z., Chen, Y., Liu, J., Shen, Z., and Liu, M. (2011). Cross-people mobile-phone based activity recognition. In *Proceedings of the Twenty-Second international joint conference on Artificial Intelligence (IJCAI)*, volume 11, pages 2545–2550. Citeseer.

[Zheng et al., 2016] Zheng, J., Jiang, Z., and Chellappa, R. (2016). Cross-view action recognition via transferable dictionary learning. *IEEE Transactions on Image Processing*, 25(6):2542–2556.

[Zhong et al., 2009] Zhong, E., Fan, W., Peng, J., Zhang, K., Ren, J., Turaga, D., and Verscheure, O. (2009). Cross domain distribution adaptation via kernel mapping. In *Proceedings of the 15th ACM SIGKDD international conference on Knowledge discovery and data mining*, pages 1027–1036. ACM.

[Zhou et al., 2020a] Zhou, C., Neubig, G., and Gu, J. (2020a). Understanding knowledge distillation in non-autoregressive machine translation. In *ICLR*.

[Zhou et al., 2020b] Zhou, K., Yang, Y., Hospedales, T., and Xiang, T. (2020b). Deep domain-adversarial image generation for domain generalisation. *arXiv preprint arXiv:2003.06054*.

[Zhu et al., 2011] Zhu, Y., Chen, Y., Lu, Z., Pan, S., Xue, G.-R., Yu, Y., and Yang, Q. (2011). Heterogeneous transfer learning for image classification. In *Proceedings of the AAAI Conference on Artificial Intelligence*, volume 25.

[Zhu et al., 2017] Zhu, J.-Y., Park, T., Isola, P., and Efros, A. A. (2017). Unpaired image-to-image translation using cycle-consistent adversarial networks. In *Proceedings of the IEEE international conference on computer vision*, pages 2223–2232.

[Zhu et al., 2020a] Zhu, Y., Xi, D., Song, B., Zhuang, F., Chen, S., Gu, X., and He, Q. (2020a). Modeling users' behavior sequences with hierarchical explainable network for cross-domain fraud detection. In *Proceedings of The Web Conference 2020*, pages 928–938.

[Zhu et al., 2019a] Zhu, Y., Zhuang, F., and Wang, D. (2019a). Aligning domain-specific distribution and classifier for cross-domain classification from multiple sources. In *AAAI*, volume 33, pages 5989–5996.

[Zhu et al., 2019b] Zhu, Y., Zhuang, F., Wang, J., Chen, J., Shi, Z., Wu, W., and He, Q. (2019b). Multi-representation adaptation network for cross-domain image classification. *Neural Networks*, 119:214–221.

[Zhu et al., 2020b] Zhu, Y., Zhuang, F., Wang, J., Ke, G., Chen, J., Bian, J., Xiong, H., and He, Q. (2020b). Deep subdomain adaptation network for image classification. *IEEE Transactions on Neural Networks and Learning Systems*.

[Zou et al., 2017] Zou, H., Zhou, Y., Jiang, H., Huang, B., Xie, L., and Spanos, C. (2017). Adaptive localization in dynamic indoor environments by transfer kernel learning. In *2017 IEEE wireless communications and networking conference (WCNC)*, pages 1–6. IEEE.

[Zou et al., 2018] Zou, Y., Yu, Z., Vijaya Kumar, B., and Wang, J. (2018). Unsupervised domain adaptation for semantic segmentation via class-balanced self-training. In *Proceedings of the European conference on computer vision (ECCV)*, pages 289–305.

[Zunino et al., 2020] Zunino, A., Bargal, S. A., Volpi, R., Sameki, M., Zhang, J., Sclaroff, S., Murino, V., and Saenko, K. (2020). Explainable deep classification models for domain generalization. *arXiv preprint arXiv:2003.06498*.

[周志华, 2016] 周志华 (2016). *机器学习*. 清华大学出版社.